教育部高等学校电子信息类专业教学指导委员会规划教材
高等学校电子信息类专业系列教材

# 随机信号处理

## （第2版）

陈芳炯 金连文 编著

清华大学出版社
北京

## 内 容 简 介

全书共 6 章，第 1～3 章是基础理论，第 4～6 章为信号处理的基本方法。第 1 章主要介绍信号的含义及信号处理的三大理论，即采样定理、变换域分析和线性时不变系统理论；第 2 章主要介绍随机信号的基本概念及数学模型；第 3 章主要介绍信号参数估计及信号检测的基础理论与方法；第 4 章介绍线性系统和线性变换对随机信号特性的影响，并拓展到随机信号的线性建模；第 5 章主要介绍随机信号的滤波，含 Wiener 滤波、卡尔曼滤波和自适应滤波等；第 6 章介绍随机信号的功率谱估计，含参数化估计方法和非参数化估计方法。

本书力求以简约的内容概括随机信号处理的基本理论与方法，为读者打下牢固的随机信号处理知识基础。

本书可作为电子信息类高年级本科生和相关学科研究生的教材，也可为从事相关领域研究的科研人员提供参考。



**图书在版编目(CIP)数据**

随机信号处理/陈芳炯，金连文编著. —2 版. —北京：清华大学出版社，2022.10
高等学校电子信息类专业系列教材
ISBN 978-7-302-60127-2

Ⅰ. ①随… Ⅱ. ①陈… ②金… Ⅲ. ①随机信号－信号处理－高等学校－教材 Ⅳ. ①TN911.7

中国版本图书馆 CIP 数据核字(2022)第 020263 号

**策划编辑**：盛东亮
**责任编辑**：钟志芳
**封面设计**：李召霞
**责任校对**：时翠兰
**责任印制**：曹婉颖

**出版发行**：清华大学出版社
**网　　址**：http://www.tup.com.cn，http://www.wqbook.com
**地　　址**：北京清华大学学研大厦 A 座　　**邮　　编**：100084
**社 总 机**：010-83470000　　**邮　　购**：010-62786544
**投稿与读者服务**：010-62776969，c-service@tup.tsinghua.edu.cn
**质量反馈**：010-62772015，zhiliang@tup.tsinghua.edu.cn
**课件下载**：http://www.tup.com.cn，010-83470236
**印 装 者**：大厂回族自治县彩虹印刷有限公司
**经　　销**：全国新华书店
**开　　本**：185mm×260mm　　**印　　张**：12.75　　**字　　数**：312 千字
**版　　次**：2018 年 9 月第 1 版　2022 年 11 月第 2 版　　**印　　次**：2022 年 11 月第1 次印刷
**印　　数**：1～1500
**定　　价**：49.00 元

产品编号：088537-01

# 序

FOREWORD

我国电子信息产业销售收入总规模在2013年已经突破12万亿元，行业收入占工业总体比重已经超过9%。电子信息产业在工业经济中的支撑作用凸显，更加促进了信息化和工业化的高层次深度融合。随着移动互联网、云计算、物联网、大数据和石墨烯等新兴产业的爆发式增长，电子信息产业的发展呈现了新的特点，电子信息产业的人才培养面临着新的挑战。

(1) 随着控制、通信、人机交互和网络互联等新兴电子信息技术的不断发展，传统工业设备融合了大量最新的电子信息技术，它们一起构成了庞大而复杂的系统，派生出大量新兴的电子信息技术应用需求。这些"系统级"的应用需求，迫切要求具有系统级设计能力的电子信息技术人才。

(2) 电子信息系统设备的功能越来越复杂，系统的集成度越来越高。因此，要求未来的设计者应该具备更扎实的理论基础知识和更宽广的专业视野。未来电子信息系统的设计越来越要求软件和硬件的协同规划、协同设计和协同调试。

(3) 新兴电子信息技术的发展依赖于半导体产业的不断推动，半导体厂商为设计者提供了越来越丰富的生态资源，系统集成厂商的全方位配合又加速了这种生态资源的进一步完善。半导体厂商和系统集成厂商所建立的这种生态系统，为未来的设计者提供了更加便捷却又必须依赖的设计资源。

教育部2012年颁布的《普通高等学校本科专业目录》将电子信息类专业进行了整合，为各高校建立系统化的人才培养体系，培养具有扎实理论基础和宽广专业技能的、兼顾"基础"和"系统"的高层次电子信息人才给出了指引。

传统的电子信息学科专业课程体系呈现"自底向上"的特点，这种课程体系偏重对底层元器件的分析与设计，较少涉及系统级的集成与设计。近年来，国内很多高校对电子信息类专业课程体系进行了大力度的改革，这些改革顺应时代潮流，从系统集成的角度，更加科学合理地构建了课程体系。

为了进一步提高普通高校电子信息类专业教育与教学质量，贯彻落实《国家中长期教育改革和发展规划纲要(2010—2020年)》和《教育部关于全面提高高等教育质量若干意见》(教高〔2012〕4号)的精神，教育部高等学校电子信息类专业教学指导委员会开展了"高等学校电子信息类专业课程体系"的立项研究工作，并于2014年5月启动了"高等学校电子信息类专业系列教材"(教育部高等学校电子信息类专业教学指导委员会规划教材)的建设工作。其目的是推进高等教育内涵式发展，提高教学水平，满足高等学校对电子信息类专业人才培养、教学改革与课程改革的需要。

本系列教材定位于高等学校电子信息类专业的专业课程，适用于电子信息类的电子信息工程、电子科学与技术、通信工程、微电子科学与工程、光电信息科学与工程、信息工程及其相近专业。经过编审委员会与众多高校多次沟通，初步拟定分批次(2014—2017年)建设约100门课程教材。本系列教材将力求在保证基础的前提下，突出技术的先进性和科学的前沿性，体现创新教学和工程实践教学；将重视系统集成思想在教学中的体现，鼓励推陈出新，采用"自顶向下"的方法编写教材；将注重反映优秀的教学改革成果，推广优秀的教学经验与理念。

为了保证本系列教材的科学性、系统性及编写质量，本系列教材设立顾问委员会及编审委员会。顾问委员会由教指委高级顾问、特约高级顾问和国家级教学名师担任，编审委员会由教育部高等学校电子信息类专业教学指导委员会委员和一线教学名师组成。同时，清华大学出版社为本系列教材配置优秀的编辑团队，力求高水准出版。本系列教材的建设，不仅有众多高校教师参与，也有大量知名的电子信息类企业支持。在此，谨向参与本系列教材策划、组织、编写与出版的广大教师、企业代表及出版人员致以诚挚的感谢，并殷切希望本系列教材在我国高等学校电子信息类专业人才培养与课程体系建设中发挥切实的作用。

吕志伟 教授

# 前言

PREFACE

随机信号处理涉及多媒体信号、生物医学信号、通信信号、控制信号等方面，有非常广阔的研究范围。本书力图以有限的篇幅对随机信号处理的基本理论和方法进行概括，使学生对随机信号概念和数学建模有必要的了解，掌握随机信号理论和分析处理的基本方法。

全书参考学时为36学时，如需补充相关学科的前沿知识，可拓展到48学时。本书需要"概率论""线性代数""信号与系统""数字信号处理"课程作为预备知识。在内容编排上，本书兼顾实信号和复信号，所以还需要一定的"复变函数"知识。

在本书的编写过程中，参考了大量的国内外学者文献，在此对相关作者表示衷心的感谢。同时，本书的编写也得到清华大学出版社的大力支持，在此表示诚挚的感谢。

由于编者水平有限，本书在内容的选择、体系的安排以及文字叙述上难免有疏漏，恳请读者批评指正。

编　者

2022年8月

# 目录

CONTENTS

# 第1章 数字信号处理基本概念

CHAPTER 1

## 1.1 概述

信号是指含有一定信息量的时间或空间的函数，通常用 $x(t)$ 或 $x(n)$ 表示。它的自变量可以是时间也可以是其他变量，例如空间距离等。一般而言，若非特别说明，本书的 $x(t)$ 或 $x(n)$ 视为随时间变化的函数。

若 $t$ 是定义在时间轴上的连续变量，则称 $x(t)$ 为连续时间信号，亦称为模拟信号。若 $t$ 仅在时间轴上的离散点取值，通常将此时的 $x(t)$ 记为 $x(nT_s)$（$T_s$ 代表两相邻点之间的时间间隔，又称为采样周期），称 $x(nT_s)$ 为离散时间信号，一般可将 $T_s$ 归一化为 1，这样 $x(nT_s)$ 可表示为 $x(n)$，$n$ 为整数。$x(n)$ 又可称为离散时间序列，或简称时间序列(Time Series)。

上述将信号分为连续时间信号和离散时间信号两大类。此外，对信号的分类方法还有很多，下面给出几种常见的分类方法。

**1. 周期信号和非周期信号**

对信号 $x(n)$，若有 $x(n)=x(n\pm KN)$，$K$、$N$ 均为正整数，则称 $x(n)$ 是周期函数；否则，称 $x(n)$ 为非周期函数。

**2. 模拟信号和数字信号**

具有连续振幅的连续时间信号通常称为模拟信号，具有离散振幅的离散时间信号称为数字信号。自然语言是典型的模拟信号，自然语言经过采样、量化后形成可存储在数字介质的数字语言信号。

**3. 确定性信号和随机信号**

如果信号 $x(n)$ 随时间的变化是有规律的，即给定任意时刻 $n$，信号 $x(n)$ 的值都能被精确地确定，则称这一类信号为确定性信号；反之，如果信号随时间的变化具有随机性，没有确定的变化规律，则称之为随机信号(有关随机信号的分析方法将在第 2 章进行阐述)。

**4. 一维信号、二维信号及多通道信号**

若信号 $x(n)$ 仅仅是时间变量 $n$ 的函数，那么 $x(n)$ 为一维时间信号。信号 $x(m,n)$ 是变量 $m$ 和 $n$ 的函数，为二维信号。例如一幅数字化的图像，$m$ 和 $n$ 分别是在 $x$ 方向和 $y$ 方向的离散值，它们分别代表了不同方向的距离，$x(m,n)$ 表示了在坐标$(m,n)$处图像的灰度。

$$\boldsymbol{x}=[x_1(n),x_2(n),\cdots,x_m(n)]^{\mathrm{T}}$$

式中$(\cdot)^{\mathrm{T}}$代表转置，$n$是时间变量，如果$m$代表通道数，那么也称$\boldsymbol{x}$是一个多通道信号。$\boldsymbol{x}$的每一个分量$x_i(n)$，$i=1,2,\cdots,m$都代表了一个一维信号源。例如，在医院做常规心电图检查时，12个电极可同时给出12个导联的信号。医生在检查这些心电图信号时，不仅要检查各导联心电图的形态，还要检查各个导联之间的关系。

一维、二维及多通道信号又都可以分别对应确定性信号、随机信号、周期与非周期信号，使得信号呈现复杂的特性。

近50年来，随着计算机软件技术的飞速发展，数字信号处理(Digital Signal Processing, DSP)技术得到了较大的发展，并广泛应用于各行各业中。一个数字信号处理系统的大致结构如图1-1所示，简而言之，数字信号处理就是利用计算机或专用设备，以数值计算的方法对信号进行采集、变换、分析、综合、估计、识别等加工处理，以达到提取信息和便于利用的目的。数字信号处理技术及设备具有灵活、精确、抗干扰能力强、造价低、设备尺寸小、速度快、稳定性好等突出优点，这些都是模拟信号处理技术所无法比拟的。

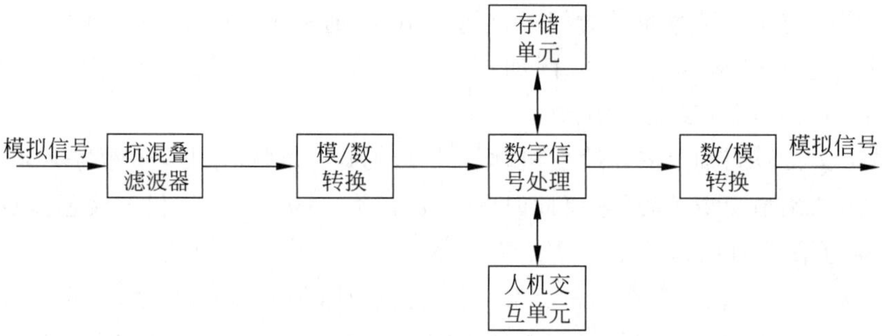


图1-1 数字信号处理系统结构

数字信号处理的研究范围非常广泛，可以从不同角度对信号处理的研究领域进行分类。例如，从应用角度可将信号处理分为语音信号处理、图像信号处理等，如图1-2所示；从信号处理的目的角度，信号处理可分为采样与量化、压缩编码、模式识别等。根据信号特征的不同，研究者开发出不同的理论工具，从而形成不同的研究领域。例如，自适应信号用于处理具有时变特征的信号；高阶统计量用于非高斯信号处理。图1-2展示了以不同角度划分信号处理的研究领域。需要指出的是，不同应用领域的信号处理可能有相同的要求，例如语音信号处理有识别、压缩、编码等要求，图像信号处理有同样的要求。但实现同一目的的信号处理在不同应用领域所采用的理论工具可能不同，例如语音信号压缩编码一般采用傅里叶变换，而图像压缩会用到小波变换、离散余弦变换等更多样的变换域分析。近30年来，随着半导体技术的发展，数字信号处理的硬件成本大幅度降低，数字信号处理系统已经进入人们的日常生活，可以说，只要有电子信息设备的地方，就能看到数字信号处理的应用。

本章将首先对数字信号处理的基本概念和内容进行一些归纳和总结，作为后续引入随机信号处理的基础。这些知识来自“信号与系统”和“数字信号处理”两门课程。在后面章节的论述中，将会以“信号与系统”和“数字信号处理”等课程为基础展开论述，不具备这方面基础知识的读者，可参考信号与系统、确定性数字信号处理等方面的图书。

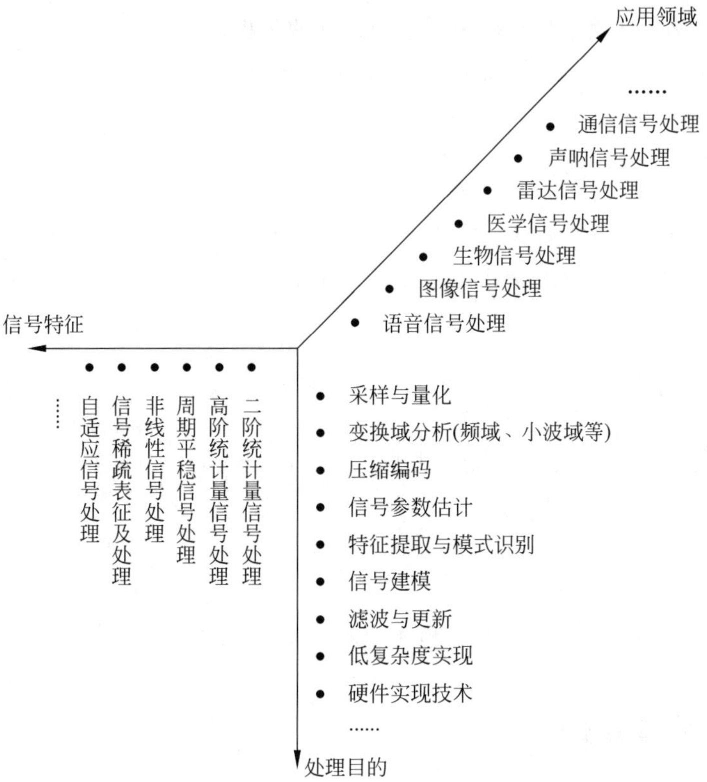


图 1-2 信号处理研究领域的分类

# 1.2 离散时间信号

## 1.2.1 连续时间信号的采样

现实生活中的信号一般是连续的，要对连续时间信号进行数字处理，首先必须对连续时间信号进行采样，采样器的工作原理如图 1-3(a)所示。连续时间信号 $x(t)$经过电子开关 S，开关每隔 $T$ 秒短暂地闭合一次，这样将得到周期为 $T$ 的脉冲串输出，称 $T$ 为采样周期，$f_s=\frac{1}{T}$为采样频率(简称采样率)。采样器的数学模型可用图 1-3(b)表示。

对采样过程的理论分析一般基于冲激序列采样，这时 $p(t)$为周期 $T$ 的脉冲序列(如图 1-4 所示)，其数学表达式为

$$p(t)=\sum_{n=-\infty}^{\infty}\delta(t-nT) \tag{1-1}$$

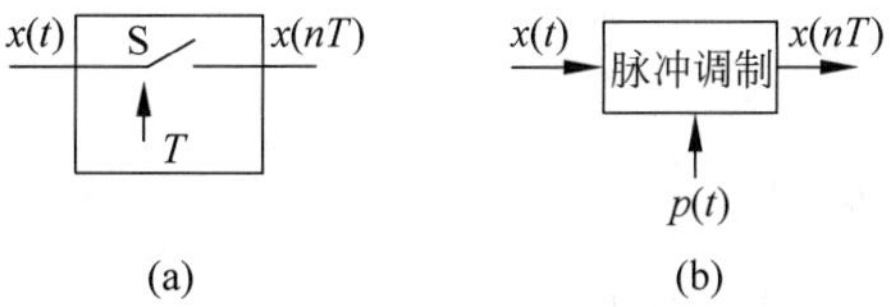


图 1-3 信号采样原理图

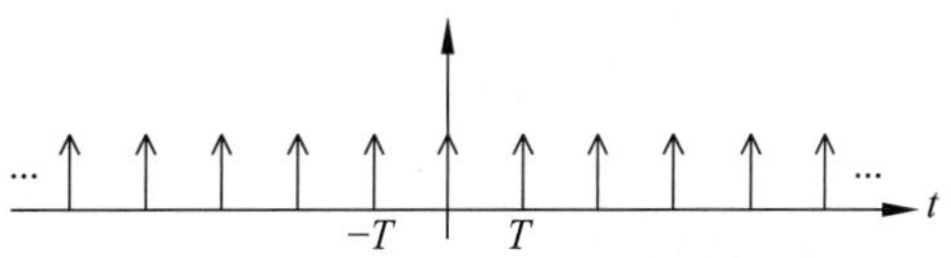


图 1-4 冲激序列示意图

采样的过程就是冲激序列与被采样信号相乘的过程，即

$$x_s(t)=x(t)\cdot p(t) \tag{1-2}$$

把式(1-1)代入，则

$$x_s(t)=x(t)\cdot\sum_{n=-\infty}^{\infty}\delta(t-nT)=\sum_{n=-\infty}^{\infty}x(nT)\delta(t-nT) \tag{1-3}$$

这样，连续时间信号 $x(t)$ 经采样后已变为离散时间信号，如图 1-5 所示。通常可将采样周期 $T$ 归一化为 1，则可用 $x(n)$ 表示数字化后的离散信号。

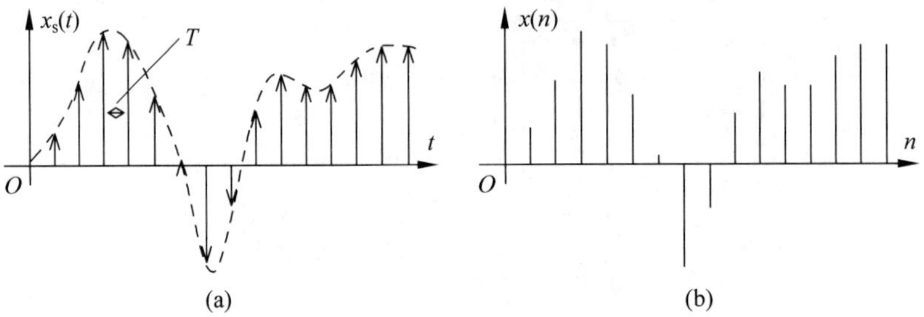


图 1-5 连续时间信号离散化过程

## 1.2.2 采样定理

连续时间信号经过采样后，其信息量是否会丢失？或者能否从采样后的数字信号恢复连续信号？如果能恢复，要具备什么条件？采样定理将清楚地回答这些问题。

对连续信号 $x(t)$ 进行傅里叶变换，可以得到其频谱为

$$X(\Omega)=\int_{-\infty}^{\infty}x(t)\mathrm{e}^{-\mathrm{j}\Omega t}\mathrm{d}t \tag{1-4}$$

设采样频率为 $f_s=\frac{1}{T}$，采样角频率为 $\Omega_s=\frac{2\pi}{T}$，根据傅里叶级数的知识，把 $p(t)$ 看成周期信号，可以推导出 $p(t)$ 的傅里叶级数展开为

$$p(t)=\sum_{n=-\infty}^{\infty}\delta(t-nT)=\frac{1}{T}\sum_{m=-\infty}^{\infty}\mathrm{e}^{\mathrm{j}m\frac{2\pi}{T}t}=\frac{1}{T}\sum_{m=-\infty}^{\infty}\mathrm{e}^{\mathrm{j}m\Omega_s t} \tag{1-5}$$

所以，采样后的冲激序列信号 $x_s(t)$ 的频谱为

$$\begin{aligned}\hat{X}(\Omega)&=\int_{-\infty}^{\infty}x(t)p(t)\mathrm{e}^{-\mathrm{j}\Omega t}\mathrm{d}t\\&=\frac{1}{T}\int_{-\infty}^{\infty}x(t)\sum_{m}\mathrm{e}^{\mathrm{j}m\Omega_s t}\cdot\mathrm{e}^{-\mathrm{j}\Omega t}\mathrm{d}t\\&=\frac{1}{T}\sum_{m=-\infty}^{\infty}\int_{-\infty}^{\infty}x(t)\mathrm{e}^{-\mathrm{j}(\Omega-m\Omega_s)t}\mathrm{d}t\\&=\frac{1}{T}\sum_{m=-\infty}^{\infty}X(\Omega-m\Omega_s)\end{aligned} \tag{1-6}$$

可见，连续时间信号经过采样后，其频谱将是周期函数，周期为角频率 $\Omega_s$。假设连续时间信号 $x(t)$ 是限带信号，则 $X(\Omega)$、$\hat{X}(\Omega)$ 及 $P_s(\Omega)$ 的关系可用图 1-6 表示。

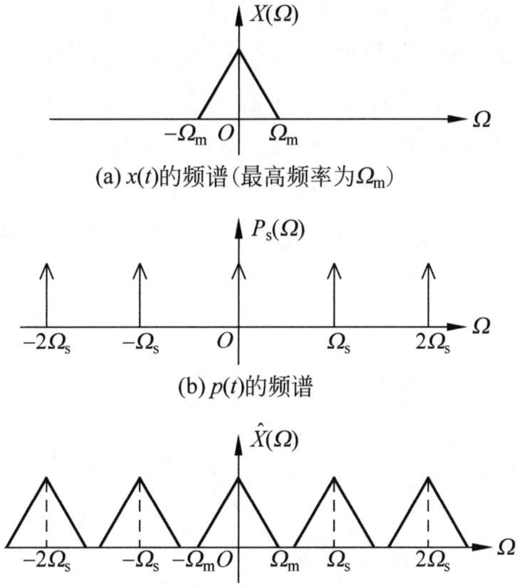


图 1-6　$X(\Omega)$、$\hat{X}(\Omega)$及 $P_s(\Omega)$的关系

由图 1-6 可见，对于低通信号，如果最高频率 $\Omega_m$ 小于 $\Omega_s-\Omega_m$，则 $x_s(t)$的频谱不会出现"混叠现象"。这样，$\hat{X}(\Omega)$中包含了完整的 $X(\Omega)$信号，可对 $\hat{X}(\Omega)$中一个周期的频谱进行傅里叶反变换，完整地恢复原始的连续信号 $x(t)$。

在采样过程中，为避免出现混叠现象，必须使

$$\Omega_s-\Omega_m \geqslant \Omega_m \tag{1-7}$$

即

$$\Omega_s \geqslant 2\Omega_m \tag{1-8}$$

这一结论就是著名的奈奎斯特(Nyquist)采样定理。

由采样定理可知，最小采样率应为 $\Omega_s=2\Omega_m$。该采样率称为奈奎斯特采样率(取样率)，称信号中的最高频率 $\Omega_m$ 为奈奎斯特频率，$\Omega_0=\Omega_s/2$ 为折叠频率。当然，一般的连续信号不一定是理想的限带信号，这样就不可避免地会发生混叠现象。此时处理的办法是对信号进行低通滤波后再采样。具体办法可参阅相关文献。

## 1.2.3　几种常见的数字信号

**1. 单位抽样信号**

$$\delta(n)=\begin{cases}1, & n=0\\0, & n\neq 0\end{cases} \tag{1-9}$$

该信号又称为狄拉克(Dirac)函数，如图 1-7 所示。

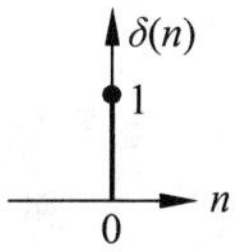


图 1-7　单位抽样信号

$\delta(n)$在数字信号系统中有着非常重要的作用，犹如连续时间信号系统中的单位冲激 $\delta(t)$一样。但 $\delta(t)$与 $\delta(n)$的定义是不同的。$\delta(t)$的定义是建立在积分意义上的，即

$$\int_{-\infty}^{\infty}\delta(t)\,\mathrm{d}t=1 \tag{1-10}$$

且当 $t \neq 0$ 时,$\delta(t)=0$。其物理意义表示在极短时间内产生巨大的"冲激",$\delta(n)$则是在 $n=0$ 时定义为 1。因为 $\delta(t)$与 $\delta(n)$的傅里叶变换结果相同,在进行频域分析时可将两者进行等价处理,因此两者经常用于处理模拟信号和离散信号的频谱分析,例如图 1-5 就是用了 $\delta(t)$到 $\delta(n)$的等价关系。在包含模拟信号和离散信号的混合系统中,经常将 $\delta(n)$等价于 $\delta(t)$,以统一成模拟系统进行分析。要特别指出的是,$\delta(t)$到 $\delta(n)$的等价关系不是对所有应用领域都成立,例如 $\delta(t)$到 $\delta(n)$不满足能量守恒关系,从能量定义式考虑时,$\delta(t)$不能计算能量,而 $\delta(n)$可以。

**2. 脉冲序列**

$$P(n)=\sum_{k=-\infty}^{\infty}\delta(n-k) \tag{1-11}$$

脉冲序列信号 $P(n)$是 $\delta(n)$在$(-\infty,\infty)$上所有移位的组合,如图 1-8 所示。

**3. 单位阶跃信号 $u(n)$**

单位阶跃信号 $u(n)$如图 1-9 所示,其数学表达式为

$$u(n)=\begin{cases}1, & n \geqslant 0 \\ 0, & n<0\end{cases} \tag{1-12}$$

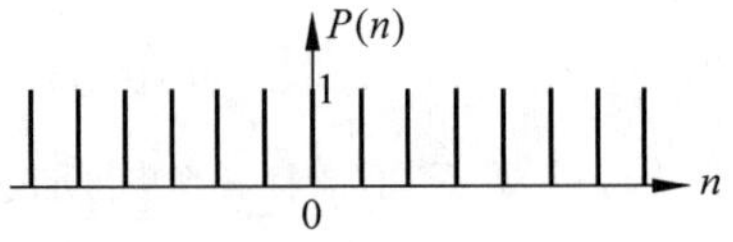


图 1-8 脉冲序列信号

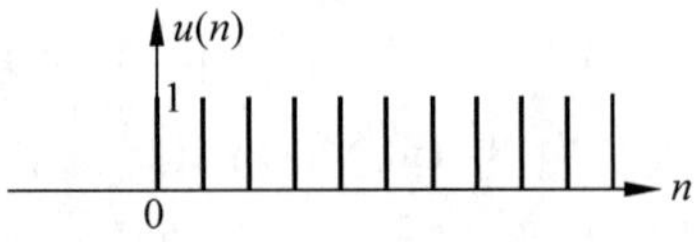


图 1-9 单位阶跃信号

同样地,$u(n)$也可被视为由 $\delta(n)$移位而成。

$$u(n)=\sum_{k=0}^{\infty}\delta(n-k) \tag{1-13}$$

**4. 正弦信号**

$$x(n)=A\sin(2\pi f_0 n T_s+\varphi) \tag{1-14}$$

式中,$f_0$ 为频率,$T_s$ 为采样周期,令 $\omega=2\pi f_0 T_s$,则

$$x(n)=A\sin(\omega n+\varphi) \tag{1-15}$$

其中,$A$ 为实值幅度,$\varphi$ 代表初始相位。

**5. 复正弦信号**

$$x(n)=A\mathrm{e}^{\mathrm{j}(\omega n+\varphi)}=A\cos(\omega n+\varphi)+\mathrm{j}A\sin(\omega n+\varphi) \tag{1-16}$$

**6. 指数信号**

$$x(n)=a^{|n|} \tag{1-17}$$

式中,$a$ 为常数,一般地,$|a|<1$。

### 1.2.4 信号的能量、功率及周期性

**1. 信号的能量**

离散时间信号 $x(n)$的能量定义为

$$E=\sum_{n=-\infty}^{\infty}|x(n)|^2 \tag{1-18}$$

如果 $E<\infty$，称 $x(n)$ 为能量有限信号，或简称能量信号。

对连续信号 $x(t)$，其能量可用积分来定义。

$$E=\int_{-\infty}^{\infty}|x(t)|^2\mathrm{d}t \tag{1-19}$$

**2. 信号的功率**

信号 $x(n)$、$x(t)$ 的功率分别定义为

$$P=\lim_{N\to\infty}\frac{1}{2N+1}\sum_{n=-N}^{N}|x(n)|^2 \tag{1-20}$$

$$P=\lim_{T\to\infty}\frac{1}{2T}\int_{-T}^{T}|x(t)|^2\mathrm{d}t \tag{1-21}$$

如果 $P<\infty$，则称信号为功率有限信号，简称功率信号。

**3. 信号的周期性**

对于离散信号 $x(n)$，如果对任意的 $n$ 均有

$$x(n)=x(n+kN),\quad N\text{ 为正整数} \tag{1-22}$$

则称 $x(n)$ 是周期为 $N$ 的周期信号。对于连续信号，则有

$$x(t)=x(t+KT),\quad K\text{ 为整数} \tag{1-23}$$

## 1.2.5　信号的基本运算

**1. 加法运算**

$$y(n)=x_1(n)+x_2(n) \tag{1-24}$$

**2. 减法运算**

$$y(n)=x_1(n)-x_2(n) \tag{1-25}$$

**3. 乘法运算**

$$y(n)=x_1(n)\cdot x_2(n) \tag{1-26}$$

**4. 放大(缩小)运算**

$$y(n)=c\cdot x(n),\quad c\text{ 为常数} \tag{1-27}$$

**5. 位移(延时、预测)运算**

$$y(n)=x(n\pm m),\quad m\text{ 为正整数} \tag{1-28}$$

**6. 卷积运算**

$x_1(n)$ 和 $x_2(n)$ 的卷积定义为

$$\begin{aligned}y(n)&=x_1(n)\otimes x_2(n)\\&=\sum_{m=-\infty}^{\infty}x_1(m)x_2(n-m)\\&=\sum_{m=-\infty}^{\infty}x_1(n-m)x_2(m)\end{aligned} \tag{1-29}$$

**7. 相关运算**

对于能量信号，$x(n)$ 的时间自相关函数定义为

$$R_x(m)=\sum_{n=-\infty}^{\infty}x(n)x^*(n-m) \tag{1-30}$$

其中,上标“ * ”表示共轭操作。

对于功率信号,$x(n)$的时间自相关函数定义为

$$R_x(m)=\lim_{N\to\infty}\frac{1}{2N+1}\sum_{n=-N}^{N}x(n)x^*(n-m) \tag{1-31}$$

$x(n)$与 $y(n)$的互相关函数定义为

$$\text{能量信号:} R_{xy}(m)=\sum_{n=-\infty}^{\infty}x(n)y^*(n-m) \tag{1-32}$$

$$\text{功率信号:} R_{xy}(m)=\lim_{N\to\infty}\frac{1}{2N+1}\sum_{n=-N}^{N}x(n)y^*(n-m) \tag{1-33}$$

对于能量信号,由卷积的定义不难看出

$$R_x(m)=x(m)\otimes x^*(-m) \tag{1-34}$$

$$R_{xy}(m)=x(m)\otimes y^*(-m) \tag{1-35}$$

## 1.3 信号的傅里叶变换

傅里叶变换是分析信号频域特征的重要工具。1822 年,法国科学家傅里叶指出,一个任意函数 $x(t)$都可以分解为无穷多个不同频率的正弦信号的和,从此开创了傅里叶分析方法。任何信号经过傅里叶变换后可以得到信号的频谱。傅里叶分析方法包括连续时间信号和离散时间信号的傅里叶变换及傅里叶级数,其中离散傅里叶变换(DFT)是在频域及时域都取值离散的变换,易于计算机实现。快速傅里叶变换(FFT)至今仍然是数字信号处理中最基本、最重要的运算,广泛应用于谱分析、相关、卷积、滤波器设计等领域。对于傅里叶分析方法,许多信号处理的图书都有论述,在本节我们将对其进行简要介绍和归纳。

### 1.3.1 连续时间信号的傅里叶变换

**1. 非周期连续时间信号的傅里叶变换**

对于一连续信号 $x(t)$,若 $x(t)$是绝对可积的,即

$$\int_{-\infty}^{\infty}|x(t)|\,\mathrm{d}t<\infty \tag{1-36}$$

则 $x(t)$的傅里叶变换存在并定义为

$$X(\Omega)=\int_{-\infty}^{\infty}x(t)\mathrm{e}^{-\mathrm{j}\Omega t}\,\mathrm{d}t \tag{1-37}$$

逆变换为

$$x(t)=\frac{1}{2\pi}\int_{-\infty}^{\infty}X(\Omega)\mathrm{e}^{\mathrm{j}\Omega t}\,\mathrm{d}\Omega \tag{1-38}$$

时间连续的信号 $x(t)$的频谱是一个非周期连续谱。

**2. 周期连续时间信号的傅里叶变换**

设信号 $x(t)$的周期为 $T$,其傅里叶变换定义为

$$X(k\Omega_0)=\frac{1}{T}\int_0^T x(t)\mathrm{e}^{-\mathrm{j}k\Omega_0 t}\,\mathrm{d}t \tag{1-39}$$

式中，$k=0,\pm1,\pm2,\cdots,\pm\infty$，$\Omega_0=\dfrac{2\pi}{T}$。

反变换定义为

$$x(t)=\sum_{k=-\infty}^{\infty}X(k\Omega_0)\mathrm{e}^{\mathrm{j}k\Omega_0 t} \tag{1-40}$$

由式(1-39)可见，周期连续时间信号的频谱是离散谱。

## 1.3.2 离散时间信号的傅里叶变换

**1. 非周期离散时间信号的傅里叶变换**

非周期离散时间信号 $x(n)$ 的傅里叶变换定义为

$$X(\mathrm{e}^{\mathrm{j}\omega})=\sum_{n=-\infty}^{\infty}x(n)\mathrm{e}^{-\mathrm{j}\omega n} \tag{1-41}$$

逆变换为

$$x(n)=\frac{1}{2\pi}\int_{-\pi}^{\pi}X(\mathrm{e}^{\mathrm{j}\omega})\mathrm{e}^{\mathrm{j}\omega n}\,\mathrm{d}\omega \tag{1-42}$$

式中，$X(\mathrm{e}^{\mathrm{j}\omega})$ 是一周期函数(周期为 $2\pi$)。式(1-42)是在 $X(\mathrm{e}^{\mathrm{j}\omega})$ 的一个周期内求积分所得。这里，数字信号的频率用 $\omega$ 表示。注意：$\omega$ 与 $\Omega$ 有所不同，一般用 $\Omega$ 表示模拟角频率。如果离散信号是由模拟信号采样得到，则模拟角频率和数字角频率的关系为 $\omega=\Omega T_s$，其中 $T_s$ 为采样间隔。

式(1-41)又称为离散时间傅里叶变换(DTFT)。

**2. 周期信号的离散傅里叶级数(DFS)**

周期信号的离散傅里叶级数定义为

$$\widetilde{X}(k)=\sum_{n=0}^{N-1}\bar{x}(n)\mathrm{e}^{-\mathrm{j}\frac{2\pi}{N}kn} \tag{1-43}$$

逆变换为

$$\bar{x}(n)=\frac{1}{N}\sum_{k=0}^{N-1}\widetilde{X}(k)\mathrm{e}^{\mathrm{j}\frac{2\pi}{N}nk} \tag{1-44}$$

$\bar{x}(n)$ 及 $\widetilde{X}(k)$ 都是以 $N$ 为周期的函数，所以 $n$ 及 $k$ 的取值均可以是$(-\infty,\infty)$的整数。

## 1.3.3 离散傅里叶变换及其性质

离散傅里叶变换可以被看作在 DFS(离散傅里叶级数)的基础上发展而来的。DFS 在频域及时域各取一个周期，可得

$$X(k)=\sum_{n=0}^{N-1}x(n)\mathrm{e}^{-\mathrm{j}\frac{2\pi}{N}nk},\quad k=0,1,2,\cdots,N-1 \tag{1-45}$$

$$x(n)=\frac{1}{N}\sum_{k=0}^{N-1}X(k)\mathrm{e}^{\mathrm{j}\frac{2\pi}{N}nk},\quad n=0,1,2,\cdots,N-1 \tag{1-46}$$

式(1-45)和式(1-46)分别为信号 $x(n)$ 的离散傅里叶变换及逆变换。

对于一个有限长序列 $x(n)$(设其长度为 $N$)可以按照式(1-45)对其进行 DFT，从而方便地求出其频谱 $X(k)$。如果信号不是有限长，则通常可用一个窗函数(例如矩形窗)，将其

截取成 $N$ 点,然后再进行离散傅里叶变换。

记 $W_N=\mathrm{e}^{-\mathrm{j}\frac{2\pi}{N}}$,则 DFT 可表示为

$$X(k)=\sum_{n=0}^{N-1}x(n)W_N^{kn} \tag{1-47}$$

$$x(n)=\frac{1}{N}\sum_{k=0}^{N-1}X(k)W_N^{-kn} \tag{1-48}$$

DFT 是数字信号处理的基础,这里对 DFT 的性质做个总结。为表述方便,设两个离散信号 $x_1(n)$及 $x_2(n)$都是长度为 $N$ 的有限序列,则它们的 DFT 分别为

$$X_1(k)=\mathrm{DFT}[x_1(n)] \tag{1-49}$$

$$X_2(k)=\mathrm{DFT}[x_2(n)] \tag{1-50}$$

**1. 线性性**

设 $x_1(n)$与 $x_2(n)$的线性组合为

$$x_3(n)=ax_1(n)+bx_2(n) \tag{1-51}$$

则 $x_3(n)$的 DFT 为

$$X_3(k)=aX_1(k)+bX_2(k) \tag{1-52}$$

**2. 移位性**

设 $x(n)$循环左移或循环右移 $m$ 个单位,则相应的 DFT 为

$$\mathrm{DFT}[x(\langle n-m\rangle_N)]=W_N^{km}X(k) \tag{1-53}$$

$$\mathrm{DFT}[x(\langle n+m\rangle_N)]=W_N^{-km}X(k) \tag{1-54}$$

其中,$\langle\cdot\rangle_N$ 表示对 $N$ 取模的操作。

**3. 对称性(实序列)**

(1) 若 $x(n)$为圆周奇对称序列,即 $x(n)=-x(\langle -n\rangle_N)$,则 $X(k)$也是圆周奇对称的

$$X(k)=-X(\langle -k\rangle_N) \tag{1-55}$$

(2) 若 $x(n)$为圆周偶对称序列,即 $x(n)=x(\langle -n\rangle_N)$,则 $X(k)$也是圆周偶函数

$$X(k)=X(\langle -k\rangle_N) \tag{1-56}$$

**4. 对称性(复序列)**

(1) $x(n)$实部的 DFT 是 $X(k)$的圆周共轭对称分量。

(2) $x(n)$虚部的 DFT 是 $X(k)$的圆周共轭反对称分量。

(3) $x(n)$圆周共轭对称分量的 DFT 是 $X(k)$的实部。

(4) $x(n)$圆周共轭反对称分量的 DFT 是 $X(k)$的虚部。

**5. 频域移位定理**

设 $X(k)$移位 $m$,则

$$\mathrm{IDFT}[X(\langle k+m\rangle_N)]=W_N^{mn}x(n) \tag{1-57}$$

**6. 圆周卷积定理**

设 $x_1(n)$与 $x_2(n)$都为定义在 $0\leqslant n\leqslant N-1$ 上长度为 $N$ 的序列,$x_3(n)$为 $x_1(n)$与 $x_2(n)$长度为 $N$ 的圆周卷积,定义为

$$x_3(n)=\sum_{m=0}^{N-1}x_1(m)x_2(\langle n-m\rangle_N) \tag{1-58}$$

则 $x_3(n)$ 的 DFT 为

$$X_3(k)=X_1(k)\cdot X_2(k) \tag{1-59}$$

**7. 序列初值**

$$x(0)=\frac{1}{N}\sum_{k=0}^{N-1}X(k) \tag{1-60}$$

**8. 序列的总和**

$$X(k)\big|_{k=0}=X(0)=\sum_{n=0}^{N-1}x(n) \tag{1-61}$$

**9. Parserval(帕塞瓦尔)定理**

$$\sum_{n=0}^{N-1}|x(n)|^2=\frac{1}{N}\sum_{k=0}^{N-1}|X(k)|^2 \tag{1-62}$$

Parserval 定理表明：在时域中对序列求能量与在频域中对其求能量是一致的。

## 1.4 z 变换

$z$ 变换在离散信号和离散系统分析中起着十分重要的作用，特别是对线性时不变系统的分析，系统冲激响应的 $z$ 变换除了系统频率响应外，还可体现系统因果性、稳定性等特征，是一种比傅里叶变换更完善的分析工具。本节将对 $z$ 变换的定义、$z$ 变换收敛域的性质及逆变换做一简单介绍。

### 1.4.1 z 变换的定义

设 $x(n)$ 是一个离散信号，定义 $x(n)$ 的 $z$ 变换为

$$X(z)=\sum_{n=-\infty}^{\infty}x(n)z^{-n} \tag{1-63}$$

式中，$z$ 是一个复变量，此定义式常称为双边 $z$ 变换，因为 $x(n)$ 的存在范围为 $(-\infty,+\infty)$。当 $x(n)$ 是因果序列，且 $n<0$ 时，恒有 $x(n)=0$，此时式(1-63)就成为

$$X(z)=\sum_{n=0}^{\infty}x(n)z^{-n} \tag{1-64}$$

式(1-64)称为单边 $z$ 变换。由于在实际应用中一般会遇到因果序列，所以单边 $z$ 变换更常用。

### 1.4.2 z 变换的收敛域

从 $z$ 变换的定义式可以看到，$z$ 变换是 $z^{-1}$ 的幂级数，因此存在收敛域的问题。基于式(1-63)，可以看到收敛域在 $z$ 平面的一个环状范围为

$$R_-<|z|<R_+ \tag{1-65}$$

$z$ 变换在收敛域内的每点都是解析函数。下面举例分析收敛域的性质。

**例 1-1** 设有一离散信号

$$x(n)=\begin{cases}a^n, & n\geqslant 0\\ 0, & n<0\end{cases}$$

试确定其 $z$ 变换的收敛域。

**解** $x(n)$的 $z$ 变换是

$$X(z)=\sum_{n=-\infty}^{\infty}x(n)z^{-n}=\sum_{n=0}^{\infty}a^n z^{-n}=\sum_{n=0}^{\infty}(az^{-1})^n$$

这是一个几何级数，若$|az^{-1}|<1$，即$|z|>|a|$时，该级数收敛于

$$X(z)=\frac{1}{1-az^{-1}}=\frac{z}{z-a}$$

图 1-10 画出了它的收敛域(阴影部分)，即它的收敛域在 $z$ 平面上是半径为$|a|$的圆的外面。

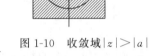

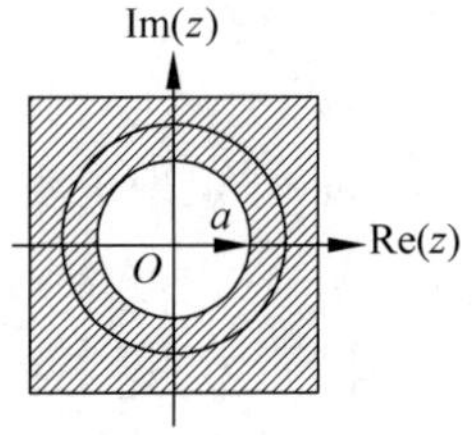


图 1-10 收敛域$|z|>|a|$

下面给出有关 $z$ 变换收敛域的几个性质：

性质 1：$X(z)$的收敛域是在 $z$ 平面上以原点为圆心的圆环。

性质 2：在收敛域内不存在极点。

性质 3：如果 $x(n)$是有限长序列，且 $n_0\leqslant n\leqslant n_1$，则收敛域分三种情况

(1) 当 $n_0<0, n_1<0$ 时，收敛域是除去 $z=\infty$的整个 $z$ 平面；

(2) 当 $n_0<0, n_1>0$ 时，收敛域是除去 $z=0$ 和 $z=\infty$的整个 $z$ 平面；

(3) 当 $n_0>0, n_1>0$ 时，收敛域是除去 $z=0$ 的整个 $z$ 平面。

性质 4：如果 $x(n)$是右边序列($x(n)=0, n<n_0$)，且圆$|z|=\rho$ 在收敛域内，则所有满足$|z|>\rho$ 的点也在收敛域内。

性质 5：如果 $x(n)$是左边序列($x(n)=0, n>n_0$)，且圆$|z|=\rho$ 在收敛域内，则所有满足 $0<|z|<\rho$ 的点都在收敛域内。

性质 6：如果 $x(n)$是双边序列($-\infty<n<\infty$)，且圆$|z|=\rho$ 在收敛域内，则收敛域是 $z$ 平面上包含$|z|=\rho$ 的一个圆环。

表 1-1 给出了一些常用信号的 $z$ 变换及其收敛域。

**表 1-1 常用信号的 $z$ 变换及其收敛域**

| 序号 | $x(n)$序列 | $z$ 变换 $X(z)$ | 收敛域 |
|---|---|---|---|
| 1 | $\delta(n)$ | 1 | $0\leqslant\|z\|\leqslant\infty$ |
| 2 | $u(n)$ | $\frac{1}{1-z^{-1}}$ | $\|z\|>1$ |
| 3 | $nu(n)$ | $\frac{z^{-1}}{(1-z^{-1})^2}$ | $\|z\|>1$ |
| 4 | $a^n u(n)$ | $\frac{1}{1-az^{-1}}$ | $\|z\|>\|a\|$ |
| 5 | $na^n u(n)$ | $\frac{az^{-1}}{(1-az^{-1})^2}$ | $\|z\|>\|a\|$ |

续表

| 序号 | $x(n)$序列 | $z$ 变换 $X(z)$ | 收 敛 域 |
|---|---|---|---|
| 6 | $e^{-an}u(n)$ | $\dfrac{1}{1-e^{-a}z^{-1}}$ | $\lvert z\rvert>\lvert e^{-a}\rvert$ |
| 7 | $[\sin\omega_0 n]u(n)$ | $\dfrac{\sin\omega_0 z^{-1}}{1-2\cos\omega_0 z^{-1}+z^{-2}}$ | $\lvert z\rvert>1$ |
| 8 | $[\cos\omega_0 n]u(n)$ | $\dfrac{1-\cos\omega_0 z^{-1}}{1-2\cos\omega_0 z^{-1}+z^{-2}}$ | $\lvert z\rvert>1$ |
| 9 | $[e^{-an}\sin\omega_0 n]u(n)$ | $\dfrac{e^{-a}\sin\omega_0 z^{-1}}{1-2e^{-a}\cos\omega_0 z^{-1}+e^{-2a}z^{-2}}$ | $\lvert z\rvert>\lvert e^{-a}\rvert$ |
| 10 | $[e^{-an}\cos\omega_0 n]u(n)$ | $\dfrac{1-e^{-a}\cos\omega_0 z^{-1}}{1-2e^{-a}\cos\omega_0 z^{-1}+e^{-2a}z^{-2}}$ | $\lvert z\rvert>\lvert e^{-a}\rvert$ |

## 1.4.3 $z$ 变换的性质

$z$ 变换的性质在求解数字信号处理的问题中十分有用。表 1-2 给出了 $z$ 变换的 12 种性质，具体的证明请有兴趣的读者参考相关文献。这里要说明一点的是收敛域标记问题，前面讲过，序列 $x(n)$的收敛域在 $z$ 平面上是一个圆环，即 $R_{x-}<|z|<R_{x+}$，在这里，$R_{x+}$ 和 $R_{x-}$ 分别表示收敛域圆环的两个大小半径，特别地，若收敛域为整个 $z$ 平面，则 $R_{x-}\to 0$，$R_{x+}\to\infty$。对于例 1-1 所讨论的收敛域$|z|>|a|$，则有 $R_{x-}=a$，$R_{x+}\to\infty$。

**表 1-2 $z$ 变换的性质**

| 序号 | 性质 | 序列 | $z$ 变换 | 收 敛 域 |
|---|---|---|---|---|
| 1 | 线性 | $ax(n)+by(n)$ | $aX(z)+bY(z)$ | $\max[R_{x-},R_{y-}]<\lvert z\rvert<\min[R_{x+},R_{y+}]$ |
| 2 | 时移性 | $x(n-n_0)$ | $z^{-n_0}X(Z)$ | $R_{x-}<\lvert z\rvert<R_{x+}$ |
| 3 | 加权性 | $a^n x(n)$ | $X\left(\dfrac{z}{a}\right)$ | $\lvert a\rvert R_{x-}<\lvert z\rvert<\lvert a\rvert R_{x+}$ |
| 4 | 时间反向 | $x(-n)$ | $X(z^{-1})$ | $\dfrac{1}{R_{x-}}<\lvert z\rvert<\dfrac{1}{R_{x+}}$ |
| 5 | 卷积 | $x(n)\otimes y(n)$ | $X(z)Y(z)$ | $\max\lfloor R_{x-},R_{y-}\rfloor<\lvert z\rvert<\min\lfloor R_{x+},R_{y+}\rfloor$ |
| 6 | 乘积 | $x(n)\cdot y(n)$ | $\dfrac{1}{2\pi j}\oint_c X(\nu)Y\left(\dfrac{z}{\nu}\right)\nu^{-1}d\nu$ | $R_{x-}R_{y-}<\lvert z\rvert<R_{x+}R_{y+}$ |
| 7 | 微分 | $nx(n)$ | $-z\dfrac{dX(z)}{dz}$ | $R_{x-}<\lvert z\rvert<R_{x+}$ |
| 8 | 有限和 | $\sum\limits_{n=-\infty}^{n}x(n)$ | $\dfrac{1}{1-z^{-1}}X(z)$ | $R_{x-}<\lvert z\rvert<R_{x+}$ |
| 9 | 周期拓展 | $\sum\limits_{k=-\infty}^{+\infty}x(n+kM)$ | $\dfrac{1}{1-z^{-M}}X_M(z)$ | $\lvert z\rvert>1$ |
| 10 | 初值定理 | $\lim\limits_{n\to 0}x(n)$ | $\lim\limits_{z\to\infty}X(z)$ | $\lvert z\rvert>R_{x-}$ |
| 11 | 终值定理 | $\lim\limits_{n\to 0}x(n)$ | $\lim\limits_{z\to 1}[(1-z^{-1})X(z)]$ | $(z-1)X(z)$收敛于$\lvert z\rvert\geqslant 1$ |
| 12 | Parseval 定理 | $\sum\limits_{n=-\infty}^{\infty}\lvert x(n)\rvert^2$ | $\dfrac{1}{2\pi j}\oint X(\nu)X^*(\nu^{*-1})\dfrac{d\nu}{\nu}$ | $R_{x-}^2<1<R_{x+}^2$（包含单位圆） |

注：$X^*(z^*)$表示 $x(n)$的共轭 $z$ 变换。Parseval 定理表明，时域中对序列求能量与频域中对其求能量是一致的。

### 1.4.4 逆 z 变换

已知 $X(z)$求原序列 $x(n)$的过程称为逆 $z$ 变换,定义为

$$x(n)=z^{-1}[X(z)]=\frac{1}{2\pi \mathrm{j}}\oint_{c} X(z)z^{n-1}\mathrm{d}z \tag{1-66}$$

通常有三种方法实现逆 $z$ 变换,即长除法、部分分式法和留数法。

**1. 长除法**

如果能将 $X(z)$展开成一个幂级数的形式

$$X(z)=\cdots+a_{-2}z^{2}+a_{-1}z^{1}+a_{0}+a_{1}z^{-1}+a_{2}z^{-2}+\cdots=\sum_{i=-\infty}^{\infty}a_{i}z^{-i} \tag{1-67}$$

对照 $x(n)$的 $z$ 变换式

$$X(z)=\sum_{n=-\infty}^{\infty}x(n)z^{-n} \tag{1-68}$$

可见,该级数的系数$\cdots,a_{-2},a_{-1},a_{0},a_{1},a_{2},\cdots,a_{n},\cdots$便是要求的序列 $x(n)$。对于有理 $z$ 变换,可以利用长除法得到幂级数的展开式。

**2. 部分分式法**

若 $X(z)$是有理函数,且分子的阶数小于分母阶数,则可转换成部分分式的形式

$$X(z)=\frac{N(z)}{D(z)}=\sum_{i=1}^{N_{\mathrm{d}}}\frac{R_{i}}{z-p_{i}} \tag{1-69}$$

式中,$p_i$ 是极点,即分母多项式 $D(z)$的根。$R_i$ 由下式求得

$$R_{i}=(z-p_{i})X(z)\big|_{z=p_{i}} \tag{1-70}$$

**3. 留数法**

这种方法基于复变函数的留数定理,故称为留数法。当 $X(z)$是有理函数时,通常可以采用留数法定理求 $X(z)$逆变换

$$x(n)=\frac{1}{2\pi \mathrm{j}}\int_{c}X(z)z^{n-1}\mathrm{d}z=\sum_{i}[X(z)z^{n-1}\text{ 在 } c \text{ 内的极点 } z=p_{i} \text{ 处的留数}] \tag{1-71}$$

式(1-71)可记为

$$x(n)=\sum \mathrm{Res}[X(z)z^{n-1}]\Big|_{z=p_{i}} \tag{1-72}$$

若 $X(z)z^{n-1}$ 在 $z=p_i$ 处有 $k$ 阶重极点,则它在该点的留数由式(1-73)给出

$$\mathrm{Res}[X(z)z^{n-1}]\Big|_{n=p_{i}}=\frac{1}{(k-1)!}\left\{\frac{\mathrm{d}^{k-1}}{\mathrm{d}z^{k-1}}[(z-p_{i})^{k}X(z)z^{n-1}]\right\}\Bigg|_{z=p_{i}} \tag{1-73}$$

特别地,当 $k=1$ 时,有

$$\mathrm{Res}[X(z)z^{n-1}]\big|_{z=p_{i}}=[(z-p_{i})X(z)z^{n-1}]\big|_{z=p_{i}} \tag{1-74}$$

## 1.5 离散时间系统

### 1.5.1 基本概念

将输入时间信号变换为一个输出信号的设备称为离散时间系统,如图 1-11 所示。从数

学上看，离散时间系统完成对输入信号的某种变换，记为

$$y(n)=T(x(n)) \tag{1-75}$$

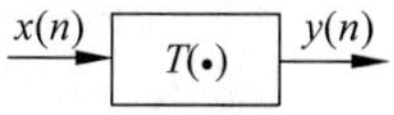


图 1-11　离散时间系统

对离散时间系统必须掌握以下几个基本概念。

**1. 线性系统**

设某系统在输入 $x_1(n)$和 $x_2(n)$时，其输出 $y_1(n)$和 $y_2(n)$分别为

$$y_1(n)=T(x_1(n)) \tag{1-76}$$

$$y_2(n)=T(x_2(n)) \tag{1-77}$$

当且仅当式(1-78)成立时，该系统为线性系统。

$$T(ax_1(n)+bx_2(n))=aT(x_1(n))+bT(x_2(n))=ay_1(n)+by_2(n) \tag{1-78}$$

**2. 时不变系统**

已知 $T(x(n))=y(n)$，若

$$T(x(n-k))=y(n-k) \tag{1-79}$$

成立，则称该系统为时不变系统(非时变系统，也称移不变系统)。

**3. 线性时不变系统**

具有线性和时不变性的系统称为线性时不变(Linear Time Invariant，LTI)系统。

## 1.5.2　离散时间系统的单位冲激响应函数

对于离散时间系统，如果系统的输入为单位采样信号 $\delta(n)$，此时系统的输出函数为该系统的单位冲激响应函数，通常用符号 $h(n)$表示，则

$$y(n)=T(\delta(n))=h(n) \tag{1-80}$$

对于一个 LSI 系统，当输入为信号 $x(n)$时，系统的输出为

$$\begin{aligned} y(n)&=T(x(n))\\ &=T\left(\sum_{k=-\infty}^{\infty}x(k)\delta(n-k)\right)\\ &=\sum_{k=-\infty}^{\infty}x(k)T(\delta(n-k))\\ &=\sum_{k=-\infty}^{\infty}x(k)h(n-k) \end{aligned} \tag{1-81}$$

可见，线性时不变系统的输入、输出关系为

$$\begin{aligned} y(n)&=x(n)\otimes h(n)\\ &=\sum_{m=-\infty}^{\infty}x(m)h(n-m)\\ &=\sum_{m=-\infty}^{\infty}x(n-m)h(m) \end{aligned} \tag{1-82}$$

即线性时不变系统的特征可以由单位冲激响应完整描述，如图 1-12 所示。在系统分析中，经常碰到以下不同类型的 LTI 系统。

图 1-12　线性时不变系统的特征可以由单位冲激响应描述

(1) 无限冲激响应(Infinite Impulse Response,IIR)系统：单位冲激响应函数 $h(n)$ 无限长,系统输入/输出关系如式(1-82)所示。

(2) 有限冲激响应(Finite Impulse Response,FIR)系统：单位冲激响应函数 $h(n)$ 有限长,系统输入/输出如式(1-83)所示

$$y(n)=\sum_{m=N_1}^{N_2} x(n-m)h(m) \tag{1-83}$$

(3) 有限维 LTI 系统：系统输入/输出可以用式(1-84)的常系数差分方程描述

$$\sum_{k=0}^{N} d_k y(n-k)=\sum_{k=0}^{M} p_k x(n-k) \tag{1-84}$$

其中,$\{d_k\}$,$\{p_k\}$为系统参数,系统阶数定义为 $\max\{N,M\}$。可以看到,当 $N=0$ 时,系统退化为因果 FIR 系统。当 $N>0$ 时,式(1-84)可重写为

$$y(n)=-\sum_{k=1}^{N} \frac{d_k}{d_0} y(n-k)+\sum_{k=0}^{M} \frac{p_k}{p_0} x(n-k) \tag{1-85}$$

由于式(1-85)右边第一项迭代计算的存在,系统可能存在无限长的冲激响应。有限维 LTI 系统用有限参数描述了 IIR 系统,同时包含 FIR 系统,因此是最常见的 LTI 系统模型。

### 1.5.3 LSI 系统的稳定性和因果性

**定义 1-1** 对于信号 $x(n)$,如果存在实数 $R$,使得对所有的 $n$ 都有 $|x(n)|\leqslant R$,则称 $x(n)$ 是有界的。

**定义 1-2** 对于一个 LSI(线性移不变)系统,如果输入 $x(n)$ 是有界的,输出信号也是有界的,那么称该系统是稳定的。

**定理 1-1** 一个 LSI 系统是稳定的充要条件是 $\sum\limits_{n=-\infty}^{\infty}|h(n)|<\infty$。

**证明：**

充分性：如果 $\sum\limits_{n=-\infty}^{\infty}|h(n)|<\infty$ 成立,对任意有界的输入,输出也是有界的。

$$|y(n)|=\left|\sum_{k=-\infty}^{\infty} x(k)h(n-k)\right| \leqslant \sum_{k=-\infty}^{\infty}|x(k)||h(n-k)| \tag{1-86}$$

如果 $x(n)$ 有界,则

$$|x(k)|\leqslant R \tag{1-87}$$

$$|y(n)|\leqslant \sum_{k=-\infty}^{\infty} R|h(n-k)|=R\sum_{k=-\infty}^{\infty}|h(n-k)|=R\sum_{n=-\infty}^{\infty}|h(n)|<\infty \tag{1-88}$$

所以

$$|y(n)|\leqslant R' \tag{1-89}$$

即 $y(n)$ 也是有界信号,故充分性得证。

必要性：如果系统稳定,$\sum\limits_{n=-\infty}^{\infty}|h(n)|<\infty$ 成立。

不妨令一有界信号为

$$x(n)=\begin{cases}\dfrac{h(-n)}{|h(-n)|}, & |h(n)|\neq 0\\ 0, & \text{其他}\end{cases} \tag{1-90}$$

所以

$$y(0)=\sum_{k=-\infty}^{\infty} h(k)x(-k)=\sum_{k=-\infty}^{\infty} h(k)\cdot\frac{h(k)}{|h(k)|}$$
$$=\sum_{k=-\infty}^{\infty}\frac{h^2(k)}{|h(k)|}=\sum_{k=-\infty}^{\infty}|h(k)|<\infty \tag{1-91}$$

可见 $\sum_{n=-\infty}^{\infty}|h(n)|<\infty$，必要性得证。

**定义 1-3** 对于任意系统，如果它在任意时刻的输出 $y(n)$ 只取决于现在时刻和过去时刻的输入 $x(n),x(n-1),x(n-2),\cdots,x(n-m),\cdots$，而和将来时刻的输入无关，则该系统为因果系统；否则，该系统为非因果系统。

**定理 1-2** 一个线性时不变系统是因果系统的充要条件是：当 $n<0$ 时，$h(n)=0$，即 $h(n)$ 是因果信号。

**证明：**

假设一个 LTI 系统有两个输入 $x_1(n),x_2(n)$，并且满足

$$x_1(n)=x_2(n),\quad n\leqslant n_0 \tag{1-92}$$

即两个输入在时刻 $n_0$ 及以前的取值是一样的。根据因果的定义，系统在输出 $n_0$ 时刻也应该是一样的，其输出分别为

$$y_1(n_0)=\sum_{k=-\infty}^{\infty} h(k)x_1(n_0-k)=\sum_{k=0}^{\infty} h(k)x_1(n_0-k)+\sum_{k=-\infty}^{-1} h(k)x_1(n_0-k)$$
$$y_2(n_0)=\sum_{k=-\infty}^{\infty} h(k)x_2(n_0-k)=\sum_{k=0}^{\infty} h(k)x_2(n_0-k)+\sum_{k=-\infty}^{-1} h(k)x_2(n_0-k) \tag{1-93}$$

因为两个输入在时刻 $n_0$ 及以前的取值一样，则有

$$\sum_{k=0}^{\infty} h(k)x_1(n_0-k)=\sum_{k=0}^{\infty} h(k)x_2(n_0-k) \tag{1-94}$$

根据 $y_1(n_0)=y_2(n_0)$ 的要求，得到

$$\sum_{k=-\infty}^{-1} h(k)x_1(n_0-k)=\sum_{k=-\infty}^{-1} h(k)x_2(n_0-k) \tag{1-95}$$

式(1-95)对于 $x_1(n),x_2(n)$ 的任何取值都必须成立，因此可得

$$h(k)=0,\quad k<0 \tag{1-96}$$

### 1.5.4 LSI 系统的变换域分析

对式(1-82)所描述的线性系统两边取 $z$ 变换，得到

$$y(z)=h(z)x(z) \tag{1-97}$$

其中

$$h(z)=\sum_{n=-\infty}^{\infty} h(n)z^{-n} \tag{1-98}$$

$h(z)$ 是 $h(n)$ 的 $z$ 变换，又称为系统的系统函数或传输函数。实际应用中经常考虑式(1-84)所示的有限维因果系统，其系统函数为有理分式

$$h(z)=\frac{y(z)}{x(z)}=\frac{p_0+\sum_{k=1}^{M}p_k z^{-k}}{d_0+\sum_{k=1}^{N}d_k z^{-k}} \tag{1-99}$$

$h(z)$在单位圆上取值,可得到系统的频率响应。

$$h(e^{j\omega})=h(z)\big|_{z=e^{j\omega}} \tag{1-100}$$

基于式(1-98),易知$h(e^{j\omega})$为冲激响应的傅里叶变换。$h(z)$和$h(e^{j\omega})$是LTI系统分析的重要工具。例如对式(1-99)所描述的系统,可以通过$h(z)$的零极点分析系统特征。对式(1-99)的分子、分母进行多项式分解可得

$$h(z)=\frac{\prod_{k=1}^{M}(1-\alpha_k z^{-1})}{\prod_{k=1}^{N}(1-\beta_k z^{-1})} \tag{1-101}$$

其中,$\{\alpha_k\}$,$\{\beta_k\}$分别为系统的零点和极点。零点和极点是系统分析的重要工具。其中,零点直观给出了系统频率响应的谷点及其对应的深度,而极点给出系统频率响应的峰点和大概峰值。同时,极点位置可作为系统稳定性的判定条件,如定理1-3所示。

**定理1-3** 一个因果LTI系统稳定的充要条件是:极点在单位圆内。

定理的证明留给读者。有限维系统的零点位置可作为判断系统相位响应特性的依据。

**定义1-4** 所有零点都在单位圆内的因果稳定LTI系统称为最小相位系统。所有零点都在单位圆外的因果稳定LTI系统称为最大相位系统。

基于$h(e^{j\omega})$的系统分析,一般分别从幅度响应和相位响应两个角度考虑。幅度响应考虑系统对输入信号不同频带的衰减(或称滤波)情况,一般可分低通、高通、带通和带阻四种情况,如图1-13所示。从相位响应角度的系统分析一般需考虑系统的相位响应是否是线性函数。具有线性相位特征的系统对不同频率分量有相同的延时,不存在由于延时不同引起

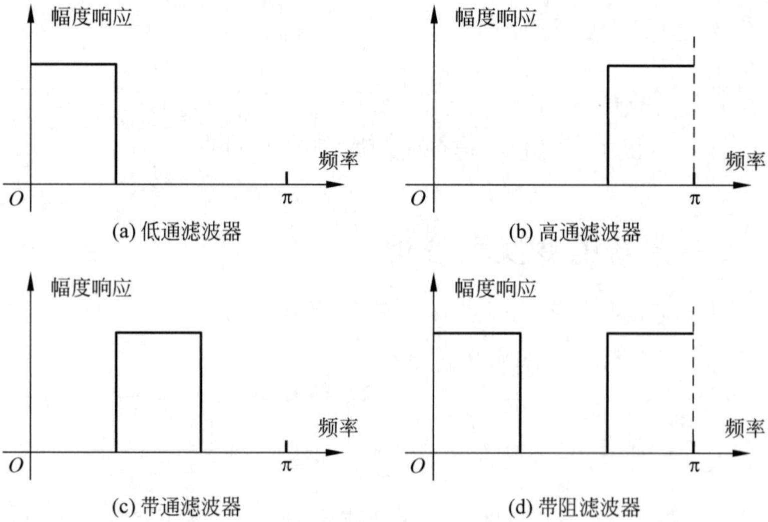


图1-13 基于幅度响应的不同系统类型

的输出信号失真，使得基于幅度滤波控制的系统设计更加准确可靠，因此线性相位经常是系统设计的首要条件。

## 本章习题

1. 给定信号序列

$$x(n)=\begin{cases}2n+5, & -4\leqslant n\leqslant -1\\ 6, & 0\leqslant n\leqslant 4\\ 0, & \text{其他}\end{cases}$$

(1) 画出序列的波形，标上各序列值；

(2) 试用延时的单位脉冲序列及其加权和表示 $x(n)$序列；

(3) 令 $x_1(n)=2x(n-2)$，试画出 $x_1(n)$的波形；

(4) 令 $x_2(n)=2x(n+2)$，试画出 $x_2(n)$的波形；

(5) 令 $x_3(n)=x(2-n)$，试画出 $x_3(n)$的波形；

(6) 令 $x_4(n)=\left(\frac{n}{2}\right)$，试画出 $x_4(n)$的波形；

(7) 令 $x_5(n)=x(2n)$，试画出 $x_5(n)$的波形。

2. 判断下列每个序列是否具有周期性；若是周期性的，试确定其周期。

(1) $x(n)=A\cos\left(\frac{3\pi}{7}n-\frac{\pi}{8}\right)$

(2) $x(n)=A\sin\left(\frac{13}{3}\pi n\right)$

(3) $x(n)=e^{j\left(\frac{n}{6}-\pi\right)}$

3. 判断以下系统是否为线性的、因果的、稳定的、时不变的系统。

(1) $y(n)=\sum_{m=-\infty}^{\infty}x(m)$

(2) $y(n)=[x(n)]^2$

(3) $y(n)=x(n)\sin\left(\frac{2\pi}{9}n+\frac{\pi}{7}\right)$

(4) $y(n)=3x(-n)$

(5) $y(n)=n^2x(n)$

(6) $y(n)=1+\sum_{m=0}^{6}x(m)$

4. 直接计算下面两个序列的卷积和 $y(n)=x(n)\otimes h(n)$。

$$h(n)=\begin{cases}\alpha^n, & 0\leqslant n\leqslant N-1\\ 0, & \text{其他}\end{cases}$$

$$x(n)=\begin{cases}\beta^{n-n_0}, & n_0\leqslant n\\ 0, & n<n_0\end{cases}$$

5. 设有一系统，其输入/输出关系由以下差分方程确定

$y(n)-\frac{1}{2}y(n-1)=x(n)+\frac{1}{2}x(n-1)$，该系统是因果性的。

(1) 求该系统的单位抽样响应；

(2) 由题(1)的结果，利用卷积和求输入 $x(n)=e^{j\omega n}u(n)$的响应。

6. 有理想抽样系统，抽样角频率 $\Omega_s=6\pi$，抽样后经理想低通滤波器 $H_a(j\Omega)$还原，其中

$$H_a(j\Omega)=\begin{cases}\frac{1}{2}, & |\Omega|<3\pi \\ 0, & |\Omega|\geqslant 3\pi\end{cases}$$

今有两个输入：$x_{a_1}(t)=\cos 2\pi t$，$x_{a_2}(t)=\cos 5\pi t$。输出信号 $y_{a_1}(t)$，$y_{a_2}(t)$有无失真？为什么？

7. 求以下序列的 $z$ 变换，并分别求出对应的零点、极点和收敛域。

(1) $x(n)=a^{|n|}$，$|a|<1$

(2) $x(n)=\left(\frac{1}{2}\right)^n u(n)$

(3) $x(n)=-\left(\frac{1}{2}\right)^n u(-n-1)$

(4) $x(n)=\frac{1}{n}$，$n\geqslant 1$

(5) $x(n)=n\sin\omega_0 n$，$n\geqslant 0$($\omega_0$ 为常数)

(6) $x(n)=Ar^n\cos(\omega_0 n+\varphi)u(n)$，$0<r<1$

8. 假如 $x(n)$的 $z$ 变换代数表达式如下，求 $X(z)$的 $z$ 反变换。

$$X(z)=\frac{1-\frac{1}{4}z^{-2}}{\left(1+\frac{1}{4}z^{-2}\right)\left(1+\frac{5}{4}z^{-1}+\frac{3}{8}z^{-2}\right)}$$

9. 用长除法、留数法、部分分式法分别求出以下 $X(z)$的 $z$ 逆变换。

(1) $X(z)=\frac{1-\frac{1}{2}z^{-1}}{1-\frac{1}{4}z^{-2}}$，$|z|>\frac{1}{2}$

(2) $X(z)=\frac{1-2z^{-1}}{1-\frac{1}{4}z^{-1}}$，$|z|<\frac{1}{4}$

(3) $X(z)=\frac{z-a}{1-az}$，$|z|>\left|\frac{1}{a}\right|$

10. 求以下序列 $x(n)$的频谱 $x(e^{j\omega})$。

(1) $x(n)=na^n u(n)$，$|a|<1$

(2) $x(n)=a^n u(n+1)$，$|a|<1$

(3) $x(n)=e^{-(a+j\omega_0)n}u(n)$，$a>0$

(4) $x(n)=e^{-an}u(n)\cos\omega_0 n$，$a>0$

(5) $x(n)=a^n u(-n-1)$， $|a|>1$

11. 求离散时间傅里叶逆变换。

(1) $X(e^{j\omega})=\sum\limits_{k=-\infty}^{+\infty}\delta(\omega+2k\pi)$

(2) $X(e^{j\omega})=\dfrac{1-e^{j\omega(N+1)}}{1-e^{j\omega}}$

(3) $X(e^{j\omega})=1+2\sum\limits_{l=0}^{N}\cos\omega l$

(4) $X(e^{j\omega})=\dfrac{ja e^{j\omega}}{(1-a e^{j\omega})^2}$，$|a|<1$

12. 设 $x(n)$的离散时间傅里叶变换为 $X(e^{j\omega})$,定义

$$\widetilde{X}(k)=X(e^{j\omega})\Big|_{\omega=2\pi k/N}=X(e^{j2\pi k/N}),\quad -\infty<k<+\infty$$

证明：$\widetilde{X}(k)$是周期为 $N$,自变量为 $k$ 的周期序列；设 $\widetilde{X}(k)$是周期序列 $\tilde{x}(n)$的离散傅里叶级数,证明

$$\tilde{x}(n)=\sum_{r=-\infty}^{+\infty}x(n+rN)$$

13. 一个长度为 11 的实序列,其 11 个点离散傅里叶变换的 6 个样本分别为 $X(0)=12$,$X(2)=-3.2-2j$,$X(3)=5.3-4.1j$,$X(5)=6.5+9j$,$X(7)=-4.1+0.2j$,$X(10)=-3.1+5.2j$,求余下的 5 个样本。

14. 求双边序列 $x(n)=a^{|n|}$ 的 $z$ 变换,其收敛域是多少？

15. 连续时间信号 $x(t)$是频率为 250Hz、450Hz、1.0kHz、2.75kHz 和 4.05kHz 的正弦信号的线性组合,以 1.5kHz 的抽样频率对其进行抽样,抽样所得序列通过一个截止频率为750Hz 的理想低通滤波器,从而得到一个连续时间信号 $y(t)$,$y(t)$中的频率分量是什么？

16. 连续时间信号 $x(t)=\cos(400\pi t)+\sin(1200\pi t)+\cos(4400\pi t)+\sin(5200\pi t)$以4kHz 的频率抽样得到序列 $x(n)$,求 $x(n)$的准确表达式。

17. 求下面的冲激响应所描述的线性时不变离散系统的频率响应 $H(e^{j\omega})$的表达式。

$$h(n)=\delta(n)-a\delta(n-R),\ |a|<1$$

其幅度响应的最大值和最小值分别是什么？在 $0\leqslant\omega<2\pi$ 范围内,幅度响应的峰值和谷值是多少？这些峰值和谷值的位置在哪里？当 $a=3$ 时,画出幅度响应和相位响应。

18. 求下面的输入/输出关系所描述的因果线性时不变离散系统频率响应 $H(e^{j\omega})$的表达式。

$$y(n)=x(n)+ay(n-R),\quad |a|<1$$

其幅度响应的最大值和最小值各是什么？在 $0\leqslant\omega<2\pi$ 范围内,幅度响应的峰值和谷值是多少？这些峰值和谷值的位置在哪里？当 $a=3$ 时,画出幅度响应和相位响应。

19. 一个非因果线性时不变有限冲激响应系统由如下冲激响应描述

$$h(n)=a_1\delta(n-2)+a_2\delta(n-1)+a_3\delta(n)+a_4\delta(n+1)+a_5\delta(n+2)$$

什么样的冲激响应取值可使频率响应具有零相位？

20. 一个因果线性时不变有限冲激响应系统由如下冲激响应描述

$$h(n)=a_1\delta(n)+a_2\delta(n-1)+a_3\delta(n-2)+a_4\delta(n-3)+a_5\delta(n-4)+a_6\delta(n-5)$$

什么样的冲激响应取值可使频率响应具有线性相位?

21. 两个稳定的 LTI 系统的级联仍然是稳定的吗?证明你的结论。

22. 两个稳定的 LTI 系统的并联仍然是稳定的吗?证明你的结论。

# 第2章 随机信号分析基础

CHAPTER 2

## 2.1 概述

### 2.1.1 随机信号的基本概念

不失一般性，这里的信号是指含有一定信息的时间函数，记为 $x(t)$ 或 $x(n)$。根据信号随时间变化的规律不同，一般又可将信号分为确定性信号和随机信号两大类。如果信号随时间的变化是有规律的，该规律不随信号的观察者、观测时间、观测地点的变化而变化，这类信号称为确定性信号。确定性信号可以用明确的数学关系式或图、表描述。以下给出了确定性信号的一些表达式。

$$x(t)=\sin(\Omega t) \tag{2-1}$$

$$x(n)=\begin{cases}-1, & n=-1\\ 2, & n=2\\ 3, & n=4\\ 0, & \text{其他}\end{cases} \tag{2-2}$$

式(2-1)中，信号与时间是一种函数映射关系。式(2-2)以列表形式确定时间与信号取值的关系。两者的共同特征是给定时间，信号的取值是确定的，这也是确定性信号的关键内涵。

但实际信号的变化规律总是具有某些随机因素的，例如心电信号探测中，记录下来的信号受到人体噪声、机器热噪声的干扰，这些干扰在不同的观测时间、观测地点都会有不同结果，有明显的随机性。实际上，现实世界中真正完全确定的信号是很难找到的，因为客观事物总是在不断地变化和运动着。许多实际信号的变化没有确定的规律，这类信号称为**随机信号**。在实际应用中，随机信号是非常普遍的，如语音信号、心电信号、脑电信号、导航与许多控制系统中遇到的各种噪声干扰信号、水声、雷达、气象信号等。随着科学技术的发展，随机信号的分析与处理已引起了广大研究者的注意和重视，并已广泛地应用到许多领域中，如语音信号处理、生物医学工程、自动控制、机械振动、通信、水声、雷达信号处理等。

特别要指出的是，确定性信号和随机信号之间不存在非此即彼的关系。信号是客观存在的，当研究信号的角度不同时，会产生确定性信号和随机信号的区别。例如在心电信号检测中，由于干扰的随机性，检测信号具有一定的随机性，但对于一个已经记录下来的信号，因为信号的取值和时间有明确的对应关系，可认为是确定性信号。当从更一般意义去考查信号时，才有必要认为信号是随机信号。下面举一个具体例子进一步分析。

水位信息是水利工程的重要依据，如果将某个水位采集点一年内的数据按时间排列，可以得到"2001 年水位""2002 年水位"等信号(如图 2-1 所示)。这些信号是确定性信号，因为给定的时间点对应确定的水位值。实际应用中需要采集多年的水位信息作为依据，去掉具体年份，考虑水位在一年内的变化规律更有实际意义，因此可引入信号"年水位变化情况"。可以看到对给定时间点，这一信号的取值不是确定的，有很多可能的取值(所有年度中同一时间的取值，见图 2-1)。因此可以认为"年水位变化情况"是个随机信号，分析该随机信号的规律有重要意义。为分析该随机信号，可取某个时间点，如 6 月 1 日对应的历年水位值并求出分布情况，从中计算出最大值、最小值、平均值等重要信息。由这个例子可以看到确定性信号和随机信号存在相互转化的辩证关系。

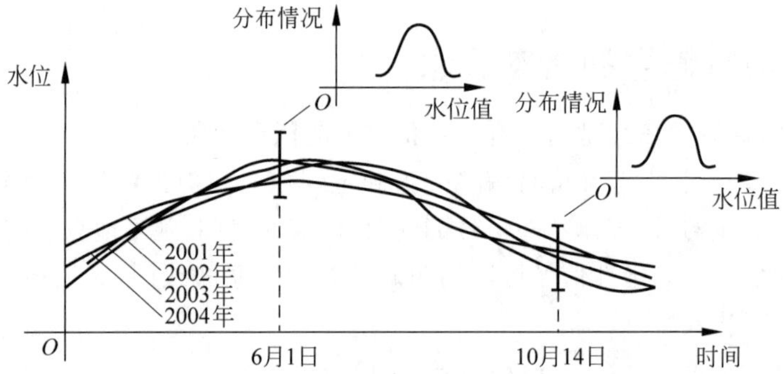


图 2-1　确定性信号与随机信号关系示意图

(1) 一个已记录的信号(如 2001 年水位变化情况)是个确定性信号，当需要从更一般化的角度考虑信号的变化规律时，需在多个确定性信号的基础上引入随机信号概念。这一思路可扩展到其他领域，例如一段已经记录在计算机中的语音是确定性信号，但在研究语音信号的普适性规律时，所有语音都是研究对象，这时需引入随机信号的概念。

(2) 从随机信号角度研究信号一般着眼于给定时间下的多个取值(如上述例子中在给定时间点上的历年水位值)，从中得到均值、方差等有用信息。因此，给定时间下的多个取值在数学上可用随机变量描述，时间给定下的多个取值是随机变量的样本。

从上述讨论可知，随机信号可看成一个随机变量随时间变化的过程，并且其变化含有一定的规律性，这种规律性随着观测信号样本数的增多而呈现出一定的统计规律，因此，我们通常借助概率论及随机过程等数学方法描述随机信号的特性，如研究随机信号的概率结构(对连续性随机信号而言是指其概率密度函数，对离散性信号而言是指其概率)、信号的数字特征(均值、方差、自相关函数、互相关函数、自协方差函数和互协方差函数等)和信号的平稳性及遍历性等。

接下来讨论随机信号精确的数学描述。利用与图 2-1 类似的方法，对一个信号进行了 $N$ 次记录($N$ 次试验)，得到 $N$ 个随时间变化的函数，即每次记录都是时间的函数(如图 2-2 所示)。记 $x^i(t)$或 $x(t,i)$表示第 $i$ 次记录得到的信号，$t$ 是时间变量，$i$ 是试验的次数变量(称为随机试验集合空间的变量)，因此，一个随机信号实际上是一个含两个变量的函数

$x^i(t)$，这里有几个概念要注意弄清楚。

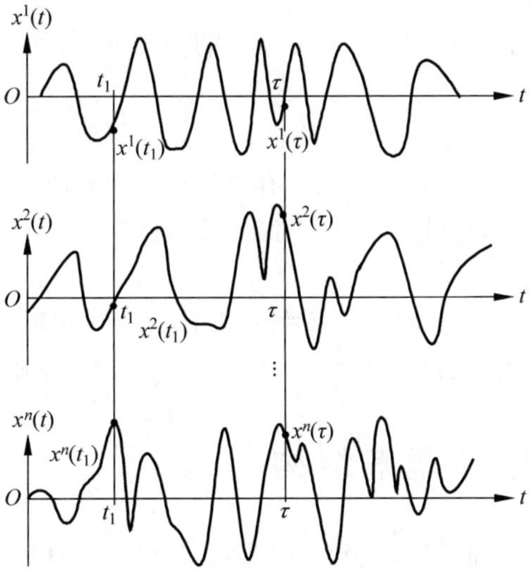


图 2-2　随机信号的 $N$ 次记录

(1) 样本：指当 $t$ 及 $i$ 都固定时，得到的一个确定的数。

(2) 样本随机变量：指当 $t$ 固定时，随机信号在各次试验中的观测值，如 $x^1(t_1)$，$x^2(t_1)$，$x^3(t_1)$，…，$x^n(t_1)$。

(3) 样本函数：指当 $i$ 确定时，随时间变化的函数，即某试验得到的时间函数。

(4) 随机信号 $x^i(t)$：指一族(或无限多个)随机变量的集合，它是某种随机试验的结果，而试验出现的样本函数是随机的。为方便起见，若非特别说明，在本书中简记随机信号 $x^i(t)$ 为 $x(t)$。

从上面的讨论可知，可以将随机信号理解成含时间函数的一族特殊的随机变量，或者是含随机变量的时间函数。

**例 2-1**　随机相位正弦信号 $x(t)=A\cos(\omega_0 t+\varphi)$，其中 $A$ 及 $\omega_0$ 为常数，$\varphi$ 是在 $[0,2\pi]$ 区间均匀分布的随机变量(如图 2-3 所示)，当 $\varphi$ 取值不同时，得到一系列不同的确定性随机信号(因为 $\varphi$ 一旦确定，由信号的过去值便可准确预测其未来值)。通常又将此随机信号称为谐波过程或谐波信号。

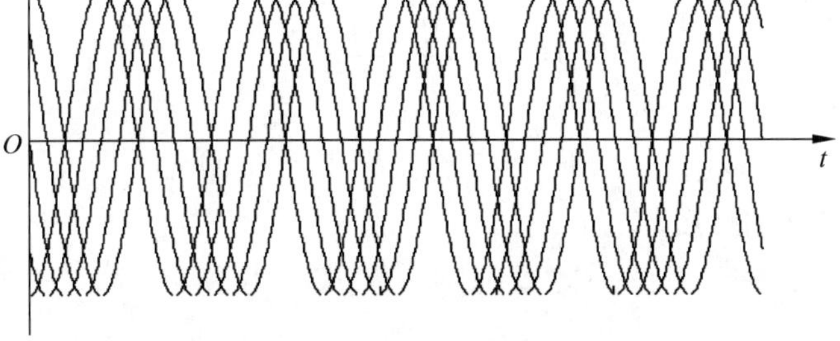


图 2-3　随机相位正弦信号

### 2.1.2 随机信号的分类

随机信号的分类有多种方法,根据不同分类依据可将其分为不同的类别,归纳起来,主要有以下几大类:

(1) 按时间变量的取值来划分,可将随机信号分为时间连续随机信号(时间 $t$ 是连续的)和时间离散随机信号(时间 $t$ 是离散的),有时又称时间离散随机信号为时间序列。

(2) 按信号的取值来划分,可分为取值离散的随机信号($x(t)$取值离散)和取值连续的随机信号($x(t)$取值连续)。

(3) 按信号 $x(t)$的取值是实数还是复数来划分,可分为实随机信号和复随机信号。

(4) 按信号分量的维数来划分,可分为一维随机信号和多维随机信号。

## 2.2 随机信号的概率结构

由于随机信号是随机变量的时间函数,因此数学上可以用概率论描述,主要体现在两方面:一是随机变量的概率密度与概率分布特性;二是其均值及各阶矩特性。这一节讨论概率论基本理论及其在随机信号中的应用,首先考虑连续实随机信号,再将定义拓展到离散信号和复随机信号。

### 2.2.1 概率论基本概念

随机变量的概率分布函数、概率密度函数的概念在有关概率论的书中有详细的论述,这里我们对一些基本概念做一个简单的叙述。首先讨论实随机变量,再拓展到复随机变量。

**1. 概率分布函数定义**

实随机变量 $X$ 的概率分布函数用符号 $F(x)$表示。概率分布函数 $F(x)$表示 $X$ 小于或等于 $x$ 的概率,即 $F(x)=P(X\leqslant x)$。

**2. 概率分布函数的性质**

(1) 对于 $\forall x$,都有 $0\leqslant F(x)\leqslant 1$。

(2) 极值性:$\lim\limits_{x\to\infty}F(x)=1$,$\lim\limits_{x\to-\infty}F(x)=0$。

(3) 单调递增性:对于 $\forall\,\Delta x\geqslant 0$,$F(x+\Delta x)\geqslant F(x)$。

**3. 连续随机信号的概率分布函数**

对于取值连续的随机变量,其概率密度函数 $p(x)$定义为

$$p(x)=\frac{\mathrm{d}F(x)}{\mathrm{d}x}$$

$$F(x)=\int_{-\infty}^{x}p(u)\mathrm{d}u \tag{2-3}$$

**4. 概率密度函数的性质**

(1) 非负性,对于 $\forall x$,都有 $p(x)\geqslant 0$。

(2) $\int_{-\infty}^{\infty}p(x)\mathrm{d}x=1$。

(3) 与概率的关系:$a<X<b$ 的概率为

$$P(a < X < b) = \int_a^b p(x)\mathrm{d}x \tag{2-4}$$

**5. 离散随机信号的概率密度函数**

如果随机变量 $X$ 只有若干离散取值，可用概率描述其分布规律：$p(X=x_i)=p_i$，表示 $X=x_i$ 的概率，$i=1,2,\cdots,N$，且满足 $\sum p_i=1$。其概率分布函数如图 2-4 所示。

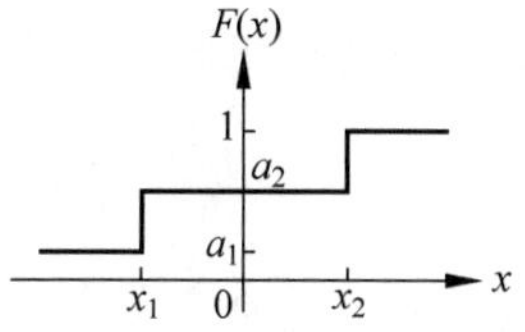

图 2-4　离散信号的概率分布函数

如果用统一的概率密度函数表示，可写出离散随机变量 $X$ 的概率密度函数为

$$p(x) = \sum_i p_i \delta(x - x_i) = \frac{\mathrm{d}F(x)}{\mathrm{d}x} \tag{2-5}$$

式中，$\delta(x)$为狄拉克函数。

**6. 多维随机变量的概率分布**

对于两个随机变量 $X_1$ 和 $X_2$，$(X_1 \quad X_2)$称为二维随机变量，其联合概率分布函数用 $F(x_1,x_2)$表示。$F(x_1,x_2)$表示 $X_1$ 小于或等于 $x_1$ 且 $X_2$ 小于或等于 $x_2$ 的概率，即

$$F(x_1,x_2) = P(X_1 \leqslant x_1, X_2 \leqslant x_2) \tag{2-6}$$

类似地，$X_1$ 和 $X_2$ 的联合概率密度函数定义为

$$p(x_1,x_2) = \frac{\partial^2 F(x_1,x_2)}{\partial x_1 \partial x_2} \tag{2-7}$$

所以

$$F(x_1,x_2) = \int_{-\infty}^{x_1}\int_{-\infty}^{x_2} p(u,v)\mathrm{d}u\mathrm{d}v \tag{2-8}$$

同理，对于多个随机变量 $X_1,X_2,\cdots,X_N$，$(X_1,X_2,\cdots,X_N)$称为 $N$ 维随机变量。其联合概率分布函数及联合概率密度函数分别定义为

$$F(x_1,x_2,\cdots,x_N) = P(X_1 \leqslant x_1, X_2 \leqslant x_2, \cdots, X_N \leqslant x_N) \tag{2-9}$$

$$p(x_1,x_2,\cdots,x_N) = \frac{\partial^N F(x_1,x_2,\cdots,x_N)}{\partial x_1 \partial x_2 \cdots \partial x_N} \tag{2-10}$$

定义 $\boldsymbol{x}=[X_1 \quad X_2 \quad \cdots \quad X_N]^{\mathrm{T}}$，$[\cdot]^{\mathrm{T}}$ 表示转置，则 $\boldsymbol{x}$ 称为随机向量，$p(\boldsymbol{x})$，$F(\boldsymbol{x})$称为随机向量的概率密度函数和概率分布函数。

**7. 随机变量的数字特征**

数字特征又指统计量，常用的数字特征包括数学期望、方差、协方差等，下面分别介绍。

**定义 2-1(数学期望)**　连续随机变量 $X$ 的数学期望定义为

$$E[X] = \int_{-\infty}^{+\infty} x\mathrm{d}F(x) = \int_{-\infty}^{+\infty} xp(x)\mathrm{d}x \tag{2-11}$$

离散随机变量 $X$ 的数学期望定义为

$$E[X] = \sum_{i=1}^{\infty} x_i P(X = x_i) \tag{2-12}$$

随机向量的数学期望定义为

$$E[\boldsymbol{x}] = [E(X_1)E(X_2)\cdots E(X_N)]^{\mathrm{T}} \tag{2-13}$$

**定义 2-2(方差和标准差)**　随机变量 $X$ 的方差定义为

$$D[X]=E[(X-E(X))^2] \tag{2-14}$$

称$\sqrt{D[X]}$为随机变量 $X$ 的标准差。

**定义 2-3(协方差)** 随机变量 $X_1$、$X_2$ 的协方差定义为

$$\mathrm{Cov}[X_1,X_2]=E[(X_1-E(X_1))(X_2-E(X_2))] \tag{2-15}$$

协方差的定义可推广到随机向量。随机向量 $\boldsymbol{x}=[X_1 \quad X_2 \quad \cdots \quad X_N]^{\mathrm{T}}$ 的协方差矩阵定义为

$$\mathrm{Cov}[\boldsymbol{x}]=E[(\boldsymbol{x}-E(\boldsymbol{x}))(\boldsymbol{x}-E(\boldsymbol{x}))^{\mathrm{T}}] \tag{2-16}$$

协方差矩阵的每个元素为 $N$ 维随机变量$(X_1,X_2,\cdots,X_N)$中两个变量的协方差。

**定义 2-4(相关系数)** 随机变量 $X_1$、$X_2$ 的相关系数定义为

$$\rho_{X_1X_2}=\frac{\mathrm{Cov}[X_1,X_2]}{\sqrt{D[X_1]}\sqrt{D[X_2]}} \tag{2-17}$$

对比协方差定义,可以看到相关系数实际上是协方差的归一化。归一化相关系数的取值范围是$-1\leqslant\rho_{X_1X_2}\leqslant 1$。

**8. 复随机变量及其数字特征**

复随机变量定义为 $X=X_{\mathrm{Re}}+\mathrm{j}X_{\mathrm{Im}}$,可看成两个独立的实随机变量。复随机变量的概率分布函数定义为

$$F(x)=P(X\leqslant x)=P(X_{\mathrm{Re}}\leqslant x_{\mathrm{Re}},X_{\mathrm{Im}}\leqslant x_{\mathrm{Im}}) \tag{2-18}$$

概率密度函数定义为

$$p(x)=\frac{\partial^2 F(x)}{\partial x_{\mathrm{Re}}\partial x_{\mathrm{Im}}} \tag{2-19}$$

其中,$x=x_{\mathrm{Re}}+\mathrm{j}x_{\mathrm{Im}}$。$p(x)$也可以看成关于$(x_{\mathrm{Re}},x_{\mathrm{Im}})$的多变量函数。

复随机变量的数学期望及方差分别定义为

$$E[X]=E[X_{\mathrm{Re}}]+\mathrm{j}E[X_{\mathrm{Im}}] \tag{2-20}$$

$$D[X]=E[(X-E[X])(X-E[X])^*] \tag{2-21}$$

其中,$(\cdot)^*$ 表示共轭操作。可以看到与实随机变量定义的区别是式(2-21)中多了求共轭的操作。

与实随机向量相似,可定义复随机向量,其协方差矩阵定义为

$$\mathrm{Cov}[\boldsymbol{x}]=E[(\boldsymbol{x}-E[\boldsymbol{x}])(\boldsymbol{x}-E[\boldsymbol{x}])^{\mathrm{H}}] \tag{2-22}$$

其中,$(\cdot)^{\mathrm{H}}$ 表示共轭转置。

**9. 随机变量的独立性、相关性和正交性**

随机变量的独立性、相关性和正交性是比较容易混淆的概念,下面给出这三个定义,它们在本书后面的随机信号分析中经常会用到。

**定义 2-5(独立性)** 如果式(2-23)成立,则称随机变量 $X_1$、$X_2$ 相互独立。

$$F(x_1,x_2)=F(x_1)F(x_2) \tag{2-23}$$

式(2-23)的一个等价描述是 $p(x_1,x_2)=p(x_1)p(x_2)$。

**定义 2-6(相关性)** 如果式(2-24)成立,则称随机变量 $X_1$、$X_2$ 不相关。

$$\mathrm{Cov}(X_1,X_2)=0 \tag{2-24}$$

式(2-24)的一个等价描述是 $X_1$、$X_2$ 的相关系数等于零。

**定义 2-7(正交性)** 如果式(2-25)成立,则称随机变量 $X_1$、$X_2$ 相互正交。

$$E(X_1 \cdot X_2^*) = 0 \tag{2-25}$$

可以看到,独立性是从概率分布函数的角度引入定义,而相关性、正交性是从数字特征的角度给出定义,两者有根本的不同。相互独立导致互不相关(对零均值随机变量还导致相互正交);反之,则不一定成立。

## 2.2.2 随机信号有限维概率密度及数字特征

从本节开始,我们将概率和统计的相关概念用于随机信号分析。首先,针对实连续随机信号引入随机信号的概率描述和统计特征,然后将相关概念拓展到离散随机信号和复随机信号。

**1. 随机信号的有限维概率密度**

由图 2-2 可知,一个随机信号可以被看成随机变量随时间变化的函数关系,其本质上是概率密度函数随时间变化的函数关系。因此,随机信号在数学上可以用概率描述,给定时间下标 $i$,则 $t_i$ 确定一个随机变量 $X_i$,可得到一维概率分布。

**随机信号的一维概率密度**:表示某一时刻 $t_i$ 的样本随机变量 $X_i$ 取值的概率密度分布函数 $p(x_i, t_i)$。

实际随机信号一般存在时间相关性,一维概率密度不能描述这种特性,有必要引入二维甚至多维的概率密度。

**随机信号的二维概率密度**:在 $t_i, t_j$ 时刻,样本随机变量 $X_i, X_j$ 联合概率密度分布函数 $p(x_i, x_j, t_i, t_j)$。

**随机信号的有限维概率密度**:在 $t_1, t_2, \cdots, t_n$ 时刻,样本随机变量 $X_1, X_2, \cdots, X_n$ 联合概率密度分布函数 $p(x_1, x_2, \cdots, x_n, t_1, t_2, \cdots, t_n)$。

随机信号的多维概率密度分布函数在数学上可完整描述一个随机信号,但是实用性不高。一方面因为实际中很难获取随机信号的高维概率密度分布规律,另一方面高维概率密度分布函数的处理和分析难度较高。在实际中通常只考虑一维和二维的概率密度分布函数。

**2. 随机信号的数字特征**

随机信号的数字特征是指随机信号在某一时刻样本随机变量的各阶矩,如均值、方差、协方差、自相关函数、互相关函数、自协方差函数和互协方差函数等。

1)一阶原点矩——均值函数

随机信号 $x(t)$的均值函数(简称均值)是其样本函数在某时刻 $t$ 的平均取值,有时也称为总集均值,用符号 $m_x(t)$表示,定义为

$$m_x(t) = E[x(t)] = \int_{-\infty}^{+\infty} x(t) p(x, t) \mathrm{d}x \tag{2-26}$$

2)二阶原点矩——均方值函数

随机信号 $x(t)$的二阶原点矩是其样本函数在某时刻 $t$ 的均方值,记为 $D_x(t)$,定义为

$$D_x(t) = E[x^2(t)] = \int_{-\infty}^{+\infty} x^2(t) p(x, t) \mathrm{d}x \tag{2-27}$$

二阶原点矩 $D_x(t)$反映了随机信号在总集意义下的瞬时功率(某时刻样本随机变量的平均功率)。

3）二阶中心矩——方差函数

随机信号 $x(t)$的二阶中心矩是其样本函数在时刻 $t$ 的方差函数，记为 $\sigma_x^2(t)$，定义为

$$\sigma_x^2(t)=\mathrm{Var}(x(t))=E[(x(t)-m_x(t))^2]$$
$$=\int_{-\infty}^{+\infty}(x(t)-m_x(t))^2p(x,t)\mathrm{d}x \tag{2-28}$$

二阶中心矩反映了随机信号在均值上下的起伏程度。

不难证明，均值函数、均方值函数及方差函数三者之间满足如下关系：

$$D_x(t)=\sigma_x^2(t)+m_x^2(t) \tag{2-29}$$

4）自相关函数

自相关函数是随机信号的二阶统计特征，它表示随机信号在不同时刻取值的关联程度。设随机信号 $x(t)$在 $t_i$、$t_j$ 时刻的取值分别为 $x_i$、$x_j$，则 $x(t)$在 $t_i$、$t_j$ 时刻的相关函数定义为

$$R_x(t_i,t_j)=E[x_ix_j]$$
$$=\int_{-\infty}^{+\infty}\int_{-\infty}^{+\infty}x_ix_jp(x_i,x_j,t_i,t_j)\mathrm{d}x_i\mathrm{d}x_j \tag{2-30}$$

5）自协方差函数

自协方差函数的定义与自相关函数类似，记为 $C_x(t_i,t_j)$，则

$$C_x(t_i,t_j)=E[(x_i-m_{xi})(x_j-m_{xj})]$$
$$=\int_{-\infty}^{+\infty}\int_{-\infty}^{+\infty}(x_i-m_{xi})(x_j-m_{xj})p(x_i,x_j,t_i,t_j)\mathrm{d}x_i\mathrm{d}x_j \tag{2-31}$$

其中，$m_{xi}$、$m_{xj}$ 分别表示均值函数在 $t_i$、$t_j$ 时刻的取值。可以证明，自协方差函数与自相关函数有如下关系：

$$R_x(t_i,t_j)=C_x(t_i,t_j)+m_{xi}m_{xj} \tag{2-32}$$

6）互相关函数和互协方差函数

随机信号 $x(t)$及 $y(t)$在时刻 $t_i$、$t_j$ 的互相关函数定义为

$$R_{xy}(t_i,t_j)=E[x_i,y_j]$$
$$=\int_{-\infty}^{+\infty}\int_{-\infty}^{+\infty}x_iy_jp(x_i,y_j,t_i,t_j)\mathrm{d}x_i\mathrm{d}y_j \tag{2-33}$$

同理，互协方差函数定义为

$$C_{xy}(t_i,t_j)=E[(x_i-m_{xi})(y_j-m_{yj})] \tag{2-34}$$

由上面相关性和正交性定义可知，如果 $C_x(t_i,t_j)=0$，则 $x(t_i)$和 $x(t_j)$不相关；如果 $R_x(t_i,t_j)=0$，则 $x(t_i)$和 $x(t_j)$相互正交。根据前面随机向量的定义，还可以定义自相关矩阵。令 $\boldsymbol{x}=[x(t_1),x(t_2),\cdots,x(t_N)]^{\mathrm{T}}$ 表示包含 $N$ 个随机变量的随机向量，则自相关矩阵定义为

$$\boldsymbol{R}_x=E[\boldsymbol{x}\boldsymbol{x}^{\mathrm{T}}] \tag{2-35}$$

其中，$\boldsymbol{R}_x$ 为 $N\times N$ 矩阵，其第$(i,j)$个元素为 $R_x(t_i,t_j)$。同理，还可以定义自协方差矩阵。自相关矩阵或自协方差矩阵包含信号的大量信息，本书的很多信号处理算法将基于自相关矩阵或自协方差矩阵。

## 2.3 随机信号的平稳性

如果随机信号的概率分布不随时间推移而变化，或信号的统计特性与时间起点无关，只与时间间隔有关，这类随机信号称为平稳随机信号。

**定义 2-8（严平稳随机信号）** 设随机信号 $x(t)$ 的有限维样本随机变量族的联合概率函数为 $p(x_1,x_2,\cdots,x_n,t_1,t_2,\cdots,t_n)$，若对任意时间间隔 $\tau$，有

$$p(x_1,x_2,\cdots,x_n,t_1,t_2,\cdots,t_n)=p(x_1,x_2,\cdots,x_n,t_1-\tau,\cdots,t_n-\tau) \tag{2-36}$$

则称 $x(t)$ 为**严平稳随机信号**或**狭义平稳随机信号**。

**定义 2-9（弱平稳随机信号）** 如果随机信号 $x(t)$ 满足以下条件：

(1) $x(t)$ 的均值为与时间无关的常数，即 $m_x(t)=C$（$C$ 为常数）。

(2) $x(t)$ 的自相关函数与时间起点无关，只与时间间隔有关，即

$$R_x(t_i,t_j)=R_x(t_i,t_i-\tau)=R_x(\tau)$$

(3) 信号的瞬时功率有限，即 $D_x=R_x(0)<\infty$。

则称 $x(t)$ 为**宽平稳随机信号**或**广义平稳信号**。

两个平稳随机信号的互相关也只与时间差有关。对于平稳随机信号 $x(t)$、$y(t)$，根据式(2-33)定义的互相关为

$$R_{xy}(t_i,t_j)=R_{xy}(t_i,t_i-\tau)=R_{xy}(\tau) \tag{2-37}$$

可以证明，协方差函数也只与时间差相关，与相关函数的关系如下：

$$R_x(\tau)=C_x(\tau)+m_x^2 \tag{2-38}$$

$$R_{xy}(\tau)=C_{xy}(\tau)+m_xm_y \tag{2-39}$$

随机信号处理引入平稳性，特别是广义平稳性，其必要性和可行性主要体现在以下几个方面：

(1) 对很多实际中的工程问题，基于一、二阶矩（自相关函数为主）的随机信号处理已经可以给出实用解。

(2) 对一般随机信号，自相关函数是二元函数，处理上难度高很多。引入平稳性后自相关函数变成一元函数，复杂度明显降低。

(3) 实际应用中，信号都存在非平稳特性，这主要是因为产生随机信号的物理条件严格意义上是时变的。但是，如果产生随机信号的物理条件时变不明显，或者测量信号的时间长度很短，则可以认为得到的随机信号是平稳的。

根据实随机信号的定义，不难证明，对平稳实随机信号的自相关函数、自协方差函数有如下一些性质：

(1) 对称性：$R_x(\tau)$、$C_x(\tau)$ 是实偶函数，即

$$R_x(-\tau)=R_x(\tau),\quad C_x(-\tau)=C_x(\tau) \tag{2-40}$$

(2) 极限性：

$$R_x(0)=D_x,\quad C_x(0)=\sigma_x^2,\quad |R_x(\tau)|\leqslant R_x(0),\quad R_x(0)>0 \tag{2-41}$$

由式(2-40)可知，平稳随机信号的自相关函数只与时间差有关，并且与时间差是前向或者反向没有关系。

根据式(2-35)定义的自相关矩阵为

$$\boldsymbol{R}_x = E[\boldsymbol{x}\boldsymbol{x}^{\mathrm{T}}] = \begin{bmatrix} R(0) & R(\tau_{12}) & \cdots & R(\tau_{1N}) \\ R(\tau_{21}) & R(0) & \cdots & R(\tau_{2N}) \\ \vdots & \vdots & \ddots & \vdots \\ R(\tau_{N1}) & R(\tau_{N2}) & \cdots & R(0) \end{bmatrix} \tag{2-42}$$

其中，$\tau_{ij}=t_i-t_j$。自相关矩阵有几个重要性质，根据自相关函数性质有 $R(\tau_{ij})=R(\tau_{ji})$，因此实信号自相关矩阵是对称矩阵。由式(2-42)可以看到自相关矩阵对角线方向上的元素相等，具有这种性质的矩阵称为 Toeplitz 矩阵，实际应用中经常会用到自相关矩阵的这种特殊结构。自相关矩阵的另一个重要特性是非负定性(或称半正定)，即对任意非零向量 $\boldsymbol{w}$，有 $\boldsymbol{w}^{\mathrm{T}}\boldsymbol{R}_x\boldsymbol{w}\geqslant 0$。可以进一步证明，自相关矩阵的特征值是非负实数(参见本章习题 23)，并且包含信号的很多有用信息。因此，基于特征值分解的随机信号处理是常用的手段。

下面以一些例子进一步说明随机信号的平稳性。

**例 2-2** 求随机信号 $x(t)=A\sin(\Omega_0 t+\varphi)$ 的均值和自相关函数，其中 $\varphi$ 在 $[0\sim 2\pi]$ 区间均匀分布。

**解** $x(t)$ 的均值为

$$m_x(t)=\int_{-\infty}^{\infty} x(t)p(x)\mathrm{d}x$$

由于 $x(t)$ 是 $\varphi$ 的函数，所以上式可写为

$$\begin{aligned} m_x(t) &= \int_0^{2\pi} x(\varphi,t)p(\varphi)\mathrm{d}\varphi \\ &= \int_0^{2\pi} A\sin(\Omega_0 t+\varphi)\,\frac{1}{2\pi}\mathrm{d}\varphi \\ &= 0 \end{aligned}$$

自相关函数

$$R_x(t_1,t_2)=E[x(t_1)x(t_2)]$$

定义

$$x_1=x(t_1)=A\sin(\Omega_0 t_1+\varphi)$$
$$x_2=x(t_2)=A\sin(\Omega_0 t_2+\varphi)$$

由于 $x_1$、$x_2$ 均是 $\varphi$ 的函数，所以

$$\begin{aligned} R_x(t_1,t_2) &= \int_0^{2\pi} \frac{1}{2\pi}A\sin(\Omega_0 t_1+\varphi)A\sin(\Omega_0 t_2+\varphi)\mathrm{d}\varphi \\ &= \frac{A^2}{2}\cos\Omega_0(t_2-t_1) \\ &= \frac{A^2}{2}\cos\Omega_0\tau \end{aligned}$$

式中，$\tau=|t_1-t_2|$，即自相关函数为 $R_x(\tau)=\dfrac{A^2}{2}\cos\Omega_0\tau$。

上述自相关函数满足平稳性，同时具有周期性，具有这种特性的信号称为周期平稳信号。周期平稳信号是一类重要的随机信号，其自相关函数的周期特性一般来源于原信号的周期分量。

**例 2-3** 设随机信号 $x(t)=A\cos\Omega_0 t+B\sin\Omega_0 t$，$-\infty<t<\infty$，$\Omega_0$ 为正常数，$A$、$B$ 为相互独立的随机变量，且 $E(A)=E(B)=0$，$D(A)=D(B)=\sigma^2>0$。试讨论 $x(t)$ 的平稳性。

**解**　均值为

$$\begin{aligned}E[x(t)]&=E[A\cos\Omega_0 t+B\sin\Omega_0 t]\\&=E[A]\cos\Omega_0 t+E[B]\sin\Omega_0 t=0\end{aligned}$$

自相关函数为

$$\begin{aligned}R_x(t,t-\tau)&=E[x(t)x(t-\tau)]\\&=E[(A\cos\Omega_0 t+B\sin\Omega_0 t)(A\cos\Omega_0(t-\tau)+B\sin\Omega_0(t-\tau))]\\&=E[A^2\cos\Omega_0 t\cos\Omega_0(t-\tau)+AB\sin\Omega_0 t\cos\Omega_0(t-\tau)+\\&\quad AB\cos\Omega_0 t\sin\Omega_0(t-\tau)+B^2\sin\Omega_0 t\sin\Omega_0(t-\tau)]\\&=E[A^2]\cos\Omega_0 t\cos\Omega_0(t-\tau)+E(AB)\sin\Omega_0 t\cos\Omega_0(t-\tau)+\\&\quad E[AB]\cos\Omega_0 t\sin\Omega_0(t-\tau)+E[B^2]\sin\Omega_0 t\sin\Omega_0(t-\tau)\\&=\sigma^2\cos\Omega_0\tau\end{aligned}$$

均方值为

$$D_x=R_x(0)=\sigma^2<\infty$$

可见该信号的均值是一常数。自相关函数与时间起点无关，均方值有限，所以是一个广义平稳的随机信号。

## 2.4　离散时间随机信号和复随机信号

### 2.4.1　离散时间随机信号及其数字特征

只在离散时刻存在取值的随机信号称为离散时间随机信号，也称离散随机序列。离散时间信号通常是对连续时间信号进行采样而得到的。如图 2-5 所示，对连续时间随机信号 $x(t)$进行均匀采样，可形成随机序列 $x(n)=x(n\Delta t)$ $(n=0,\pm1,\pm2,\cdots)$，这里，$\Delta t$ 是采样间隔。如果取 $\Delta t=1$，得到离散随机序列为 $x(n)$。

离散随机序列的数字特征定义与连续时间信号是类似的，区别是其数字特征也是离散的。这里给出一些常用数字特征的定义。

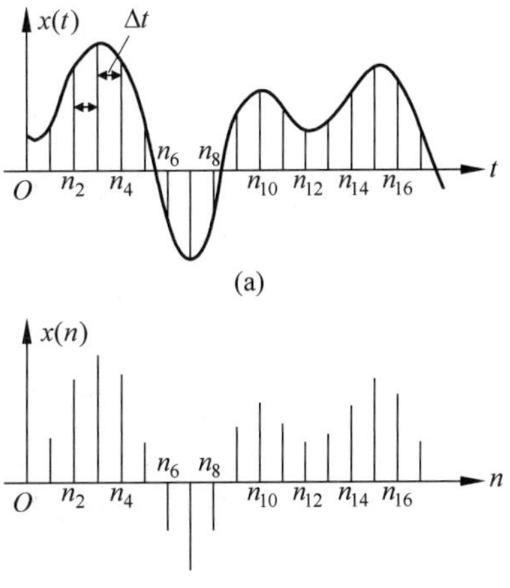


图 2-5　随机信号采样示意图

(1) 均值：

$$\begin{aligned}m_x(n)&=E[x(n)]\\&=\int_{-\infty}^{+\infty}xp(x,n)\mathrm{d}x\end{aligned}\tag{2-43}$$

(2) 二阶原点矩（均方值函数）：

$$\begin{aligned}D_x(n)&=E[x^2(n)]\\&=\int_{-\infty}^{+\infty}x^2p(x,n)\mathrm{d}x\end{aligned}\tag{2-44}$$

(3) 方差函数：

$$\sigma_x^2(n)=E\{[x(n)-mx(n)]^2\}=\int_{-\infty}^{+\infty}[x-m_x(n)]^2p(x,n)\mathrm{d}x\tag{2-45}$$

(4) 自相关函数：

$$R_x(n_1,n_2)=E[x(n_1)\cdot x(n_2)]=\int_{-\infty}^{+\infty}\int_{-\infty}^{+\infty}x_1x_2p(x_1,x_2,n_1,n_2)\mathrm{d}x_1\mathrm{d}x_2 \quad (2\text{-}46)$$

(5) 自协方差函数：

$$C_x(n_1,n_2)=E[(x(n_1)-m_x(n_1))(x(n_2)-m_x(n_2))] \quad (2\text{-}47)$$

对于平稳随机序列，同样有如下三个充分必要条件：

(1) $m_x(n)=m_x$，与 $n$ 无关；

(2) $R_x(n_1,n_2)=R_x(n_1-n_2)=R_x(m)$；

(3) $D_x(n)=R_x(0)<\infty$。

容易证明离散平稳信号的自相关函数、自协方差函数具有偶对称特性，即

$$R_x(-m)=R_x(m),\quad C_x(-m)=C_x(m)$$

根据式(2-42)定义的自相关矩阵为

$$\boldsymbol{R}_x=E[\boldsymbol{x}\boldsymbol{x}^{\mathrm{T}}]=\begin{bmatrix} R(0) & R(1) & \cdots & R(N-1) \\ R(-1) & R(0) & \cdots & R(N-2) \\ \vdots & \vdots & \ddots & \vdots \\ R(-N+1) & R(-N+2) & \cdots & R(0) \end{bmatrix} \quad (2\text{-}48)$$

其中，把信号向量定义为 $\boldsymbol{x}(n)=[x(n),x(n-1),\cdots,x(n-N+1)]^{\mathrm{T}}$。可以看到自相关矩阵为对称矩阵，有些文献将随机向量定义为 $\boldsymbol{x}(n)=[x(n),x(n+1),\cdots,x(n+N-1)]^{\mathrm{T}}$，可得到相同的自相关矩阵。

**例 2-4** 随机相位正弦序列 $x(n)=A\sin(2\pi fn+\varphi)$，$A$、$f$ 为常数，$\varphi$ 是$[0,2\pi]$内均匀分布的随机变量，判断 $x(n)$的平稳性。

**解**

$$\begin{aligned} m_x(n)&=E[A\sin(2\pi fn+\varphi)] \\ &=\int_0^{2\pi}A\sin(2\pi fn+\varphi)\frac{1}{2\pi}\mathrm{d}\varphi \\ &=0 \end{aligned}$$

$$\begin{aligned} R_x(n_1,n_2)&=E[x(n_1)x(n_2)] \\ &=\int_0^{2\pi}\frac{1}{2\pi}A\sin(2\pi fn_1+\varphi)A\sin(2\pi fn_2+\varphi)\mathrm{d}\varphi \\ &=\frac{A^2}{2\pi}\int_0^{2\pi}\sin(2\pi n_1f+\varphi)\sin(2\pi n_2f+\varphi)\mathrm{d}\varphi \\ &=\frac{A^2}{2\pi}\int_0^{2\pi}-\frac{1}{2}\cos(2\pi f(n_1+n_2)+2\varphi)+\frac{1}{2}\cos(2\pi f(n_1-n_2))\mathrm{d}\varphi \\ &=\frac{A^2}{2\pi}\left[\frac{1}{2}\cos(2\pi f(n_1-n_2))\right]2\pi \\ &=\frac{A^2}{2}\cos(2\pi f(n_1-n_2)) \\ &=\frac{A^2}{2}\cos(2\pi fm)\Big|_{m=|n_1-n_2|} \end{aligned}$$

$$D_x(n)=R_x(0)=\frac{A^2}{2}<\infty$$

所以，$x(n)$是平稳随机序列。

## 2.4.2 复随机信号

可以将复随机信号的实部和虚部看成两个独立的实随机信号：$x(t)=x_{\mathrm{Re}}(t)+x_{\mathrm{Im}}(t)$。其一维概率密度分布函数可表示为 $p(x_i,t_i)=p(x_{\mathrm{Re}},x_{\mathrm{Im}},t_i)$，其中把实部和虚部看成两个不同的随机变量，$p(x_i,t_i)$看成两个随机变量的联合概率密度。基于 $p(x_i,t_i)$定义其数字特征如下：

(1) 均值：

$$m_x(t)=E(x_{\mathrm{Re}}(t)+\mathrm{j}x_{\mathrm{Im}}(t))=\int_{-\infty}^{+\infty}\int_{-\infty}^{+\infty}(x_{\mathrm{Re}}+\mathrm{j}x_{\mathrm{Im}})p(x_{\mathrm{Re}},x_{\mathrm{Im}},t)\mathrm{d}x_{\mathrm{Re}}\mathrm{d}x_{\mathrm{Im}}$$

$$=\int_{-\infty}^{+\infty}xp(x,t)\mathrm{d}x \tag{2-49}$$

(2) 二阶原点矩(均方值函数)：

$$D_x(t)=E\,|x(t)|^2=\int_{-\infty}^{\infty}|x|^2p(x,t)\mathrm{d}x \tag{2-50}$$

(3) 方差函数：

$$\sigma_x(t)=E\,|x(t)-m_x(t)|^2=\int_{-\infty}^{\infty}|x-m_x(t)|^2p(x,t)\mathrm{d}x \tag{2-51}$$

(4) 自相关函数：

$$R_x(t_1,t_2)=E[x(t_1)\cdot x^*(t_2)]=\iint x_1x_2^*\,p(x_1,x_2,t_1,t_2)\mathrm{d}x_1\mathrm{d}x_2 \tag{2-52}$$

(5) 自协方差函数：

$$C_x(t_1,t_2)=E[(x(t_1)-m_x(t_1))(x(t_2)-m_x(t_2))^*] \tag{2-53}$$

(6) 互相关函数：

$$R_{xy}(t_1,t_2)=E[x(t_1)\cdot y^*(t_2)]=\iint x_1y_2^*\,p(x_1,y_2,t_1,t_2)\mathrm{d}x_1\mathrm{d}y_2 \tag{2-54}$$

(7) 互协方差函数：

$$C_{xy}(t_1,t_2)=E[(x(t_1)-m_x(t_1))(y(t_2)-m_y(t_2))^*] \tag{2-55}$$

上述定义中和实随机信号的最大不同是增加了共轭的操作。与实随机信号相似，对自相关函数和自协方差函数取 $t_1=t_2$，可得到均方值函数和方差函数。对于平稳信号，其自相关函数及互相关函数如下：

$$R_x(t_1,t_2)=R_x(t_1-t_2)=R_x(\tau)=E[x(t+\tau)x^*(t)]=E[x(t)x^*(t-\tau)] \tag{2-56}$$

$$R_{xy}(t_1,t_2)=R_{xy}(t_1-t_2)=R_{xy}(\tau)=E[x(t+\tau)y^*(t)]=E[x(t)y^*(t-\tau)] \tag{2-57}$$

不难证明，平稳复随机信号的自相关函数和自协方差函数有以下性质。

(1) 对称性：

$$R_x(\tau)=R_x^*(-\tau),\quad C_x(\tau)=C_x^*(-\tau) \tag{2-58}$$

(2) 极限性：

$$R_x(0)=D_x,\quad |R_x(\tau)|\leqslant D_x,\quad C_x(0)=\sigma_x^2 \tag{2-59}$$

根据式(2-42)定义的自相关矩阵为

$$\boldsymbol{R}_x = E[\boldsymbol{x}\boldsymbol{x}^{\mathrm{H}}] = \begin{bmatrix} R(0) & R(\tau_{12}) & \cdots & R(\tau_{1N}) \\ R(\tau_{21}) & R(0) & \cdots & R(\tau_{2N}) \\ \vdots & \vdots & \ddots & \vdots \\ R(\tau_{N1}) & R(\tau_{N2}) & \cdots & R(0) \end{bmatrix} \tag{2-60}$$

易见 $\boldsymbol{R}_x$ 为共轭对称矩阵。对于离散信号，把信号向量定义为 $\boldsymbol{x}(n)=[x(n),x(n-1),\cdots,x(n-N+1)]^{\mathrm{T}}$。可以得到自相关矩阵为

$$\boldsymbol{R}_x = E[\boldsymbol{x}\boldsymbol{x}^{\mathrm{H}}] = \begin{bmatrix} R(0) & R(1) & \cdots & R(N-1) \\ R(-1) & R(0) & \cdots & R(N-2) \\ \vdots & \vdots & \ddots & \vdots \\ R(-N+1) & R(-N+2) & \cdots & R(0) \end{bmatrix} \tag{2-61}$$

当把随机向量定义为 $\boldsymbol{x}(n)=[x(n),x(n+1),\cdots,x(n+N-1)]^{\mathrm{T}}$，得到的自相关矩阵是上述矩阵的共轭矩阵(或转置矩阵)。实际上，两种不同的随机向量定义是等价的，但在推导过程中要保持定义的一致性，本书将采用第一种定义。进一步可证明复随机信号的自相关矩阵为半正定矩阵，并且特征值为实数。

实信号与复信号在信号处理中同样重要，例如语音信号和图像信号是实信号，但其频谱信号是复信号。通信系统中一般采用正交调制，产生时域复信号。复随机信号的处理思路与实随机信号类似，但针对复随机信号的推导和分析一般可直接应用于实信号；反之，则不一定成立。因此，为了保证推导的通用性，本书后续章节采用基于复随机信号的定义和推导。当实信号的推导与复信号的推导有很大不同时，同时给出两种推导过程。

## 2.5 随机信号的遍历性

### 2.5.1 总集意义上的数字特征与时间意义上的数字特征

前面所述随机信号的数字特征是总集意义上的数字特征，即在某时刻对所有样本值的数字特征，如果信号是平稳的，可在时间轴上求信号的数字特征，即对同一个样本函数，对其所有时间的取值计算统计特征，这种统计特征称为时间意义上的数字特征。下面给出在时间意义上的一些数字特征的定义。

**1. 时间均值**

对于连续时间信号 $x(t)$，其时间均值定义为

$$m_x^T = \lim_{T\to\infty}\frac{1}{2T}\int_{-T}^{T} x(t)\,\mathrm{d}t \tag{2-62}$$

对于离散时间信号 $x(n)$，其时间均值定义为

$$m_x^N = \lim_{N\to\infty}\frac{1}{2N+1}\sum_{n=-N}^{N} x(n) \tag{2-63}$$

**2. 时间均方值**

对于连续时间信号，其时间均方值定义为

$$D_x^T = \lim_{T\to\infty}\frac{1}{2T}\int_{-T}^{T} |x(t)|^2\,\mathrm{d}t \tag{2-64}$$

对于离散时间信号 $x(n)$，其时间均方值定义为

$$D_x^N=\lim_{N\to\infty}\frac{1}{2N+1}\sum_{n=-N}^{N}|x(n)|^2 \tag{2-65}$$

**3. 时间自相关**

对于连续时间信号 $x(t)$，其时间自相关函数定义为

$$R_x^T(\tau)=\lim_{T\to\infty}\frac{1}{2T}\int_{-T}^{T}x(t)x^*(t-\tau)\mathrm{d}t \tag{2-66}$$

对于离散时间信号，其时间自相关函数定义为

$$R_x^N(m)=\lim_{N\to\infty}\frac{1}{2N+1}\sum_{n=-N}^{N}x(n)x^*(n-m) \tag{2-67}$$

同理，可定义时间意义上的方差、自协方差等。

**例 2-5**　对随机相位正弦信号 $x(t)=A\sin(\Omega_0 t+\varphi)$，求其时间均值、时间自相关函数。

**解**　时间均值为

$$m_x^T=\lim_{T\to\infty}\frac{1}{2T}\int_{-T}^{T}A\sin(\Omega_0 t+\varphi)\mathrm{d}t=0$$

时间自相关函数为

$$\begin{aligned}R_x(\tau)&=\lim_{T\to\infty}\frac{1}{2T}\int_{-T}^{T}A\sin(\Omega_0 t+\varphi)A\sin(\Omega_0(t-\tau)+\varphi)\mathrm{d}t\\&=\frac{A^2}{2}\lim_{T\to\infty}\frac{1}{T}\int_{-T}^{T}\frac{1}{2}[\cos\Omega_0\tau-\cos(\Omega_0(2t-\tau)+2\varphi)]\mathrm{d}t\\&=\frac{A^2}{2}\cos\Omega_0\tau\end{aligned}$$

对比例 2-1，可以看到总集意义上的均值、自相关函数和时间均值、时间自相关函数是等价的。但这一特性并不适用于所有平稳信号，下一节进一步讨论。

## 2.5.2　平稳随机信号的遍历性

随机信号的数字特征大多数都是指其总集意义上的数字特征，但在实际工作中，要获得一个随机信号的所有样本集合是很困难的，因此可设想：能否用信号一个足够长样本的时间意义上的数字特征表征其总集意义上的数字特征？这就是随机信号的遍历性问题。

若随机信号的各种时间数字特征(时间足够长)依概率 1 收敛于其相应的总集均值，则称该随机信号具有严格的遍历性(或各态历经性)，称其为严格遍历随机信号。

**定义 2-10(广义遍历性)**　对于广义平稳随机信号，如果其时间均值等于总集均值，时间自相关函数等于总集自相关函数，则称此信号是广义遍历(广义各态历经的)信号，即有下列等式成立。

(1) 对于连续信号：

$$E[x(t)]=\lim_{T\to\infty}\frac{1}{2T}\int_{-T}^{T}x(t)\mathrm{d}t \tag{2-68}$$

$$E[x(t)\cdot x^*(t-\tau)]=\lim_{T\to\infty}\frac{1}{2T}\int_{-T}^{T}x(t)x^*(t-\tau)\mathrm{d}t \tag{2-69}$$

(2) 对于离散信号：

$$E[x(n)]=\lim_{N\to\infty}\frac{1}{2N+1}\sum_{n=-N}^{N}x(n) \tag{2-70}$$

$$E[x(m)\cdot x^*(n-m)]=\lim_{N\to\infty}\frac{1}{2N+1}\sum_{n=-N}^{N}x(n)x^*(n-m) \tag{2-71}$$

值得注意的是，遍历信号的前提是信号必须为平稳信号。实际应用中一般直接假设平稳随机信号满足遍历性。从理论上证明随机信号遍历性的条件涉及复杂的数学推导，这里略去。下面分别给出具有遍历性和不具有遍历性的随机信号的例子。

**例 2-6** 设随机信号 $z(t)=x(t)+y$，其中 $x(t)$ 是平稳信号，$y$ 是一个与 $x(t)$ 无关的随机变量，$E(y)=m_y$，$E(y^2)<\infty$，试讨论 $z(t)$ 的遍历性。

**解** 首先讨论 $z(t)$ 的平稳性。

设 $E[x(t)]=m_x$，$R_x(\tau)=E[x(t)x^*(t-\tau)]$，考虑实信号，可得

$$m_z(t)=E[z(t)]=E[x(t)+y]=E[x(t)]+E[y]=m_x+m_y$$

与 $t$ 无关，则

$$\begin{aligned}R_z(t,t-\tau)&=E[z(t)z(t-\tau)]\\&=E([x(t)+y][x(t-\tau)+y])\\&=E[x(t)x(t-\tau)+x(t)y+yx(t-\tau)+y^2]\\&=R_x(\tau)+m_xm_y+m_ym_x+E(y^2)\\&=R_x(\tau)+2m_xm_y+D_y\\&=R_z(\tau)\end{aligned}$$

$$R_z(0)=R_x(0)+2m_xm_y+D_y<\infty$$

所以 $z(t)$ 是广义平稳的。

$z(t)$ 的时间均值为

$$\begin{aligned}m_z^T&=\lim_{T\to\infty}\frac{1}{2T}\int_{-T}^{T}z(t)\mathrm{d}t\\&=\lim_{T\to\infty}\frac{1}{2T}\int_{-T}^{T}(x(t)+y)\mathrm{d}t\\&=\lim_{T\to\infty}\frac{1}{2T}\int_{-T}^{T}x(t)\mathrm{d}t+y\end{aligned}$$

由此可见，由于 $y$ 是随机变量，所以 $m_z^T$ 也是随机变量，不是常数，即 $m_z(t)\neq m_z^T$。所以，$z(t)$ 不是广义遍历信号。

**例 2-7** 讨论随机相位正弦序列 $A\sin(2\pi fn+\varphi)$ 的遍历性，其中 $A$、$f$ 为常数，$\varphi$ 是 $[0,2\pi]$ 上均匀分布的随机变量。

**解** 由例 2-4 知，该随机序列是广义平稳的，并且其总集均值及自相关函数为

$$m_x(n)=0,\quad R_x(m)=\frac{A^2}{2}\cos(2\pi fm)$$

其时间均值为

$$m_x^T=\lim_{N\to\infty}\frac{1}{2N+1}\sum_{n=-N}^{N}x(n)=\lim_{N\to\infty}\frac{1}{2N+1}\sum_{n=-N}^{N}A\sin(2\pi fn+\varphi)=0$$

时间自相关函数为

$$R_x^N(m)=R_x(m)=\frac{A^2}{2}\cos(2\pi fm)$$

所以该离散随机信号是广义遍历的。

图 2-6 给出了例 2-7 中随机相位正弦序列自相关函数的理论结果和利用式(2-71)计算时间平均的比较，可以看到当采用 10 点样本进行时间平均，已很好地接近理论值。

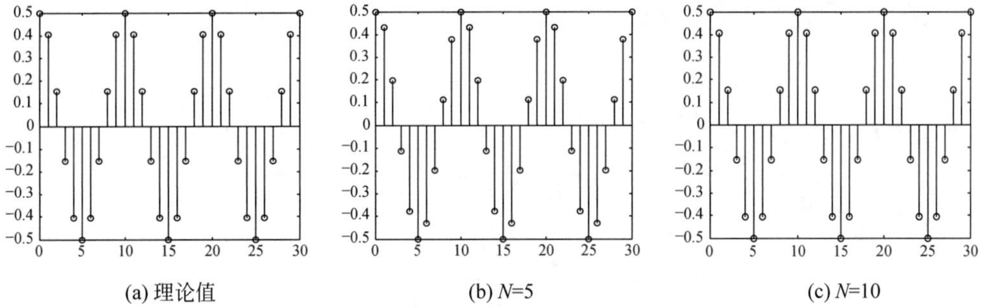


图 2-6 随机相位正弦信号自相关函数理论值和不同长度时间平均结果的比较

## 2.6 平稳随机信号的功率谱密度

对于确定性信号，傅里叶变换是分析信号频域特征的基本工具，对信号 $x(t)$进行傅里叶变换的前提是 $x(t)$必须是绝对可积的或者是周期信号。对于随机信号，由于信号一般既不是周期的(周期信号可进行傅里叶级数分解)，又不是平方可积的，因此，严格来说，不能对随机信号进行傅里叶变换。为解决这一问题，可将随机信号的傅里叶变换从极限意义上进行讨论。取随机信号 $x(t)$在有限时间$(-T,T)$内的一段，记为 $x_T(t)$

$$x_T(t)=\begin{cases}x(t), & -T<t<T\\ 0, & 其他\end{cases} \tag{2-72}$$

由于时间有限，所以 $x_T(t)$存在傅里叶变换，记 $x_T(t)$的傅里叶变换为 $X_T(\Omega)$，即 $X_T(\Omega)=\int_{-T}^{T}x(t)\mathrm{e}^{-\mathrm{j}\Omega t}\,\mathrm{d}t$，由此，引入随机信号功率谱密度的定义。

**定义 2-11** $X_T(t)$的功率谱密度函数 $S_x(\Omega)$为

$$S_x(\Omega)=\lim_{T\to\infty}E\left\{\frac{|X_T(\Omega)|^2}{2T}\right\} \tag{2-73}$$

功率谱密度函数又可简称为功率谱密度(PSD)或功率谱。

### 2.6.1 维纳-辛钦定理

广义平稳随机信号的功率谱与其自相关函数满足如下关系：

$$S_x(\Omega)=\int_{-\infty}^{\infty}R_x(\tau)\mathrm{e}^{-\mathrm{j}\Omega\tau}\,\mathrm{d}\tau=F(R_x(\tau)) \tag{2-74}$$

$R_x(\tau)$为 $x(t)$的自相关函数，这就是维纳-辛钦(Wiener-Khinchin)定理。式中，$F(R_x(\tau))$表示 $R_x(\tau)$的傅里叶变换。

从维纳-辛钦定理可知，功率谱 $S_x(\Omega)$ 是自相关函数 $R_x(\tau)$ 的傅里叶变换，所以同样有

$$R_x(\tau)=\frac{1}{2\pi}\int_{-\infty}^{\infty}S_x(\Omega)\mathrm{e}^{\mathrm{j}\Omega\tau}\mathrm{d}\Omega \tag{2-75}$$

下面针对广义遍历信号简单证明维纳-辛钦定理。更一般化的证明可参考随机过程相关文献。

**证明**：记 $x(t)=X_T(t)$，对信号 $x(t)$、$x(-t)$ 进行卷积

$$\begin{aligned}x_T(\tau)\otimes x_T^*(-\tau)&=\int_{-T}^{T}x_T(t)x_T^*(-(\tau-t))\mathrm{d}t\\&=\int_{-T}^{T}x_T(t)x_T^*(t-\tau)\mathrm{d}t\end{aligned}$$

由傅里叶变换的卷积性质，可知

$$F(x_T(\tau)\otimes x_T^*(-\tau))=|X_T(\Omega)|^2$$

所以

$$\begin{aligned}S_x(\Omega)&=\lim_{T\to\infty}\frac{E[|X_T(\Omega)|^2]}{2T}\\&=\lim_{T\to\infty}\frac{1}{2T}E\left[\int_{-\infty}^{\infty}\int_{-T}^{T}x_T(t)x_T^*(t-\tau)\mathrm{d}t\,\mathrm{e}^{-\mathrm{j}\Omega\tau}\mathrm{d}\tau\right]\\&=\lim_{T\to\infty}\frac{1}{2T}\int_{-\infty}^{\infty}E\left[\int_{-T}^{T}x_T(t)x_T^*(t-\tau)\mathrm{d}t\,\mathrm{e}^{-\mathrm{j}\Omega\tau}\mathrm{d}\tau\right]\\&=\int_{-\infty}^{\infty}\lim_{T\to\infty}\frac{1}{2T}\left[\int_{-T}^{T}E[x_T(t)x_T^*(t-\tau)]\mathrm{d}t\right]\mathrm{e}^{-\mathrm{j}\Omega\tau}\mathrm{d}\tau\\&=\int_{-\infty}^{\infty}\lim_{T\to\infty}\frac{1}{2T}\int_{-T}^{T}R_T(\tau)\mathrm{e}^{-\mathrm{j}\Omega\tau}\mathrm{d}t\,\mathrm{d}\tau\\&=\int_{-\infty}^{\infty}R_x(\tau)\lim_{T\to\infty}\frac{1}{2T}2T\mathrm{e}^{-\mathrm{j}\Omega\tau}\mathrm{d}\tau\\&=\int_{-\infty}^{\infty}R_x(\tau)\mathrm{e}^{-\mathrm{j}\Omega\tau}\mathrm{d}\tau\end{aligned}$$

所以

$$S_x(\Omega)=\int_{-\infty}^{\infty}R_x(\tau)\mathrm{e}^{-\mathrm{j}\Omega\tau}\mathrm{d}\tau=F(R_x(\tau))$$

证毕。

### 2.6.2 功率谱密度的性质

由功率谱的定义、自相关函数的性质、傅里叶变换的性质及维纳-辛钦定理，不难证明，功率谱具有如下性质：

(1) 对称性：

对于实信号 $x(t)$，由于 $R_x(\tau)$ 是实偶函数，因此 $S_x(\Omega)$ 也是实偶函数，即

$$S_x(-\Omega)=S_x(\Omega) \tag{2-76}$$

$$S_x(\Omega)=S_x^*(\Omega) \tag{2-77}$$

对于复信号 $x(t)$，$R_x(\tau)$ 是共轭对称的，可知 $S_x(\Omega)$ 是实函数，但不是偶函数。

(2) 非负性：

$$S_x(\Omega)\geqslant 0 \tag{2-78}$$

(3) 极限性：当 $\tau=0$ 时，有

$$R_x(0)=\frac{1}{2\pi}\int_{-\infty}^{\infty}S_x(\Omega)\mathrm{d}\Omega \tag{2-79}$$

由于 $R_x(0)=D_x$ 表示瞬时功率，可见对信号功率谱的积分得到信号的功率(如图 2-7 所示)，这正是“功率谱”命名的由来。

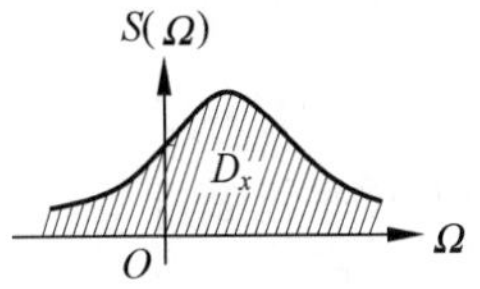

图 2-7　功率谱函数示意图

(4) 谱分解定理：如果 $S_x(\Omega)$ 为 $\Omega$ 的有理函数，则 $S_x(\Omega)$ 可分解为

$$S_x(\Omega)=S_x^+(\Omega)S_x^-(\Omega)=S_x^+(\Omega)[S_x^+(\Omega)]^* \tag{2-80}$$

式中，$S_x^+(\Omega)$ 为一仅在 $\Omega$ 的左半平面具有零点和极点的有理函数；$S_x^-(\Omega)$ 为一仅在 $\Omega$ 的右半平面具有零点和极点的有理函数。谱分解定理在系统辨识等领域有重要应用，后面在谱估计方面将进一步论述。

**例 2-8**　求随机相位正弦信号 $x(t)=A\sin(\Omega_0 t+\varphi)$，$p(\varphi)=\dfrac{1}{2\pi}(0\leqslant\phi\leqslant 2\pi)$ 的功率谱密度。

**解**

$$\begin{aligned}R_x(\tau)&=E[x(t)x^*(t-\tau)]\\&=\int_0^{2\pi}A\sin(\Omega_0 t+\varphi)A\sin(\Omega_0(t-\tau)+\varphi)p(\varphi)\mathrm{d}\varphi\\&=\frac{A^2}{2}\cos\Omega_0\tau\end{aligned}$$

由于 $\cos\Omega_0 t$ 的傅里叶变换为 $\pi\delta(\Omega+\Omega_0)+\pi\delta(\Omega-\Omega_0)$

所以

$$\begin{aligned}S_x(\Omega)&=F[R_x(\tau)]\\&=\frac{A^2}{2}\cdot\pi[\delta(\Omega+\Omega_0)+\delta(\Omega-\Omega_0)]\\&=\frac{A^2\pi}{2}[\delta(\Omega+\Omega_0)+\delta(\Omega-\Omega_0)]\end{aligned}$$

这就是随机相位正弦信号的功率谱(如图 2-8 所示)。

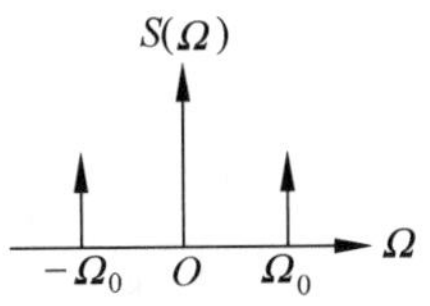

图 2-8　随机相位正弦信号的功率谱

**例 2-9**　设平稳随机信号的相关函数为 $R_x(\tau)=A\delta(\tau)$，$A>0$ 是常数。求其功率谱 $S_x(\Omega)$。

**解**

$$S_x(\Omega)=F(R_x(\tau))=\int_{-\infty}^{\infty}A\delta(\tau)\mathrm{e}^{-\mathrm{j}\Omega\tau}\mathrm{d}\tau=A$$

可见该信号的功率谱为常数，这种随机信号通常称为“白噪声”，在信号处理中经常会遇到。

## 2.6.3　离散随机序列的功率谱密度

对于广义平稳离散随机序列 $x(n)$，记

$$X_N(n)=\begin{cases}x(n), & -N\leqslant n\leqslant +N\\ 0, & \text{其他}\end{cases}\tag{2-81}$$

设 $X_N(n)$的离散傅里叶变换为 $X_N(\mathrm{e}^{\mathrm{j}\omega})$，即

$$X_N(\mathrm{e}^{\mathrm{j}\omega})=\sum_{n=-N}^{N}x(n)\mathrm{e}^{-\mathrm{j}\omega n}\tag{2-82}$$

$x(n)$的功率谱密度函数的定义为

$$S_x(\mathrm{e}^{\mathrm{j}\omega})=\lim_{N\to\infty}E\left\{\frac{|X_N(\mathrm{e}^{\mathrm{j}\omega})|^2}{2N+1}\right\}\tag{2-83}$$

可以证明，离散时间序列的功率谱密度与其自相关函数满足如下关系：

$$S_x(\mathrm{e}^{\mathrm{j}\omega})=\sum_{m=-\infty}^{\infty}R_x(m)\mathrm{e}^{-\mathrm{j}m\omega}\tag{2-84}$$

$$R_x(m)=\frac{1}{2\pi}\int_{-\pi}^{\pi}S_x(\mathrm{e}^{\mathrm{j}\omega})\mathrm{e}^{\mathrm{j}\omega m}\mathrm{d}\omega\tag{2-85}$$

这就是离散时间情况下的**维纳-辛欣定理**。

离散时间信号的功率谱主要有如下性质：

(1) 功率谱 $S_x(\mathrm{e}^{\mathrm{j}\omega})$是周期性的，可做傅里叶级数分解。$R_x(m)$正是各次谐波的分解系数。

(2) 信号的瞬时功率：

$$D_x=R_x(0)=\frac{1}{2\pi}\int_{-\pi}^{\pi}S_x(\mathrm{e}^{\mathrm{j}\omega})\mathrm{d}\omega\tag{2-86}$$

(3) 谱分解定理：如果 $S_x(\mathrm{e}^{\mathrm{j}\omega})$为 $\omega$ 的有理函数，令 $z=\mathrm{e}^{\mathrm{j}\omega}$，则 $S_x(z)$可分解为

$$S_x(z)=S_x^+(z)S_x^-(z)\tag{2-87}$$

式中，$S_x^+(z)$为一仅在 $z$ 平面的单位圆内具有零点和极点的有理函数；$S_x^-(z)$为一仅在 $z$ 平面的单位圆外具有零点和极点的有理函数。

我们通常借助 $z$ 变换计算离散信号的傅里叶变换，因此离散时间信号功率谱的计算过程也借助 $z$ 变换进行，一般过程如下：

(1) 先对 $R_x(m)$ 做 $z$ 变换，即 $S_x(z)=\sum_{m=-\infty}^{\infty}R_x(m)z^{-m}$；

(2) 令 $z=\mathrm{e}^{\mathrm{j}\omega}$，可得功率谱。

**例 2-10** 设一平稳时间序列的自相关函数为

$$R_x(m)=a^{|m|},\quad |a|<1, m=0,\pm1,\pm2,\cdots$$

求其功率谱 $S_x(\mathrm{e}^{\mathrm{j}\omega})$。

**解**

$$\begin{aligned}S_x(z)&=\sum_{m=-\infty}^{\infty}R_x(m)z^{-m}=\sum_{m=-\infty}^{\infty}a^{|m|}z^{-m}=\sum_{m=-0}^{\infty}a^m z^{-m}+\sum_{m=-\infty}^{-1}a^{-m}z^{-m}\\&=\frac{1}{1-az^{-1}}+\sum_{m=1}^{\infty}a^m z^m=\frac{1}{1-az^{-1}}+\sum_{m=0}^{\infty}a^m z^m-1\\&=\frac{1}{1-az^{-1}}+\frac{1}{1-az}-1=\frac{1-a^2}{1+a^2-a(z+z^{-1})}\end{aligned}$$

所以,信号的功率谱为

$$S_x(e^{j\omega}) = S_x(z)\big|_{z=e^{j\omega}} = \frac{1-a^2}{1+a^2-2a\cos\omega}$$

## 2.7 几种常见的随机信号

这一节介绍几种常见的随机信号,这些信号不是针对特定的实际信号,而是一些通用的信号模型,在信号处理系统建模时经常用到。

### 2.7.1 白噪声

这是随机性很强的平稳信号,其特点是均值为0,功率谱是常数,因此含有一切频率成分,借助于光学上"白光"包含所有光频率分量的概念,将功率谱是常数的平稳信号称为白噪声。由于白噪声的定义是从统计特征角度出发,而不是从有限维概率密度的角度出发,因此白噪声信号的幅度可能存在不同的概率密度函数,如高斯分布、均匀分布,图2-9给出了这两种不同分布的例子。

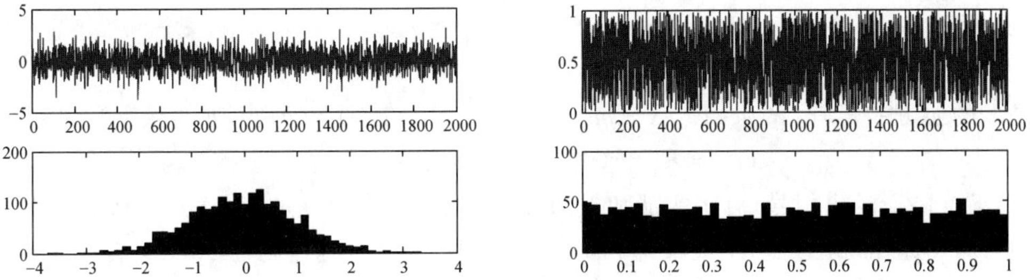


(a) 高斯分布　　(b) 均匀分布

图2-9 具有高斯分布、均匀分布的白噪声信号及其幅度直方图

如果白噪声的幅度分布服从高斯分布,则称为高斯白噪声,这是一种应用非常广泛的噪声模型。例如,硬件中的热噪声和散粒噪声都是高斯白噪声。

白噪声可以是连续的或离散的,根据维纳-辛钦定理,其对应的自相关函数为 $R_x(\tau)=A\delta(\tau)$ 和 $R_x(\tau)=A\delta(m)$。由白噪声自相关函数的特点可知,白噪声在不同时刻的取值互不相关,但离散白噪声的实际意义要大于连续白噪声,下面给出解释。

对于连续白噪声,根据相关特性有 $E[x(t)x^*(t-\Delta)]=0$,且对任意小 $\Delta$ 成立,实际信号往往难以满足这一特征。从另一个角度,功率谱的积分得到平均功率,连续白噪声的功率谱为常数意味着功率无限大,实际情况中这种白噪声是物理不可实现的,因此通常称连续白噪声为理想白噪声。

实际系统中信号带宽总是受限的,如果一个白噪声信号的功率谱带宽是有限的,则称该白噪声为限带白噪声,其功率谱为

$$S_x(\Omega) = \begin{cases} A, & |\Omega| < \Omega_m \\ 0, & 其他 \end{cases} \tag{2-88}$$

可知其自相关函数为

$$R_x(\tau)=A\ \frac{\sin\Omega_{\mathrm{m}}\tau}{\pi\tau} \tag{2-89}$$

由上式可以看到限带白噪声存在时间相关性，但该限带白噪声信号如果以 $\Omega_{\mathrm{m}}/\pi$ 采样率采样，则根据采样定理可知，其采样结果是离散白噪声。

## 2.7.2 高斯随机信号

概率密度函数是正态分布(高斯分布)的随机信号称为高斯随机信号。

先考虑实数随机信号，其一阶高斯随机信号的概率密度函数为

$$p(x)=\frac{1}{\sqrt{2\pi}\sigma}\exp\left[-\frac{(x-m_x)^2}{2\sigma^2}\right] \tag{2-90}$$

这里 $\sigma^2$ 是信号的方差，$m_x$ 为其均值，通常简记高斯随机信号的概率分布为 $N(m,\sigma^2)$分布，如图 2-10 所示。

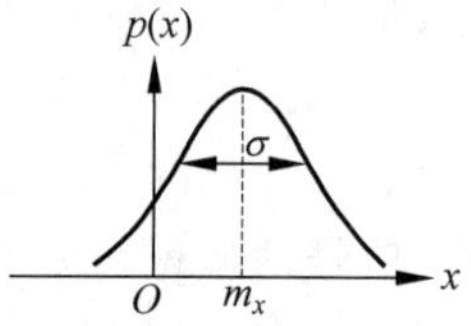

图 2-10 高斯随机信号的一维概率密度函数

定义随机向量 $\boldsymbol{x}=[x(t_1)\quad x(t_2)\quad\cdots\quad x(t_N)]^{\mathrm{T}}$，高斯随机信号的高维概率密度函数为

$$p(\boldsymbol{x})=\frac{1}{(2\pi)^{\frac{n}{2}}}\cdot\frac{1}{|\boldsymbol{C}_x|^{\frac{1}{2}}}\exp\left[-\frac{1}{2}(\boldsymbol{x}-\boldsymbol{m}_x)^{\mathrm{T}}\boldsymbol{C}_x^{-1}(\boldsymbol{x}-\boldsymbol{m}_x)\right] \tag{2-91}$$

$\boldsymbol{C}_x$ 是 $\boldsymbol{x}$ 的协方差矩阵。$\boldsymbol{C}_x=E[(\boldsymbol{x}-\boldsymbol{m}_x)(\boldsymbol{x}-\boldsymbol{m}_x)^{\mathrm{T}}]$，其第 $i$ 行第 $j$ 列的元素为

$$C_{ij}=E[(x(t_i)-m_i)(x(t_j)-m_j)] \tag{2-92}$$

对于复高斯随机信号，可将实部和虚部分开处理，看成独立的实信号，一般采用如下假设：①实部与虚部相互独立；②实部和虚部有相同的方差。这时对于 $N$ 维复随机向量 $\boldsymbol{x}=[x(t_1)\quad x(t_2)\quad\cdots\quad x(t_N)]^{\mathrm{T}}$，可定义等价 $2N$ 维实随机向量

$$\bar{\boldsymbol{x}}=[x_{\mathrm{Re}}(t_1)\quad x_{\mathrm{Re}}(t_2)\quad\cdots\quad x_{\mathrm{Re}}(t_N)\quad x_{\mathrm{Im}}(t_1)\quad x_{\mathrm{Im}}(t_2)\quad\cdots\quad x_{\mathrm{Im}}(t_N)]^{\mathrm{T}} \tag{2-93}$$

基于式(2-93)的定义可以推导出复高斯随机信号的概率分布。先考虑一维分布，这时有 $\bar{\boldsymbol{x}}=[x_{\mathrm{Re}}(t_1)\quad x_{\mathrm{Im}}(t_1)]^{\mathrm{T}}$，$\bar{x}(t_1)=x_{\mathrm{Re}}(t_1)+\mathrm{j}x_{\mathrm{Im}}(t_1)$，因为实部和虚部相互独立，有

$$\begin{aligned}p(x_{\mathrm{Re}},x_{\mathrm{Im}})&=p(x_{\mathrm{Re}})p(x_{\mathrm{Im}})\\&=\frac{1}{2\pi\sigma^2}\exp\left[-\frac{(x_{\mathrm{Re}}-m_{\mathrm{Re}})^2+(x_{\mathrm{Im}}-m_{\mathrm{Im}})^2}{2\sigma^2}\right]\end{aligned} \tag{2-94}$$

式(2-94)中已经假设实部和虚部有相同的方差 $\sigma^2$，根据复随机变量方差定义有 $\sigma_{\bar{x}}^2=2\sigma^2$，可得

$$p(\bar{x})=\frac{1}{\pi\sigma_{\bar{x}}^2}\exp\left(-\frac{|\bar{x}-m_{\bar{x}}|^2}{\sigma_{\bar{x}}^2}\right) \tag{2-95}$$

式(2-95)扩展到多维情况，可以得到和式(2-91)相似的结果。

$$p(\bar{\boldsymbol{x}})=\frac{1}{(\pi)^{-N}}\cdot\frac{1}{|\boldsymbol{C}_{\bar{x}}|}\exp[-(\bar{\boldsymbol{x}}-\boldsymbol{m}_{\bar{x}})^{\mathrm{H}}\boldsymbol{C}_{\bar{x}}^{-1}(\bar{\boldsymbol{x}}-\boldsymbol{m}_{\bar{x}})] \tag{2-96}$$

$\boldsymbol{C}_{\bar{x}}$ 是复随机向量 $\bar{\boldsymbol{x}}$ 的协方差矩阵，$\boldsymbol{C}_{\bar{x}}=E[(\bar{\boldsymbol{x}}-\boldsymbol{m}_{\bar{x}})(\bar{\boldsymbol{x}}-\boldsymbol{m}_{\bar{x}})^{\mathrm{H}}]$。

### 2.7.3 马尔可夫随机信号

设随机序列 $x(n)$ 的取值为有限个离散状态，状态集称为 $x(n)$ 的状态空间，记为 $S=\{s_1 \quad s_2 \quad \cdots \quad s_N\}$，若对于 $m$ 个任意非负整数 $n_1,n_2,\cdots,n_m(0\leqslant n_1\leqslant n_2\leqslant\cdots\leqslant n_m)$ 和任意自然数 $k$，以及任意 $i_1,i_2,\cdots,i_N,j\in S$，满足

$$
\begin{aligned}
&P(x(n_m+k)=j \mid x(n_1)=i_1,x(n_2)=i_2,\cdots,x(n_m)=i_m) \\
&=P(x(n_m+k)=j \mid x(n_m)=i_m)
\end{aligned} \tag{2-97}
$$

则称 $x(n)$ 为马尔可夫序列或马尔可夫链。

若将 $n_m$ 时刻看作现在时刻，$n_1,n_2,\cdots,n_{m-1}$ 看作过去时刻，$n_m+k$ 时刻看作未来时刻，由式(2-97)可知，马尔可夫序列的特征是未来时刻的状态仅仅依赖于现时刻的状态，而与过去时刻的状态无关，是一种无后效性的随机过程，可以用来描述很多实际信号。例如天气预报中，如果我们假定天气是马尔可夫的，即认为今天的天气仅仅与昨天的天气存在概率上的关联，而与前天及前天以前的天气没有关系。其他如传染病和谣言的传播规律也符合马尔可夫链的特征。

考虑一般化的时序结构，用 $n$ 代替 $n_m$，式(2-97)中的条件概率表示为 $p_{ij}(n,n+k)=P(x(n+k)=i|x(n)=j)$ 称为 $k$ 步转移概率，如果转移概率不随时间变化，称为齐次马尔可夫链，其转移概率简记为 $p_{ij}(k)$。$p_{ij}(1)$ 称为一步转移概率，简记为 $p_{ij}$。基于 $p_{ij}$，可定义如下转移概率矩阵：

$$
\boldsymbol{P}=\begin{bmatrix}
p_{11} & p_{12} & \cdots & p_{1N} \\
p_{21} & p_{22} & \cdots & p_{2N} \\
\vdots & \vdots & \ddots & \vdots \\
p_{N1} & p_{N2} & \cdots & p_{NN}
\end{bmatrix} \tag{2-98}
$$

易知 $k$ 步转移概率和一步转移概率存在如下关系：$\boldsymbol{P}(k)=\boldsymbol{P}^k$。

马尔可夫链在初始时刻(零时刻)取各状态的概率分布称为初始概率分布，如下：

$$
p_j^{(0)}=P(x(0)=s_j),\quad j=1,2,\cdots,N \tag{2-99}
$$

定义 $\boldsymbol{p}^{(0)}=[p_1^{(0)} \quad p_2^{(0)} \quad \cdots \quad p_N^{(0)}]^{\mathrm{H}}$。基于初始分布，可计算出任意时刻的概率分布

$$
\boldsymbol{p}^{(k)}=\boldsymbol{P}\boldsymbol{p}^{(k-1)}=\boldsymbol{P}(k)\boldsymbol{p}^{(0)}=\boldsymbol{P}^k\boldsymbol{p}^{(0)} \tag{2-100}
$$

因此，一个马尔可夫链可由三个因素描述：状态空间、初始概率分布和转移概率矩阵。

实际应用中经常碰到状态不能直接观察的马尔可夫模型，称为隐马尔可夫模型，其观测结果由状态观测向量概率映射得到。一个现实的例子就是语音识别，我们听到的声音是声带、喉咙和其他的发音器官共同作用的结果。这些因素构成了声音产生的状态，但这些状态不能被直接观测。实际的观测结果，即音频信号是由发音器官的状态按一定概率模型产生的。

因此，完整描述一个隐马尔可夫链需要在原来三个因素的基础上再引入两个因素：观测状态空间和观测状态转移概率。观测状态空间指可观测到符号的集合，记为 $O=\{o_1 \quad o_2 \quad \cdots \quad o_M\}$。观测状态转移概率矩阵大小为 $N\times M$，其第 $(i,j)$ 个元素，定义为

$$
A_{ij}=P(x(n)=o_i \mid s_j) \tag{2-101}
$$

表示当处在状态 $s_j$ 时呈现观测结果 $o_i$ 的概率。

以上的马尔可夫序列定义可拓展到连续时间序列，有兴趣的读者可参阅相关资料。下

面以两个例子进一步分析马尔可夫序列特征。

**例 2-11** 高斯-马尔可夫信号是指随机信号的幅度取值具有高斯分布的特征,而时间相关性方面具有马尔可夫序列的特征。假设其自相关函数为 $R_x(\tau)=a^2\mathrm{e}^{-\beta|\tau|}$,求高斯-马尔可夫信号的功率谱。

**解** 根据维纳-辛钦定理,有

$$S_x(\omega)=F(R_x(\tau))=\frac{a^2}{\mathrm{j}\omega+\beta}+\frac{a^2}{-\mathrm{j}\omega+\beta}=\frac{2a^2\beta}{\beta^2+\omega^2} \tag{2-102}$$

**例 2-12** 高斯-马尔可夫信号 $x(t)$ 的自相关函数为 $R_x(\tau)=200\mathrm{e}^{-2|\tau|}$,试分别写出其一阶、三阶概率密度函数 $p(x)$ 和 $p(x_1,x_2,x_3)$,这里 $x_1=x(0)$,$x_2=x(0.5)$,$x_3=x(1)$。

**解** 对于马尔可夫序列,当时间无穷大时,可认为不存在相关性,这时

$$R_x(\infty)=E[x(t)x(t-\infty)]=E[x(t)]E[x(t-\infty)]=m_x^2$$

可得到均值、方差分别为

$$m_x=\sqrt{R_x(\infty)}=0,\quad \sigma_x^2=R_x(0)=200$$

所以一阶概率密度函数为

$$p(x)=\frac{1}{20\sqrt{\pi}}\exp\left(-\frac{x^2}{2\times 200}\right)$$

三阶概率密度函数为

$$\begin{aligned}p(x_1,x_2,x_3)&=\frac{1}{\sqrt{(2\pi)^3}}\frac{1}{\sqrt{|\boldsymbol{C}|}}\exp\left[-\frac{1}{2}(\boldsymbol{X}-\boldsymbol{m})^{\mathrm{T}}\boldsymbol{C}^{-1}(\boldsymbol{X}-\boldsymbol{m})\right]\\&=\frac{1}{\sqrt{(2\pi)^3}}\frac{1}{\sqrt{|\boldsymbol{C}|}}\exp\left(-\frac{1}{2}\boldsymbol{X}^{\mathrm{T}}\boldsymbol{C}^{-1}\boldsymbol{X}\right)\end{aligned} \tag{2-103}$$

式中,$\boldsymbol{X}=(x_1,x_2,x_3)^{\mathrm{T}}$,$\boldsymbol{C}$ 为协方差矩阵。

$$\begin{aligned}\boldsymbol{C}&=\begin{bmatrix}E(x_1^2) & E(x_1x_2) & E(x_1x_3)\\ E(x_2x_1) & E(x_2^2) & E(x_2x_3)\\ E(x_3x_1) & E(x_3x_2) & E(x_3^2)\end{bmatrix}\\&=\begin{bmatrix}R_x(0) & R_x(0.5) & R_x(1)\\ R_x(0.5) & R_x(0) & R_x(0.5)\\ R_x(1) & R_x(0.5) & R_x(0)\end{bmatrix}\\&=\begin{bmatrix}200 & 200\mathrm{e}^{-1} & 200\mathrm{e}^{-2}\\ 200\mathrm{e}^{-1} & 200 & 200\mathrm{e}^{-1}\\ 200\mathrm{e}^{-2} & 200\mathrm{e}^{-1} & 200\end{bmatrix}\end{aligned}$$

将 $|\boldsymbol{C}|$,$\boldsymbol{C}^{-1}$ 求出后代入式(2-103),可解出 $p(x_1,x_2,x_3)$。

## 本章习题

1. 设有两个随机变量 $X$ 和 $Y$,证明以下两个等式成立。

$$f(x\mid y)=\frac{f(x,y)}{f(y)},\quad f(y\mid x)=\frac{f(x,y)}{f(x)}$$

2. 设两个随机变量 $X$ 和 $Y$ 满足如下关系式：

$$Y=g(X)=\sin(X+\theta)$$

其中，$\theta$ 是已知常量，$X$ 在$[0,2\pi]$上均匀分布，求 $Y$ 的概率密度。

3. 有随机变量 $X_1$ 和 $X_2$，已知其联合概率密度为 $f(x_1,x_2)$，求 $Y=X_1X_2$，$Z=X_1/X_2$ 的概率密度。

4. 设随机变量 $X_1$、$X_2$、$X_3$ 相互独立，且都服从均值为 0、方差为 1 的标准正态分布。定义如下 3 个新的随机变量，证明这 3 个随机变量相互独立，都服从均值为 0、方差为 1 的标准正态分布。

$$Y_1=\frac{1}{\sqrt{2}}(X_1-X_2),\quad Y_2=\frac{1}{\sqrt{6}}(X_1+X_2-2X_3),\quad Y_3=\frac{1}{3}(X_1+X_2+X_3)$$

5. 某信号源每隔 $T$ 秒产生一个幅度为 $A$ 的方波脉冲，其脉冲宽度为均匀分布于$[0,T]$的随机变量，这样构成一个随机过程 $x(t)$，$0\leqslant t<\infty$。图 2-11 给出 $x(t)$的一个样本函数，设不同间隔中的脉冲是统计独立的，求 $x(t)$的概率密度。

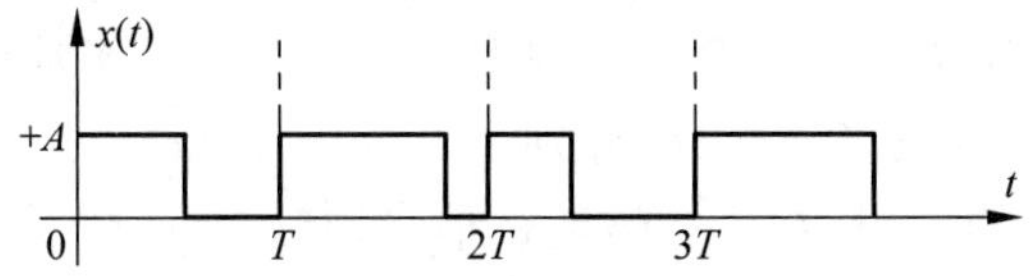


图 2-11　$x(t)$的样本函数

6. 设有一脉冲串，其脉宽为 1。脉冲可为正脉冲也可为负脉冲，幅度为$+1$ 或$-1$，各脉冲取$+1$ 和$-1$，它们是相互独立的。脉冲的起始时间均匀分布于单位时间内，求此随机过程的相关函数(此过程的一个样本函数如图 2-12 所示)。

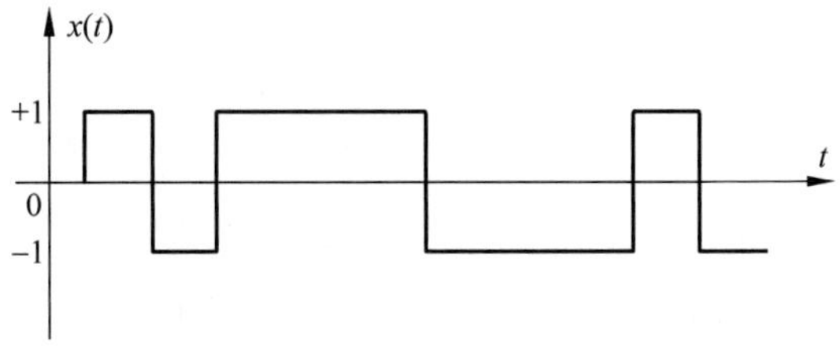


图 2-12　随机过程的一个样本函数

7. 设 $x(t)=A\cos(\omega t+\theta)$随机过程，其中 $A$ 是具有瑞利分布的随机变量，其概率密度为

$$f(a)=\begin{cases}\dfrac{a}{\sigma^2}\exp\left\{-\dfrac{a^2}{2\sigma^2}\right\}, & a>0\\ 0, & a\leqslant 0\end{cases}$$

$\theta$ 是在$[0,2\pi]$中均匀分布的随机变量，且与 $A$ 统计独立，$\omega$ 为常量，$x(t)$是否为平稳随机过程？

8. 设 $x(n)$为一平稳随机过程，若对应于某一个 $N$，$x(n)=x(n+kN)$($k$ 为任意整数)。证明自相关函数 $R_x(m)$为以 $N$ 为周期的周期函数。

9. 设有复随机过程

$$z(t)=\sum_{i=1}^{N}(\alpha_i\cos\omega_i t+\mathrm{j}\beta_i\sin\omega_i t)$$

其中，$\alpha_i$ 与 $\beta_i$ 是相互独立的随机变量，$\alpha_i$ 与 $\alpha_k$、$\beta_i$ 与 $\beta_k(i\neq k)$是相互正交的，数学期望和方差分别为 $E_\alpha$、$E_\beta$ 和 $\sigma_\alpha^2$、$\sigma_\beta^2$，求 $z(t)$的自相关函数。

10. 证明：$R_x(t_i,t_j)=C_x(t_i,t_j)+m_{xi}m_{xj}$。

11. 令 $x(n)$和 $y(n)$不是相关的随机信号，试证：若 $w(n)=x(n)+y(n)$，则 $m_w=m_x+m_y$ 和 $\sigma_w^2=\sigma_x^2+\sigma_y^2$。

12. 试证明：平稳随机信号自相关函数的极限性质，即当 $\tau=0$ 时，$R_x(0)=D_x$，$C_x(0)=\sigma_x^2$。

13. 设随机信号 $x(t)=A\cos\omega_0 t+B\sin\omega_0 t$，$\omega_0$ 为正常数，$A$、$B$ 为相互独立的随机变量，且 $E(A)=E(B)=0$，$D(A)=D(B)=\sigma^2$。试讨论 $x(t)$的平稳性。

14. 设随机信号 $x(t)=At+Bt^2$，$A$、$B$ 是两个相互独立的实随机变量，且 $E(A)=4$，$E(B)=7$，$D(A)=0.1$，$D(B)=2$。求 $x(t)$的均值、方差、相关函数和协方差函数。

15．若两个实随机信号 $x(t)$，$y(t)$分别为 $x(t)=A(t)\cos t$，$y(t)=B(t)\sin t$，其中 $A(t)$、$B(t)$均为平稳、零均值、相互独立的随机信号，且 $E[A^2(t)]=E[B^2(t)]$。试证明：$z(t)=x(t)+y(t)$是广义平稳的。

16. 设随机信号 $x(t)=A\cos(\omega_0 t+\varphi)$，式中 $A$，$\varphi$ 为统计独立的随机变量，$\varphi$ 在$[0,2\pi]$上均匀分布。试讨论 $x(t)$的遍历性。

17. 随机序列 $x(n)=\cos(\omega_0 n+\varphi)$，$\varphi$ 在$[0,2\pi]$上均匀分布，$x(n)$是否是广义平稳的？

18. 若正态随机信号 $x(t)$的相关函数为

(1) $R_x(\tau)=b\mathrm{e}^{-\frac{1}{2}|\tau|}$。

(2) $R_x(\tau)=b\dfrac{\sin\pi\tau}{\pi\tau}$。

试分别写出随机变量 $x(t)$，$x(t+1)$，$x(t+2)$的协方差矩阵。

19. 设 $x(t)$，$y(t)$是相互独立的平稳信号，它们的均值至少有一为零，功率谱为 $X(\omega)=\dfrac{16}{\omega^2+16}$，$Y(\omega)=\dfrac{\omega^2}{\omega^2+16}$，新的随机信号 $z(t)=x(t)+y(t)$。求：

(1) $z(t)$的功率谱；

(2) $x(t)$和 $y(t)$的互谱密度。

20. 已知平稳高斯信号 $x(t)$的自相关函数为 $R_x(\tau)=4\mathrm{e}^{-|\tau|}$。求 $x(t)$的一阶概率密度函数 $p(x)$及二阶概率密度函数 $p(x_1,x_2)$，其中，$x_1=x(0)$，$x_2=x(0)$。

21. 令 $c(n)$表示白噪声序列，$s(n)$表示一个与 $c(n)$不相关的序列，$y(n)=s(n)c(n)$，$E[y(n)]=m_y$。试证明：序列 $y(n)=s(n)c(n)$是白色的，即 $E[y(n)y^*(n-m)]=A\delta(m)$($A$ 是常数)。

22. 设随机信号 $z(t)=x(t)+y$，其中 $x(t)$是一平稳信号，$y$ 是一个与 $x(t)$无关的随机变量。试讨论 $z(t)$的遍历性。

23. 证明自相关矩阵的非负定性，并证明自相关矩阵的特征值是非负实数。

24. 复谐波信号如下：

$$x(n)=\sum_{k=1}^{K}\mathrm{e}^{\mathrm{j}\omega_k n}+v(n)$$

其中，$K$ 表示谐波数量。求 $x(n)$的自相关函数和自相关矩阵。

25. 通信中基带调制的过程一般可用下式表示

$$x(t)=\sum_{n=-\infty}^{+\infty}a(n)g(t-nT)$$

其中，$a(n)$是经过星座图映射后的时间离散序列，一般可认为是复数平稳随机序列，其相关函数表示为 $R_a(m)$。$g(t)$是脉冲成型函数，$T$ 是符号间距。证明 $x(t)$的自相关函数(定义 $R_x(t,\tau)=E[x(t)x^*(t-\tau)]$)满足

$$R_x(t,\tau)=R_x(t+kT,\tau),\quad k\ \text{为任意整数}$$

满足上式的随机信号称为循环平稳信号或圆周平稳信号(cyclostationary)，一般可选一个周期内的积分衡量其相关特性，如下：

$$\bar{R}(\tau)=\int_0^T R_x(t,\tau)\mathrm{d}t$$

推导 $\bar{R}_x(\tau)$及其傅里叶变换的表达式。

26. 设齐次马尔可夫链有四个状态 $a_1$、$a_2$、$a_3$、$a_4$，其转移概率如下列转移矩阵所示

$$\begin{bmatrix}\frac{1}{4} & \frac{1}{4} & 0 & \frac{1}{2}\\ 0 & 1 & 0 & 0\\ \frac{1}{2} & 0 & \frac{1}{2} & 0\\ \frac{1}{4} & \frac{1}{4} & \frac{1}{4} & \frac{1}{4}\end{bmatrix}$$

(1) 如果该马尔可夫链在 $n$ 时刻处于 $a_3$ 状态，求在 $n+2$ 时刻处于 $a_2$ 状态的概率。

(2) 如果该马尔可夫链在 $n$ 时刻处于 $a_1$ 状态，求在 $n+3$ 时刻处于 $a_3$ 状态的概率。

# 第3章 信号参数估计与信号检测基础

CHAPTER 3

## 3.1 信号参数估计的基本概念

信号处理的很多问题以参数估计的形式存在,例如在雷达及声呐信号处理中,需要估计目标(飞机或船只)的距离和到达角度,这些参数可以通过对发射信号和回波信号的处理获得。又如在现代的高保真录制系统中,需要精确保持录音基准电平,这一般通过电平自动控制系统实现,具体流程是周期性地估计该基准电平,并根据估计结果做出调整。

信号处理中的参数估计一般基于观测信号与待估计参数之间的依赖关系,在不同的问题模型中,这种依赖关系可能是确定性的或随机性的。例如在通信中的信道估计问题中,发送信号 $x(n)$经过冲激响应为 $h(n)$的信道输出为

$$y(n)=h(n)\otimes x(n) \tag{3-1}$$

如果系统采用基于训练序列的信道估计方法,$x(n)$为已知,这时信道输出 $y(n)$与信道参数 $h(n)$存在确定性依赖关系;如果系统信道估计不采用训练序列,而是基于信道输出的统计特性,则 $y(n)$与信道参数 $h(n)$存在随机性依赖关系,具体而言,就是 $y(n)$的概率分布函数与 $h(n)$存在依赖关系。随机性依赖关系与确定性依赖关系相比,更贴近实际环境。这首先是因为实际环境中观测信号的获取总是受到干扰,如环境干扰以及观测设备自身的热噪声干扰等。考虑噪声影响后的信道接收信号一般表示为

$$y(n)=h(n)\otimes x(n)+v(n) \tag{3-2}$$

其中,$v(n)$表示系统环境干扰或设备热噪声产生的加性干扰,一般情况下用零均值、独立同分布的高斯随机信号描述。这时 $y(n)$也体现为具有高斯分布特性的随机信号,$h(n)$对 $y(n)$的影响也体现为对其概率密度分布和统计特性的影响。

随机性依赖关系更具重要性的另一原因是实际系统中待估计参数经常具有时变性,例如雷达信号处理中目标距离就是不断变化的参数;移动通信中,发送端或接收端的移动会造成信道环境的改变。待估计参数的变化不是毫无规律,而是服从一定的概率密度分布,例如非视距移动信道的时变性服从瑞利分布。在式(3-1)中,如果 $h(n)$是具有一定概率结构的随机信号,则无论 $x(n)$是确定性信号还是随机信号,$h(n)$对 $y(n)$的影响都体现为概率密度分布和统计特性的影响。

下面以一个简单的例子说明参数估计的过程。

**例 3-1** 在电平自动控制系统的电平估计问题中，对某个电平值 $\theta$ 进行估计，由于环境干扰及测量设备的不完善，测量总会存在误差，测量误差可归结为噪声，因此，实际得到的测量值为

$$x=\theta+w \tag{3-3}$$

其中，$w$ 一般服从零均值高斯分布，方差为 $\sigma^2$。问题是，如何根据测量值 $x$ 估计 $\theta$ 的值。

一种最简单的方法是将多个观测结果进行平均。首先定义一个时间窗口，认为实际电平值在这个时间窗口中是恒定的。在这个时间窗口中得到电平值的 $N$ 个含噪测量结果记为 $x(0),x(1),\cdots,x(N-1)$。这些测量结果中

$$x(n)=\theta+w(n),\quad n=0,1,\cdots,N-1 \tag{3-4}$$

根据 $x(n)$ 得到 $\theta$ 的估计为

$$\hat{\theta}=\frac{x(0)+x(1)+\cdots+x(N-1)}{N} \tag{3-5}$$

式(3-5)的一个直观效果是通过对噪声求均值，以降低噪声的影响。一般情况下，可以认为估计结果与观测数据由一个映射关系确定：

$$\hat{\theta}=f(x(0),x(1),\cdots,x(N-1)) \tag{3-6}$$

上面提到，由于噪声的影响，$x(n)$ 更多时候体现为随机信号的特征，因此式(3-6)中 $x(0),x(1),\cdots,x(N-1)$ 可看成随机变量。$\hat{\theta}$ 与 $x(0),x(1),\cdots,x(N-1)$ 存在映射关系，可认为 $\hat{\theta}$ 也是随机变量(不管 $\theta$ 是常量还是随机变量)。一次估计的结果可以看成 $\hat{\theta}$ 的一个样本，因此，验证估计算法的性能往往需基于多次估计结果进行评估。实际应用中往往很难得到类似于式(3-5)的闭式表达式，参数估计可能包含复杂的步骤，但包含的要素是一致的，从上面这个例子可以看出构造一个估计问题的基本要素如下：

(1) 待估计参数：指估计的目标参数，可以是单参量，也可以是多参量。待估计的参数可能是常量，也可能是随机变量，如果是随机变量一般要求其概率密度函数已知。

(2) 信号模型：指观测信号的产生模型，其中必须体现待估计参数与观测信号的依赖关系。观测信号可以是单参量，也可以是多参量。

(3) 误差准则：指估计算法的性能衡量指标，很多时候误差准则可指导估计算法的设计。误差准则的确定也有助于不同估计算法间的比较，特别是针对同一个估计问题的不同估计算法。

(4) 估计算法：对同一估计问题，估计算法不是唯一的，不同的估计算法可以得到不同的估计性能。如何得到误差小、计算量少的估计算法是信号处理的核心问题。

## 3.2 估计算法的性能指标

依据不同的估计准则，可以得到不同的估计量，这些估计量的性能需要有评价的指标。估计量是观测的函数，而观测的是随机变量(或向量)，因此，估计量也是随机变量，随着观测数据的增多，希望估计量能逐渐逼近真值，因此，对估计量的均值和方差应有一定的要求。

### 3.2.1 性能指标

估计量的好坏可以从无偏性、有效性、一致性加以评价。

**1. 无偏性**

待估计量为常数 $\theta$,它的估计值为 $\hat{\theta}$,如果 $E(\hat{\theta})=\theta$,则称 $\hat{\theta}$ 为 $\theta$ 的无偏估计,否则称 $\hat{\theta}$ 为有偏估计。定义估计的偏差为

$$\tilde{\theta}=E(\hat{\theta})-\theta \tag{3-7}$$

通常希望估计量的均值趋于被估计量的真值或被估计量的均值,即估计应该是无偏的。如果估计 $\hat{\theta}$ 不是无偏估计,但随着样本数目的增加,其数学期望趋近于真的估计量,即

$$\lim_{N\to\infty}[E(\hat{\theta})-\theta]=0 \tag{3-8}$$

则称估计 $\hat{\theta}$ 是渐近无偏估计。

当被估计量 $\theta$ 是随机变量时,如果估计量的均值等于被估计量的均值,即

$$E[\hat{\theta}]=E[\theta] \tag{3-9}$$

则称 $\hat{\theta}$ 为无偏估计。对于有偏估计,如果观测数据越多,估计的性能越好,即

$$\lim_{N\to\infty}[E(\hat{\theta})-E(\theta)]=0 \tag{3-10}$$

则称 $\hat{\theta}$ 为随机变量的渐近无偏估计。

**2. 有效性**

估计量具有无偏性并不表明已经保证了估计的品质。当被估计量为未知常数时,不仅希望估计量的均值等于真值,而且希望估计量的取值集中在真值附近,这一品质可以通过估计的方差来描述,估计的方差为

$$\mathrm{Var}(\hat{\theta})=E\{[\hat{\theta}-E(\hat{\theta})]^2\} \tag{3-11}$$

对于无偏估计,方差越小,表明估计量的取值越集中,估计的性能越好,估计也越有效。

对于有偏估计,估计的方差小并不能说明估计是好的,因为如果估计有偏差,方差小的估计仍然可能有较大的估计误差,这时用均方误差加以描述更合适。估计的均方误差定义为

$$\mathrm{Mse}(\hat{\theta})=E\{|\hat{\theta}-\theta|^2\} \tag{3-12}$$

均方误差越小,表明估计越有效。

**3. 一致性**

当用 $N$ 个观测值估计参量时,一般来说,观测值越多,估计越趋于真值,如果

$$\lim_{N\to\infty}P\{|\theta-\hat{\theta}|<\varepsilon\}=1 \tag{3-13}$$

则称 $\hat{\theta}$ 为一致估计(式(3-13)中,$\varepsilon$ 是任意小的正数)。

### 3.2.2 随机信号均值及自相关函数的估计

随机信号均值和自相关函数的估计是最常用的参数估计。这一节将讨论常用均值、自相关估计算法的无偏性、有效性和一致性,这里只讨论实随机信号。

**1. 均值的估计**

对遍历平稳随机序列,设 $x(0),x(1),\cdots,x(N-1)$ 是观察到的 $N$ 个样本,则可利用式(3-14)进行均值的估计

$$\hat{m}_x = \frac{1}{N}\sum_{n=0}^{N-1} x(n) \tag{3-14}$$

此估计是无偏的，且当各子样本 $x(0), x(1), \cdots, x(N-1)$ 互不相关时，此估计是一致估计，现证明这两个结论。

**证明**：估计的均值为

$$E[\hat{m}_x] = E\left[\frac{1}{N}\sum_{n=0}^{N-1} x(n)\right] = \frac{1}{N}\sum_{n=0}^{N-1} E[x(n)] = \frac{1}{N}\sum_{n=0}^{N-1} m_x = m_x \tag{3-15}$$

可见估计是无偏的。

估计的均方值为

$$\begin{aligned}
E[\hat{m}_x^2] &= E\left[\left(\frac{1}{N}\sum_{n=0}^{N-1} x(n)\right)\left(\frac{1}{N}\sum_{m=0}^{N-1} x(m)\right)\right] \\
&= \frac{1}{N^2}\sum_{n=0}^{N-1}\sum_{m=0}^{N-1} E[x(n)x(m)] \\
&= \frac{1}{N^2}\left\{\sum_{n=0}^{N-1} E[x^2(n)] + \sum_{n=0}^{N-1}\sum_{m=0, m\neq n}^{N-1} E[x(n)x(m)]\right\} \\
&= \frac{1}{N^2}\left\{\sum_{n=0}^{N-1} E[x^2(n)] + \sum_{n=0}^{N-1}\sum_{m=0, m\neq n}^{N-1} E[x(n)]E[x(m)]\right\}
\end{aligned} \tag{3-16}$$

记 $E[x^2(n)] = D_x, E[x(n)] = m_x$，所以

$$\begin{aligned}
E[\hat{m}_x^2] &= \frac{1}{N}D_x + \frac{N(N-1)}{N^2}m_x^2 \\
&= \frac{1}{N}D_x + \frac{N-1}{N}m_x^2
\end{aligned} \tag{3-17}$$

所以，估计的方差为

$$\begin{aligned}
\mathrm{Var}(\hat{m}_x) &= E(\hat{m}_x^2) - [E(\hat{m}_x)]^2 \\
&= \frac{1}{N}D_x + \frac{N-1}{N}m_x^2 - m_x^2 = \frac{1}{N}\sigma_x^2
\end{aligned} \tag{3-18}$$

可见，当 $N \to \infty$ 时，估计的方差趋于零，所以 $\hat{m}_x$ 是一致估计。

**2. 自相关函数的均值**

在实际工作中，对于平稳随机序列 $x(n)$，所能得到的 $x(n)$ 的 $N$ 个观察值为 $x(0), x(1), \cdots, x(N-1)$，记为 $x_N(n)$。将 $n \geqslant N$ 时的 $x(n)$ 的值假设为零。现在的任务是如何由这 $N$ 个观察值估计出 $x(n)$ 的自相关函数 $R_x(m)$。对 $R_x(m)$ 的估计方法通常有两种：一是直接估计法，二是利用 FFT 求解。下面以自相关函数的直接估计法为例分析其性能。

如果观察值的点数 $N$ 为有限值，则通过直接估计法求 $R(m)$ 估计值为

$$\hat{R}(m) = \frac{1}{N}\sum_{n=0}^{N-1} x_N(n)x_N(n-m) \tag{3-19}$$

由于 $x(n)$ 只有 $N$ 个观察值，因此，对于每一个固定的迟延 $m$，在 $(0, N-1)$ 内可以利用的数据只有 $(N-|m|)$ 个，所以在实际计算 $\hat{R}(m)$ 时，式(3-19)变为

$$\hat{R}(m) = \frac{1}{N}\sum_{n=0}^{N-1-|m|} x(n)x(n-m) \tag{3-20}$$

值得注意的是,$\hat{R}(m)$的长度为 $2N-1$,对于实信号,它是以 $m$ 为对称中心的偶对称函数。所以在式(3-20)的计算中,可先计算 $m\leqslant 0$ 的部分,再根据对称性求 $m>0$ 的部分。

现在讨论 $\hat{R}(m)$估计的质量。

1) 估计的偏差

由偏差的定义,有

$$\text{Bia}[\hat{R}(m)]=E[\hat{R}(m)]-R(m) \tag{3-21}$$

式中

$$\begin{aligned}E[\hat{R}(m)]&=E\left[\frac{1}{N}\sum_{n=0}^{N-1-|m|}x(n)x(n-m)\right]\\&=\frac{1}{N}\sum_{n=0}^{N-1-|m|}E[x(n)x(n-m)]\\&=\frac{1}{N}\sum_{n=0}^{N-1-|m|}R(m)\end{aligned}$$

即

$$E[\hat{R}(m)]=\frac{N-|m|}{N}R(m) \tag{3-22}$$

所以估计的偏差为

$$\text{Bia}[\hat{R}(m)]=-\frac{|m|}{N}R(m) \tag{3-23}$$

分析式(3-22)和式(3-23)可以看出,估计不是无偏估计,而且当 $m\to N$ 时,估计的偏差很大。对于有限的 $m$,当 $N\to\infty$时,有 $E[\hat{R}_x(m)]=R_x(m)$,所以估计是渐进无偏的。由此,可以得到如下结论:

(1) 对于一个固定的延迟$|m|$,当 $N\to\infty$时,$\text{Bia}[\hat{R}(m)]\to 0$,因此,$\hat{R}(m)$是对 $R(m)$的渐近无偏估计;

(2) 对于一个固定的观察值 $N$,只有当$|m| \ll N$ 时,$\hat{R}(m)$的均值才接近于真值 $R(m)$,即当$|m|$越接近于 $N$ 时,估计的偏差越大;

(3) 由式(3-22)可以看出,$\hat{R}(m)$的均值是真值 $R(m)$和三角窗函数 $w(m)$

$$w(m)=\begin{cases}\dfrac{N-|m|}{N}, & 0\leqslant|m|\leqslant N-1\\[2mm] 0, & |m|\geqslant N\end{cases} \tag{3-24}$$

的乘积,$w(m)$的长度是 $2N-1$(如图 3-1 所示)。式(3-24)的三角窗函数又称 Bartlett 窗函数,由于它对 $R(m)$进行了加权,致使 $\hat{R}(m)$产生了偏差。显然,由于加权窗函数的存在,产生了上述第(2)点结论。

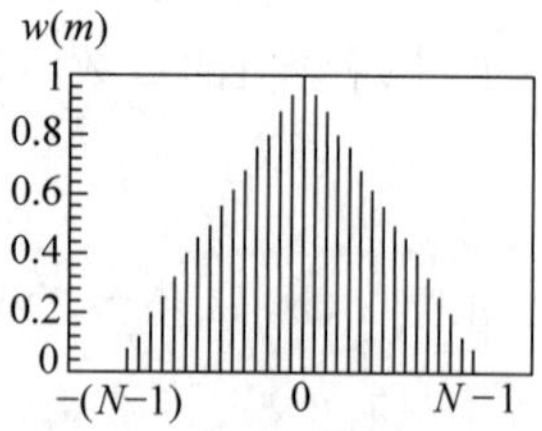

图 3-1 三角窗函数 $w(m)$

该窗函数实际上是由于对真实数据的截短而产生的。因为 $x_N(n)$可以看作真实数据 $x(n)$和一矩形窗函数 $d(n)$相乘的结果,即

$$x_N(n)=x(n)d(n) \tag{3-25}$$

式中

$$d(n)=\begin{cases}1, & 0\leqslant n\leqslant N-1\\ 0, & n<0,n\geqslant N\end{cases} \tag{3-26}$$

根据式(3-20)和式(3-25),可得

$$\begin{aligned}\hat{R}(m)&=\frac{1}{N}\sum_{n=0}^{N-1-|m|}x_N(n)x_N(n-m)\\&=\frac{1}{N}\sum_{n=0}^{N-1-|m|}x(n)d(n)x(n-m)d(n-m)\end{aligned} \tag{3-27}$$

$$\begin{aligned}E\{\hat{R}(m)\}&=\frac{1}{N}\sum_{n=0}^{N-1-|m|}E\{x(n)x(n-m)\}d(n)d(n-m)\\&=\frac{R(m)}{N}\sum_{n=0}^{N-1-|m|}d(n)d(n-m)\\&=R(m)w(m)\end{aligned} \tag{3-28}$$

可见,$w(m)$正是对矩形数据窗函数$d(n)$作自相关的结果。

由上面的讨论可知,当对一个信号做自然截短时,就不可避免地对该数据施加了一个矩形窗口,由此数据窗口就产生了加在自相关函数上的三角窗口。三角窗口影响了$\hat{R}(m)$对$R(m)$估计的质量。加在数据上的窗口一般称为数据窗,加在自相关函数上的窗口一般称为延迟窗,后面将看到,这些窗函数也直接影响了功率谱估计的质量。

2) 估计的方差

根据方差的定义,有

$$\begin{aligned}\mathrm{Var}[\hat{R}(m)]&=E[\hat{R}(m)-E[\hat{R}(m)]]^2\\&=E[\hat{R}^2(m)]-\{E[\hat{R}(m)]\}^2\end{aligned} \tag{3-29}$$

由式(3-22)可得

$$\{E[\hat{R}(m)]\}^2=\left[\frac{N-|m|}{N}R(m)\right]^2 \tag{3-30}$$

同时可得

$$\begin{aligned}E[\hat{R}^2(m)]&=E\left[\frac{1}{N^2}\sum_{n=0}^{N-1-|m|}x(n)x(n-m)\sum_{k=0}^{N-1-|m|}x(k)x(k-m)\right]\\&=\frac{1}{N^2}\sum_{n}\sum_{k}E[x(n)x(k)x(n-m)x(k-m)]\end{aligned} \tag{3-31}$$

这里要计算随机信号$x(n)$的四阶矩,但一般平稳信号的四阶矩很难计算,因此假定$x(n)$是零均值的高斯随机信号,可以证明,其四阶矩满足如下关系式:

$$\begin{aligned}E[x(n)x(k)x(n-m)x(k-m)]&=E[x(n)x(k)]E[x(n-m)x(k-m)]+\\&\quad E[x(n)x(n-m)]E[x(k)x(k-m)]+\\&\quad E[x(n)x(k-m)]E[x(k)x(n-m)]\\&=R^2(n-k)+R^2(m)+\\&\quad R(n-k+m)R(k-n+m)\end{aligned} \tag{3-32}$$

所以

$$E[\hat{R}^2(m)]=\frac{1}{N^2}\sum_n\sum_k[R^2(n-k)+R^2(m)+R(n-k+m)R(k-n+m)]$$
$$=\left[\frac{N-|m|}{N}R(m)\right]^2+\frac{1}{N^2}\sum_n\sum_k[R^2(n-k)+$$
$$R(n-k+m)R(k-n+m)] \tag{3-33}$$

将式(3-30)和式(3-33)代入式(3-29),可得

$$\mathrm{Var}[\hat{R}(m)]=\frac{1}{N^2}\sum_{n=0}^{N-1-|m|}\sum_{k=0}^{N-1-|m|}[R^2(n-k)+R(n-k+m)R(k-n+m)] \tag{3-34}$$

对于任意序列 $g(n)$,式(3-35)成立

$$\sum_{n=0}^{N-1-|m|}\sum_{k=0}^{N-1-|m|}g(n-k)=\sum_{i=-(N-1-|m|)}^{N-1-|m|}(N-|m|-|i|)g(i) \tag{3-35}$$

因此,令 $n-k=i$,可把式(3-34)的双求和变成单求和,即对于一个确定的 $i$,$n-k=i$ 的组合数为 $N-|m|-|i|$。

$$\mathrm{Var}[\hat{R}(m)]=\frac{1}{N}\sum_{i=-(N-1-|m|)}^{N-1-|m|}\left[1-\frac{|m|+|i|}{N}\right][R^2(i)+R(i+m)R(i-m)] \tag{3-36}$$

显然,当 $N\to\infty$时,$\mathrm{Var}[\hat{R}(m)]\to 0$。又因为 $\lim\limits_{N\to\infty}\mathrm{Bia}[\hat{R}(m)]=0$,所以可得如下结论:

对于固定的延迟$|m|$,$\hat{R}(m)$是 $R(m)$的一致估计。对 $R(m)$的另一种直接估计法是对式(3-20)稍做修改,即

$$\hat{R}(m)=\frac{1}{N-|m|}\sum_{n=0}^{N-1-|m|}x_N(n)x_N(n+m) \tag{3-37}$$

可以证明,式(3-37)的 $\hat{R}(m)$是对 $R(m)$的无偏估计,利用上述类似的推导,可分析估计子的性能,最终可得

有偏估计子的方差:$\mathrm{Var}[\hat{R}(m)]\propto O\left(\frac{1}{N}\right)$

无偏估计子的方差:$\mathrm{Var}[\hat{R}(m)]\propto O\left(\frac{1}{N-|m|}\right)$

可以看到无偏估计子的方差性能较差。实际应用一般采用有偏估计子,除了方差的原因外,还基于以下考虑:①当$|m|$取值较小时,有偏估计子的偏差不明显;②对于大多数平稳随机信号,当$|m|$值较大时,$R(m)$的值一般很小。式(3-23)显示偏差的值也和 $R(m)$的取值有关系,而$|m|$较大时,$R(m)$的取值一般会变小,这时可以认为偏差也比较小。

## 3.3 估计性能界——CRB

不同的估计方法可以得到不同的估计量,估计量的性能可以通过前面介绍的无偏性、有效性和一致性评价,但在实际中,估计量可能比较复杂,很难评价估计量的有效性和一致性。此外,在得到一个估计量后,它的性能是否已经达到最佳?是否还有更好的估计量?克拉美

罗界(Cramér-Rao Bound,CRB)揭示了无偏估计量估计方差的最小值。

### 3.3.1 单参数实常量估计的 CRB

首先考虑只有一个待估计参数的情况,令 $\theta$ 为待估计参数,并且为实常量(非随机量)。观测信号 $x(n)$与 $\theta$ 的依赖关系用条件概率 $p(x|\theta)$表示[为描述方便,以下将 $x(n)$简记为 $x_n$],有如下定理。

**定理 3-1** 令 $\boldsymbol{x}=(x_0,x_1,\cdots,x_{N-1})$为观测样本向量,$p(\boldsymbol{x}|\theta)$是 $\boldsymbol{x}$ 的条件概率密度。若 $\hat{\theta}$ 是 $\theta$ 的一个无偏估计子,且$\partial f(\boldsymbol{x}|\theta)/\partial\theta$ 存在,则 $\hat{\theta}$ 的方差满足

$$\mathrm{Var}(\hat{\theta})=E[(\hat{\theta}-\theta)^2]\geqslant I^{-1}(\theta) \tag{3-38}$$

式中

$$I(\theta)=E\left[\left(\frac{\partial\ln p(\boldsymbol{x}\mid\theta)}{\partial\theta}\right)^2\right]=-E\left[\frac{\partial^2\ln p(\boldsymbol{x}\mid\theta)}{\partial\theta^2}\right] \tag{3-39}$$

当且仅当

$$\frac{\partial\ln p(\boldsymbol{x}\mid\theta)}{\partial\theta}=K(\theta)(\hat{\theta}-\theta) \tag{3-40}$$

时,式(3-38)的等号成立。其中,$K(\theta)$是 $\theta$ 的正函数,且不包含 $\boldsymbol{x}$。

**证明**:由假设条件知 $E(\hat{\theta}-\theta)=0$,因此

$$\begin{aligned}E[\hat{\theta}-\theta]&=\int_{-\infty}^{+\infty}\cdots\int_{-\infty}^{+\infty}(\hat{\theta}-\theta)f(\boldsymbol{x}\mid\theta)\mathrm{d}x_0\cdots\mathrm{d}x_{N-1}\\&\triangleq\int_{-\infty}^{+\infty}(\hat{\theta}-\theta)f(\boldsymbol{x}\mid\theta)\mathrm{d}\boldsymbol{x}\\&=0\end{aligned} \tag{3-41}$$

在式(3-41)两边对 $\theta$ 求偏微分,可得

$$\frac{\partial}{\partial\theta}E[\hat{\theta}-\theta]=\int_{-\infty}^{+\infty}\frac{\partial}{\partial\theta}[(\hat{\theta}-\theta)f(\boldsymbol{x}\mid\theta)]\mathrm{d}\boldsymbol{x}=0 \tag{3-42}$$

由式(3-42)得

$$\int_{-\infty}^{+\infty}-f(\boldsymbol{x}\mid\theta)\mathrm{d}\boldsymbol{x}+\int_{-\infty}^{+\infty}(\hat{\theta}-\theta)\frac{\partial}{\partial\theta}f(\boldsymbol{x}\mid\theta)\mathrm{d}\boldsymbol{x}=0 \tag{3-43}$$

因为 $p(\boldsymbol{x}|\theta)$是概率密度函数,所以

$$\int_{-\infty}^{+\infty}f(\boldsymbol{x}\mid\theta)\mathrm{d}\boldsymbol{x}=1 \tag{3-44}$$

同时根据组合函数导数性质可得

$$\frac{\partial}{\partial\theta}f(\boldsymbol{x}\mid\theta)=\left[\frac{\partial}{\partial\theta}\ln f(\boldsymbol{x}\mid\theta)\right]\cdot f(\boldsymbol{x}\mid\theta) \tag{3-45}$$

式(3-43)重写为

$$\int_{-\infty}^{+\infty}\left[\frac{\partial}{\partial\theta}\ln f(\boldsymbol{x}\mid\theta)\right]\cdot(\hat{\theta}-\theta)f(\boldsymbol{x}\mid\theta)\mathrm{d}\boldsymbol{x}=1 \tag{3-46}$$

式(3-46)进一步重写为

$$\int_{-\infty}^{+\infty}\left[\frac{\partial}{\partial\theta}\ln f(\boldsymbol{x}\mid\theta)\sqrt{f(\boldsymbol{x}\mid\theta)}\right]\cdot(\hat{\theta}-\theta)\sqrt{f(\boldsymbol{x}\mid\theta)}\mathrm{d}\boldsymbol{x}=1 \tag{3-47}$$

根据泛函分析中的柯西不等式 $|\langle z_1 \cdot z_2\rangle|^2 \leqslant \langle z_1 \cdot z_1\rangle \cdot \langle z_2 \cdot z_2\rangle$，其中 $z_1, z_2$ 是泛函空间的元素，$\langle\cdot\rangle$ 表示内积操作。对于式(3-47)，令

$$z_1 = f_1(\boldsymbol{x}) = \frac{\partial}{\partial\theta}\ln f(\boldsymbol{x} \mid \theta)\sqrt{f(\boldsymbol{x} \mid \theta)}$$

$$z_2 = f_2(\boldsymbol{x}) = (\hat{\theta} - \theta)\sqrt{f(\boldsymbol{x} \mid \theta)}$$

内积操作定义为 $\int_{-\infty}^{+\infty} f_1(\boldsymbol{x}) f_2(\boldsymbol{x}) \mathrm{d}\boldsymbol{x}$。由式(3-47)得

$$\int_{-\infty}^{+\infty}\left[\frac{\partial}{\partial\theta}\ln f(\boldsymbol{x} \mid \theta)\right]^2 f(\boldsymbol{x} \mid \theta)\mathrm{d}\boldsymbol{x} \cdot \int_{-\infty}^{+\infty}(\hat{\theta} - \theta)^2 f(\boldsymbol{x} \mid \theta)\mathrm{d}\boldsymbol{x} \geqslant 1 \tag{3-48}$$

等价于

$$\int_{-\infty}^{+\infty}(\hat{\theta} - \theta)^2 f(\boldsymbol{x} \mid \theta)\mathrm{d}\boldsymbol{x} \geqslant \frac{1}{\int_{-\infty}^{+\infty}\left[\frac{\partial}{\partial\theta}\ln f(\boldsymbol{x} \mid \theta)\right]^2 f(\boldsymbol{x} \mid \theta)\mathrm{d}\boldsymbol{x}} \tag{3-49}$$

式(3-49)左边刚好就是无偏估计的方差计算结果。柯西不等式等号成立的条件是 $z_1, z_2$ 成比例，即式(3-40)成立。

证毕。

特别要指出的是，式(3-42)积分和求导顺序可以互换，这在实际中一般可以满足。为了得到更直观的描述，将在式(3-44)两边对 $\theta$ 求导数，并将积分和求导顺序互换可得

$$\int_{-\infty}^{+\infty}\frac{\partial}{\partial\theta}f(\boldsymbol{x} \mid \theta)\mathrm{d}\boldsymbol{x} = 0 \tag{3-50}$$

基于式(3-45)可得

$$\int_{-\infty}^{+\infty}\left[\frac{\partial}{\partial\theta}\ln f(\boldsymbol{x} \mid \theta)\right] \cdot f(\boldsymbol{x} \mid \theta)\mathrm{d}\boldsymbol{x} = E\left[\frac{\partial}{\partial\theta}\ln f(\boldsymbol{x} \mid \theta)\right] = 0 \tag{3-51}$$

式(3-51)称为定理 3-1 成立的规范化条件，是积分和求导顺序可以互换的直观描述。在式(3-51)两边对 $\theta$ 求导数，则可得式(3-39)。

CRB 给出了无偏估计量估计方差的下限。达到 CRB 的估计，其估计的方差是最小的，称这样的估计为有效估计。$I(\theta)$ 称为数据的费希尔(Fisher)信息，CRB 是费希尔信息的倒数。直观理解是，费希尔信息越多，CRB 越低。

费希尔信息具有信息度量的基本性质。首先，由式(3-39)可以看出，费希尔信息具有非负性；其次，对于独立观测，费希尔信息具有可加性，这是因为，对于独立的观测，有

$$\ln p(\boldsymbol{x} \mid \theta) = \sum_{n=0}^{N-1}\ln p(x_n \mid \theta) \tag{3-52}$$

所以

$$-E\left[\frac{\partial^2 \ln p(\boldsymbol{x} \mid \theta)}{\partial\theta^2}\right] = -\sum_{n=0}^{N-1}E\left[\frac{\partial^2 \ln p(x_n \mid \theta)}{\partial\theta^2}\right] \tag{3-53}$$

如果观测是独立同分布的，那么

$$I(\theta) = Ni(\theta) \tag{3-54}$$

式中

$$i(\theta) = -E\left[\frac{\partial^2 \ln p(x_n \mid \theta)}{\partial\theta^2}\right] \tag{3-55}$$

对于非独立观测，费希尔信息要比独立观测低，例如，对于 $x_0=x_1=\cdots=x_{N-1}$ 这种完全相关的情况，$I(\theta)=i(\theta)$，此时，CRB 并不随观测数据的增加而降低。

**例 3-2** 独立同分布平稳随机信号服从高斯分布，用式(3-14)估计该随机信号的均值，该估计子的方差是否达到 CRB?

**解** 平稳高斯信号的一维概率密度为

$$p(x\mid m_x)=\frac{1}{\sqrt{2\pi}\sigma}\exp\left(-\frac{(x-m_x)^2}{2\sigma^2}\right) \tag{3-56}$$

多变量的联合概率密度为

$$p(\boldsymbol{x}\mid m_x)=\left(\frac{1}{\sqrt{2\pi}\sigma}\right)^N\prod_{n=0}^{N-1}\exp\left(-\frac{(x_n-m_x)^2}{2\sigma^2}\right) \tag{3-57}$$

对数联合概率密度的一阶、二阶偏导数为

$$\frac{\partial\ln p(\boldsymbol{x}\mid m_x)}{\partial m_x}=\sum_{n=0}^{N-1}\left(\frac{x_n-m_x}{\sigma^2}\right) \tag{3-58}$$

$$\frac{\partial^2\ln p(\boldsymbol{x}\mid m_x)}{\partial m_x^2}=-\frac{N}{\sigma^2} \tag{3-59}$$

可得到其费希尔信息量为

$$I(m_x)=-E\left[\frac{\partial^2\ln p(\boldsymbol{x}\mid m_x)}{\partial m_x^2}\right]=\frac{N}{\sigma^2} \tag{3-60}$$

对比 3.2.2 节中估计子的方差，可以看到该均值估计可达到 CRB。注意到式(3-58)中的一阶导数可重写为

$$\frac{\partial\ln p(\boldsymbol{x}\mid m_x)}{\partial m_x}=\frac{N}{\sigma^2}(\hat{m}_x-m_x) \tag{3-61}$$

即一阶导数和$(\hat{m}_x-m_x)$成正比，显示该估计子满足式(3-40)的条件。

**例 3-3** 信号观测模型为 $x_n=A\cos(2\pi f_0 n+\phi)+w(n)$，其中，$f_0$ 为已知参数，$w(n)\propto N(0,\sigma^2)$，相位 $\phi$ 为未知参数。求相位估计的 CRB。

**解** 观测信号的一维概率密度为

$$p(x\mid\phi)=\frac{1}{\sqrt{2\pi}\sigma}\exp\left(-\frac{(x_n-A\cos(2\pi f_0 n+\phi))^2}{2\sigma^2}\right) \tag{3-62}$$

假设参数估计基于 $N$ 个观测，记为 $\boldsymbol{x}=[x_0,\ x_1,\ \cdots,\ x_{N-1}]^{\mathrm{T}}$，其联合概率密度函数为

$$\begin{aligned}p(\boldsymbol{x}\mid\phi)&=p(x_0,x_1,\cdots,x_{N-1}\mid\phi)\\&=\left(\frac{1}{\sqrt{2\pi}\sigma}\right)^N\prod_{n=0}^{N-1}\exp\left(-\frac{(x_n-A\cos(2\pi f_0 n+\phi))^2}{2\sigma^2}\right)\end{aligned} \tag{3-63}$$

可得到观测信号的对数似然函数为

$$\ln p(\boldsymbol{x}\mid\phi)=-\frac{N}{2}\ln(2\pi\sigma^2)-\frac{1}{2\sigma^2}\sum_{n=0}^{N-1}(x_n-A\cos(2\pi f_0 n+\phi))^2 \tag{3-64}$$

可得

$$\frac{\partial \ln p(\boldsymbol{x} \mid \phi)}{\partial \phi} = -\frac{1}{\sigma^2}\sum_{n=0}^{N-1}[x_n - A\cos(2\pi f_0 n + \phi)]A\sin(2\pi f_0 n + \phi)$$

$$= -\frac{A}{\sigma^2}\sum_{n=0}^{N-1}\left[x_n \sin(2\pi f_0 n + \phi) - \frac{A}{2}\sin(4\pi f_0 n + 2\phi)\right]$$

$$\frac{\partial^2 \ln p(\boldsymbol{x} \mid \phi)}{\partial \phi^2} = -\frac{A}{\sigma^2}\sum_{n=0}^{N-1}[x_n \cos(2\pi f_0 n + \phi) - A\cos(4\pi f_0 n + 2\phi)] - E\left[\frac{\partial^2 \ln p(\boldsymbol{x} \mid \phi)}{\partial \phi^2}\right]$$

$$= \frac{A}{\sigma^2}E\left[\sum_{n=0}^{N-1}[x_n \cos(2\pi f_0 n + \phi) - A\cos(4\pi f_0 n + 2\phi)]\right]$$

$$= \frac{A}{\sigma^2}\sum_{n=0}^{N-1}\left[E[x_n]\cos(2\pi f_0 n + \phi) - A\cos(4\pi f_0 n + 2\phi)\right]$$

$$= \frac{A}{\sigma^2}\sum_{n=0}^{N-1}\left[A\cos^2(2\pi f_0 n + \phi) - A\cos(4\pi f_0 n + 2\phi)\right]$$

$$= \frac{A^2}{\sigma^2}\sum_{n=0}^{N-1}\left[\left(\frac{1}{2} + \frac{1}{2}\cos(4\pi f_0 n + 2\phi) - \cos(4\pi f_0 n + 2\phi)\right)\right]$$

$$= \frac{A^2}{2\sigma^2}\sum_{n=0}^{N-1}\left[1 - \cos(4\pi f_0 n + 2\phi)\right]$$

$$= \frac{NA^2}{2\sigma^2} - \frac{A^2}{2\sigma^2}\sum_{n=0}^{N-1}\cos(4\pi f_0 n + 2\phi) \tag{3-65}$$

式(3-65)中求和项为周期序列,有

$$\lim_{N\to\infty}\frac{1}{N}\sum_{n=0}^{N-1}\cos(4\pi f_0 n + 2\phi) = 0 \tag{3-66}$$

当 $N$ 比较大时,可认为

$$\frac{1}{N}\sum_{n=0}^{N-1}\cos(4\pi f_0 n + 2\phi) \ll 1 \tag{3-67}$$

于是可认为式(3-65)中第二项远小于第一项,直接忽略第二项可得

$$-E\left[\frac{\partial^2 \ln p(\boldsymbol{x} \mid \phi)}{\partial \phi^2}\right] = \frac{NA^2}{2\sigma^2} \tag{3-68}$$

其倒数即为相位估计的 CRB。

### 3.3.2 多参量估计的 CRB

假设有 $L$ 个未知参数,用向量表示为

$$\boldsymbol{\theta} = [\theta_1, \theta_2, \cdots, \theta_L]^{\mathrm{T}} \tag{3-69}$$

参数估计的 Cramer-Rao 不等式表示为

$$E[(\hat{\boldsymbol{\theta}} - \boldsymbol{\theta})(\hat{\boldsymbol{\theta}} - \boldsymbol{\theta})^{\mathrm{T}}] \geqslant \boldsymbol{I}^{-1}(\boldsymbol{\theta}) \tag{3-70}$$

其中,符号"$\geqslant$"用于矩阵时有不同的含义。对于矩阵 $\boldsymbol{A}$,$\boldsymbol{B}$,$\boldsymbol{A} \geqslant \boldsymbol{B}$ 表示 $\boldsymbol{A} - \boldsymbol{B}$ 是半正定矩阵,$\boldsymbol{A} > \boldsymbol{B}$ 表示 $\boldsymbol{A} - \boldsymbol{B}$ 是正定矩阵。式(3-70)中左边为估计子的协方差矩阵,右边的 $I(\boldsymbol{\theta})$ 称为费希尔信息矩阵,定义为

$$\boldsymbol{I}(\boldsymbol{\theta}) = -E\left[\frac{\partial^2 \ln p(\boldsymbol{x} \mid \boldsymbol{\theta})}{\partial \boldsymbol{\theta} \partial \boldsymbol{\theta}^{\mathrm{T}}}\right] \tag{3-71}$$

式(3-71)中用到了向量函数的求导公式，下面给出其定义。设 $f(\boldsymbol{\theta})$是 $L\times1$ 向量$\boldsymbol{\theta}$ 的函数，函数值为标量，其导数表示为

$$\frac{\partial f(\boldsymbol{\theta})}{\partial \boldsymbol{\theta}} = \begin{bmatrix} \dfrac{\partial f(\boldsymbol{\theta})}{\partial \theta_1} \\ \dfrac{\partial f(\boldsymbol{\theta})}{\partial \theta_2} \\ \vdots \\ \dfrac{\partial f(\boldsymbol{\theta})}{\partial \theta_L} \end{bmatrix}_{L\times1} \tag{3-72}$$

根据该定义可得以下常用导数

$$\frac{\partial \boldsymbol{a}^{\mathrm{T}} \boldsymbol{\theta}}{\partial \boldsymbol{\theta}} = \frac{\partial \boldsymbol{\theta}^{\mathrm{T}} \boldsymbol{a}}{\partial \boldsymbol{\theta}} = \boldsymbol{a} \tag{3-73}$$

$$\frac{\partial \boldsymbol{\theta}^{\mathrm{T}} \boldsymbol{A} \boldsymbol{\theta}}{\partial \boldsymbol{\theta}} = (\boldsymbol{A}^{\mathrm{T}} + \boldsymbol{A}) \boldsymbol{\theta} \tag{3-74}$$

式(3-72)的定义可拓展到多个函数的组合，假设有 $R$ 个关于$\boldsymbol{\theta}$ 的函数构成如下向量：

$$\boldsymbol{f}(\boldsymbol{\theta}) = \begin{bmatrix} f_1(\boldsymbol{\theta}) \\ f_2(\boldsymbol{\theta}) \\ \vdots \\ f_R(\boldsymbol{\theta}) \end{bmatrix}_{R\times1} \tag{3-75}$$

则其关于$\boldsymbol{\theta}$ 的导数定义为

$$\frac{\partial \boldsymbol{f}(\boldsymbol{\theta})}{\partial \boldsymbol{\theta}^{\mathrm{T}}} = \begin{bmatrix} \dfrac{\partial f_1(\boldsymbol{\theta})}{\partial \theta_1} & \dfrac{\partial f_1(\boldsymbol{\theta})}{\partial \theta_2} & \cdots & \dfrac{\partial f_1(\boldsymbol{\theta})}{\partial \theta_L} \\ \dfrac{\partial f_2(\boldsymbol{\theta})}{\partial \theta_1} & \dfrac{\partial f_2(\boldsymbol{\theta})}{\partial \theta_2} & \cdots & \dfrac{\partial f_2(\boldsymbol{\theta})}{\partial \theta_L} \\ \vdots & \vdots & \ddots & \vdots \\ \dfrac{\partial f_R(\boldsymbol{\theta})}{\partial \theta_1} & \dfrac{\partial f_R(\boldsymbol{\theta})}{\partial \theta_2} & \cdots & \dfrac{\partial f_R(\boldsymbol{\theta})}{\partial \theta_L} \end{bmatrix}_{R\times L} \tag{3-76}$$

根据上述定义，可得矩阵 $\boldsymbol{I}(\boldsymbol{\theta})$中第$\{i,j\}$个元素为

$$[\boldsymbol{I}(\boldsymbol{\theta})]_{ij} = -E\left[\frac{\partial^2 \ln p(\boldsymbol{x} \mid \boldsymbol{\theta})}{\partial \theta_i \partial \theta_j}\right] \tag{3-77}$$

对式(3-71)这里不做详细证明，下面以一个例子介绍多参量 CRB 的计算。

**例 3-4** 对独立同分布平稳高斯随机信号，计算均值估计和方差估计的 CRB。

**解** 由于待估计向量$\boldsymbol{\theta} = [m_x \quad \sigma^2]^{\mathrm{T}}$，因此费希尔信息矩阵是 $2\times2$ 的矩阵，即

$$\boldsymbol{I}(\boldsymbol{\theta}) = -E\left[\frac{\partial^2 \ln p(\boldsymbol{x} \mid \boldsymbol{\theta})}{\partial \boldsymbol{\theta} \partial \boldsymbol{\theta}^{\mathrm{T}}}\right] = \begin{bmatrix} -E\left[\dfrac{\partial^2 \ln p(\boldsymbol{x} \mid \boldsymbol{\theta})}{\partial m_x^2}\right] & -E\left[\dfrac{\partial^2 \ln p(\boldsymbol{x} \mid \boldsymbol{\theta})}{\partial m_x \partial \sigma^2}\right] \\ -E\left[\dfrac{\partial^2 \ln p(\boldsymbol{x} \mid \boldsymbol{\theta})}{\partial \sigma^2 \partial m_x}\right] & -E\left[\dfrac{\partial^2 \ln p(\boldsymbol{x} \mid \boldsymbol{\theta})}{\partial (\sigma^2)^2}\right] \end{bmatrix} \tag{3-78}$$

由式(3-56)得到对数似然函数为

$$\ln p(\boldsymbol{x} \mid \boldsymbol{\theta}) = -\frac{N}{2}\ln(2\pi\sigma^2) - \frac{1}{2\sigma^2}\sum_{n=0}^{N-1}(x_n - m_x)^2 \tag{3-79}$$

所以

$$\frac{\partial \ln p(\boldsymbol{x} \mid \boldsymbol{\theta})}{\partial m_x} = \frac{1}{\sigma^2}\sum_{n=0}^{N-1}(x_n - m_x) \tag{3-80}$$

$$\frac{\partial \ln p(\boldsymbol{x} \mid \boldsymbol{\theta})}{\partial \sigma^2} = -\frac{N}{2\sigma^2} + \frac{1}{2\sigma^4}\sum_{n=0}^{N-1}(x_n - m_x)^2 \tag{3-81}$$

$$\frac{\partial^2 \ln p(\boldsymbol{x} \mid \boldsymbol{\theta})}{\partial m_x^2} = -\frac{N}{\sigma^2} \tag{3-82}$$

$$\frac{\partial^2 \ln p(\boldsymbol{x} \mid \boldsymbol{\theta})}{\partial (\sigma^2)^2} = \frac{N}{2\sigma^4} - \frac{1}{\sigma^6}\sum_{n=0}^{N-1}(x_n - m_x)^2 \tag{3-83}$$

$$\frac{\partial^2 \ln p(\boldsymbol{x} \mid \boldsymbol{\theta})}{\partial m_x \partial \sigma^2} = -\frac{1}{\sigma^4}\sum_{n=0}^{N-1}(x_n - m_x) \tag{3-84}$$

$$\frac{\partial^2 \ln p(\boldsymbol{x} \mid \boldsymbol{\theta})}{\partial \sigma^2 \partial m_x} = \frac{\partial^2 \ln p(\boldsymbol{x} \mid \boldsymbol{\theta})}{\partial m_x \partial \sigma^2} \tag{3-85}$$

费希尔信息矩阵为

$$\boldsymbol{I}(\boldsymbol{\theta}) = \begin{bmatrix} -E\left(-\frac{N}{\sigma^2}\right) & -E\left[-\frac{1}{\sigma^4}\sum_{n=0}^{N-1}(x_n - m_x)\right] \\ -E\left[-\frac{1}{\sigma^4}\sum_{n=0}^{N-1}(x_n - m_x)\right] & -E\left[\frac{N}{2\sigma^4} - \frac{1}{\sigma^6}\sum_{n=0}^{N-1}(x_n - m_x)^2\right] \end{bmatrix} = \begin{bmatrix} \frac{N}{\sigma^2} & 0 \\ 0 & \frac{N}{2\sigma^4} \end{bmatrix} \tag{3-86}$$

因此,容易得出参数估计的 CRB 为

$$\operatorname{Var}(\hat{m}_x) \geqslant \frac{\sigma^2}{N} \tag{3-87}$$

$$\operatorname{Var}(\hat{\sigma}^2) \geqslant \frac{2\sigma^4}{N} \tag{3-88}$$

### 3.3.3 参数变换的 CRB

在实际中,经常遇到希望估计的参数是某个参数的函数,例如,在电平估计中,有时感兴趣的不是信号电平 $A$ 的估计,而是信号的功率 $A^2$。假设估计 $A$ 的 CRB 已知,如何得到 $A^2$ 估计的 CRB 呢?下面回答这一问题。

假定可以直接计算 CRB 的参数为 $\theta$,希望估计的参数为 $\alpha$,两者有如下函数关系:$\alpha = T(\theta)$。那么可以证明 $\hat{\alpha}$ 的 CRB 为

$$\operatorname{Var}(\hat{\alpha}) \geqslant \frac{\left(\frac{\partial T(\theta)}{\partial \theta}\right)^2}{-E\left[\frac{\partial^2 \ln p(\boldsymbol{x} \mid \theta)}{\partial \theta^2}\right]} \tag{3-89}$$

例如，基于例 3-4 中式(3-87)的结果，求 $\alpha=m_x^2$ 的 CRB，则

$$\mathrm{Var}(\hat{\alpha})\geqslant\frac{(2m_x)^2}{N/\sigma^2}=\frac{4m_x^2\sigma^2}{N} \tag{3-90}$$

实际应用中经常碰到多变量的映射关系。例如，独立同分布高斯随机信号的平均功率 $D=m_x^2+\sigma^2$。前面已经得到估计 $m_x$、$\sigma^2$ 的 CRB，在此基础上可采用以下方法得到估计 $D$ 的 CRB。

假设 $P\times1$ 维向量$\boldsymbol{\theta}$包含模型中的可估计参数，有多个待估计参数，可表示为$\boldsymbol{\theta}$的函数，记为$\boldsymbol{\alpha}=T(\boldsymbol{\theta})$，其中 $T(\boldsymbol{\theta})$是 $R\times1$ 维的函数向量，即

$$\boldsymbol{\alpha}=[T_1(\boldsymbol{\theta})\quad T_2(\boldsymbol{\theta})\quad\cdots\quad T_R(\boldsymbol{\theta})]^{\mathrm{T}} \tag{3-91}$$

则

$$E[(\hat{\boldsymbol{\alpha}}-\boldsymbol{\alpha})(\hat{\boldsymbol{\alpha}}-\boldsymbol{\alpha})^{\mathrm{T}}]\geqslant\frac{\partial T(\boldsymbol{\theta})}{\partial\boldsymbol{\theta}^{\mathrm{T}}}\boldsymbol{I}^{-1}(\boldsymbol{\theta})\left[\frac{\partial T(\boldsymbol{\theta})}{\partial\boldsymbol{\theta}^{T}}\right]^{\mathrm{T}} \tag{3-92}$$

式中，$\partial T(\boldsymbol{\theta})/\partial\boldsymbol{\theta}^{\mathrm{T}}$ 的定义见式(3-76)。

**例 3-5** 对高斯白噪声中恒定电平，求信噪比估计的 CRB。

**解** 高斯白噪声中恒定电平观测的数学模型为 $x_n=A+w_n$，其中 $A$ 为电平值，$w_n\propto(0,\sigma^2)$为零均值高斯白噪声，信噪比定义为 $\alpha=A^2/\sigma^2$，因此可先计算估计 $A$、$\sigma^2$ 的 CRB。注意到观测数据可以看成非零均值高斯信号，$A$、$\sigma^2$ 的估计对应均值和方差的估计，可采用例 3-4 的结果。设$\boldsymbol{\theta}=[A\quad\sigma^2]^{\mathrm{T}}$，$T(\boldsymbol{\theta})=A^2/\sigma^2$，由例 3-4 可知

$$\boldsymbol{I}(\boldsymbol{\theta})=\begin{bmatrix}\dfrac{N}{\sigma^2} & 0\\ 0 & \dfrac{N}{2\sigma^4}\end{bmatrix} \tag{3-93}$$

又因为

$$\frac{\partial T(\boldsymbol{\theta})}{\partial\boldsymbol{\theta}^{\mathrm{T}}}=\begin{bmatrix}\dfrac{\partial T(\boldsymbol{\theta})}{\partial A} & \dfrac{\partial T(\boldsymbol{\theta})}{\partial\sigma^2}\end{bmatrix}=\begin{bmatrix}\dfrac{2A}{\sigma^2} & -\dfrac{A^2}{\sigma^4}\end{bmatrix} \tag{3-94}$$

所以

$$\frac{\partial T(\boldsymbol{\theta})}{\partial\boldsymbol{\theta}^{\mathrm{T}}}I^{-1}(\boldsymbol{\theta})\left[\frac{\partial T(\boldsymbol{\theta})}{\partial\boldsymbol{\theta}^{\mathrm{T}}}\right]^{\mathrm{T}}=\begin{bmatrix}\dfrac{2A}{\sigma^2} & -\dfrac{1}{\sigma^4}\end{bmatrix}\begin{bmatrix}\dfrac{\sigma^2}{N} & 0\\ 0 & \dfrac{2\sigma^4}{N}\end{bmatrix}\begin{bmatrix}\dfrac{2A}{\sigma^2}\\ -\dfrac{1}{\sigma^4}\end{bmatrix} \tag{3-95}$$

$$=\frac{4A^2}{N\sigma^2}+\frac{2}{N\sigma^4} \tag{3-96}$$

可以证明，对向量参数的有效估计量经过线性变换后仍然是有效估计量，而向量参数的有效估计量经过非线性变换后是渐近有效估计量。

### 3.3.4 复参数估计的 CRB

当待估计参数是复数时，推导涉及复变函数的微分操作，比实参数估计复杂得多。这一节先给出复变函数的基本概念，再介绍一种复参数估计的 CRB 的推导方法。

令复自变量为 $z=x+\mathrm{j}y$，$x,y\in\mathbf{R}$。定义在复数域的函数为

$$f(z)=u(z,z^*)+\mathrm{j}v(z,z^*)=u(x,y)+\mathrm{j}v(x,y) \tag{3-97}$$

其中，$u(x,y)$，$v(x,y)$为实二元函数。$f(z)$的导数定义为

$$\frac{\partial f}{\partial z}=\frac{1}{2}\left(\frac{\partial f}{\partial x}-\mathrm{j}\frac{\partial f}{\partial y}\right)$$

$$\frac{\partial f}{\partial z^*}=\frac{1}{2}\left(\frac{\partial f}{\partial x}+\mathrm{j}\frac{\partial f}{\partial y}\right) \tag{3-98}$$

复变函数可导的充分必要条件可参考相关复变函数文献。这里假设所涉及的复变函数均可导，以下是一些常用的性质。

假设 $g(z)$、$f(z)$在区域 $D$ 内可导，则其导数满足以下性质：

$$\frac{\mathrm{d}}{\mathrm{d}z}(f(z)+g(z))=\frac{\mathrm{d}f(z)}{\mathrm{d}z}+\frac{\mathrm{d}g(z)}{\mathrm{d}z} \tag{3-99}$$

$$\frac{\mathrm{d}}{\mathrm{d}z}(f(z)\cdot g(z))=\frac{\mathrm{d}f(z)}{\mathrm{d}z}g(z)+\frac{\mathrm{d}g(z)}{\mathrm{d}z}f(z) \tag{3-100}$$

$$\frac{\mathrm{d}}{\mathrm{d}z}\left(\frac{f(z)}{g(z)}\right)=\frac{1}{g^2(z)}\left(\frac{\mathrm{d}f(z)}{\mathrm{d}z}g(z)-\frac{\mathrm{d}g(z)}{\mathrm{d}z}f(z)\right) \tag{3-101}$$

$$\frac{\mathrm{d}}{\mathrm{d}z}(f(g(z)))=\frac{\mathrm{d}f(g)}{\mathrm{d}g}\frac{\mathrm{d}g(z)}{\mathrm{d}z} \tag{3-102}$$

对多变量函数，如 $f(\boldsymbol{z})$，其中 $\boldsymbol{z}=[z_1,z_2,\cdots,z_N]^{\mathrm{T}}$ 为包含所有自变量的向量，其导数定义为

$$\frac{\partial f(\boldsymbol{z})}{\partial \boldsymbol{z}}=\left[\frac{\partial f(\boldsymbol{z})}{\partial z_1},\frac{\partial f(\boldsymbol{z})}{\partial z_2},\cdots,\frac{\partial f(\boldsymbol{z})}{\partial z_N}\right]^{\mathrm{T}} \tag{3-103}$$

对多维函数，可定义与式(3-70)相同的偏导数。根据该定义可得以下对复向量的常用导数。

$$\frac{\partial \boldsymbol{a}^{\mathrm{H}}\boldsymbol{z}}{\partial \boldsymbol{z}}=\boldsymbol{a}^* \tag{3-104}$$

$$\frac{\partial \boldsymbol{z}^{\mathrm{H}}\boldsymbol{A}\boldsymbol{z}}{\partial \boldsymbol{z}}=\boldsymbol{A}^{\mathrm{T}}\boldsymbol{z}^* \tag{3-105}$$

接下来考虑复参数估计的 CRB，假设观测数据为 $\boldsymbol{Z}=[\boldsymbol{z}_0,\boldsymbol{z}_1,\cdots,\boldsymbol{z}_{N-1}]$，观测数据的信号产生模型已知，但其中有 $L$ 个未知参数，记为$\boldsymbol{\theta}=[\theta_1,\theta_2,\cdots,\theta_L]^{\mathrm{T}}$。待估计的目标参数为$\boldsymbol{\theta}$ 的函数，记为

$$\boldsymbol{p}=[p_1(\boldsymbol{\theta}),p_2(\boldsymbol{\theta}),\cdots,p_K(\boldsymbol{\theta})]^{\mathrm{T}} \tag{3-106}$$

记估计子为 $\boldsymbol{r}(\boldsymbol{Z})$，考虑无偏估计子，有

$$\int_{\Omega}\boldsymbol{r}(\boldsymbol{Z})f(\boldsymbol{Z}\mid\boldsymbol{\theta})\mathrm{d}\boldsymbol{Z}=\boldsymbol{p} \tag{3-107}$$

其中，$\Omega$ 表示观测空间，在式(3-107)两边对$\boldsymbol{\theta}$ 求偏导可得

$$\int_{\Omega}\boldsymbol{r}(\boldsymbol{Z})\frac{\partial f(\boldsymbol{Z}\mid\boldsymbol{\theta})}{\partial\boldsymbol{\theta}^{\mathrm{H}}}\mathrm{d}\boldsymbol{Z}=\frac{\partial\boldsymbol{p}}{\partial\boldsymbol{\theta}^{\mathrm{H}}} \tag{3-108}$$

式(3-108)左边重写为

$$\begin{aligned}\int_{\Omega}\boldsymbol{r}(\boldsymbol{Z})\frac{\partial f(\boldsymbol{Z}\mid\boldsymbol{\theta})}{\partial\boldsymbol{\theta}^{\mathrm{H}}}\mathrm{d}\boldsymbol{Z}&=\int_{\Omega}\boldsymbol{r}(\boldsymbol{Z})\frac{\partial\ln f(\boldsymbol{Z}\mid\boldsymbol{\theta})}{\partial\boldsymbol{\theta}^{\mathrm{H}}}f(\boldsymbol{Z}\mid\boldsymbol{\theta})\mathrm{d}\boldsymbol{Z}\\&=E\left[\boldsymbol{r}(\boldsymbol{Z})\frac{\partial\ln f(\boldsymbol{Z}\mid\boldsymbol{\theta})}{\partial\boldsymbol{\theta}^{\mathrm{H}}}\right]\end{aligned} \tag{3-109}$$

于是

$$\frac{\partial \boldsymbol{p}}{\partial \boldsymbol{\theta}^{\mathrm{H}}}=E\left[\boldsymbol{r}(\boldsymbol{Z})\frac{\partial \ln f(\boldsymbol{Z}\mid\boldsymbol{\theta})}{\partial \boldsymbol{\theta}^{\mathrm{H}}}\right] \tag{3-110}$$

简记 $\boldsymbol{r}(\boldsymbol{Z})$为 $\boldsymbol{r}$，$\ln f(\boldsymbol{Z}|\boldsymbol{\theta})$为 $\ln f$，构造如下向量

$$\begin{bmatrix}\boldsymbol{r}\\ \left[\dfrac{\partial \ln f}{\partial \boldsymbol{\theta}^{\mathrm{H}}}\right]^{\mathrm{H}}\end{bmatrix}_{(K+L)\times 1} \tag{3-111}$$

可算出其自协方差矩阵，并由自协方差矩阵的半正定特性可得

$$\begin{bmatrix}\mathrm{Cov}(\boldsymbol{r},\boldsymbol{r}) & \dfrac{\partial \boldsymbol{p}}{\partial \boldsymbol{\theta}^{\mathrm{H}}}\\ \left[\dfrac{\partial \boldsymbol{p}}{\partial \boldsymbol{\theta}^{\mathrm{H}}}\right]^{\mathrm{H}} & E\left[\left[\dfrac{\partial \ln f}{\partial \boldsymbol{\theta}^{\mathrm{H}}}\right]^{\mathrm{H}}\left[\dfrac{\partial \ln f}{\partial \boldsymbol{\theta}^{\mathrm{H}}}\right]\right]\end{bmatrix}\geqslant 0 \tag{3-112}$$

其中已经用到式(3-110)的结论。根据自协方差矩阵特性，式(3-113)成立

$$\left[\boldsymbol{D}\quad -\frac{\partial \boldsymbol{p}}{\partial \boldsymbol{\theta}^{\mathrm{H}}}\boldsymbol{I}^{-1}(\boldsymbol{\theta})\right]\begin{bmatrix}\mathrm{Cov}(\boldsymbol{r},\boldsymbol{r}) & \dfrac{\partial \boldsymbol{p}}{\partial \boldsymbol{\theta}^{\mathrm{H}}}\\ \left[\dfrac{\partial \boldsymbol{p}}{\partial \boldsymbol{\theta}^{\mathrm{H}}}\right]^{\mathrm{H}} & \boldsymbol{I}(\boldsymbol{\theta})\end{bmatrix}\left[\boldsymbol{D}\quad -\frac{\partial \boldsymbol{p}}{\partial \boldsymbol{\theta}^{\mathrm{H}}}\boldsymbol{I}^{-1}(\boldsymbol{\theta})\right]^{\mathrm{H}}\geqslant 0 \tag{3-113}$$

其中，$\boldsymbol{D}$ 为单位矩阵，进一步将费希尔信息量矩阵定义为

$$\boldsymbol{I}(\boldsymbol{\theta})=E\left[\left[\frac{\partial \ln f}{\partial \boldsymbol{\theta}^{\mathrm{H}}}\right]^{\mathrm{H}}\left[\frac{\partial \ln f}{\partial \boldsymbol{\theta}^{\mathrm{H}}}\right]\right] \tag{3-114}$$

经简单计算，式(3-113)矩阵可化简为

$$\mathrm{Cov}(\boldsymbol{r},\boldsymbol{r})-\frac{\partial \boldsymbol{p}}{\partial \boldsymbol{\theta}^{\mathrm{H}}}\boldsymbol{I}^{-1}(\boldsymbol{\theta})\left[\frac{\partial \boldsymbol{p}}{\partial \boldsymbol{\theta}^{\mathrm{H}}}\right]^{\mathrm{H}}\geqslant 0 \tag{3-115}$$

可以得到估计子的误差界为

$$\mathrm{Cov}(\boldsymbol{r},\boldsymbol{r})\geqslant\frac{\partial \boldsymbol{p}}{\partial \boldsymbol{\theta}^{\mathrm{H}}}\boldsymbol{I}^{-1}(\boldsymbol{\theta})\left[\frac{\partial \boldsymbol{p}}{\partial \boldsymbol{\theta}^{\mathrm{H}}}\right]^{\mathrm{H}} \tag{3-116}$$

式(3-116)和式(3-92)实参量估计的CRB是统一的。下面以一个例子介绍CRB的具体计算过程。

**例 3-6** 通信中常用以下信号观测模型：

$$x_n=As_n+w_n,\quad n=0,1,\cdots,N-1 \tag{3-117}$$

其中，$A$ 为复值信道响应，$s_n$ 为正交调制发送信号，$w_n$ 是零均值复高斯白噪声序列，方差为 $\sigma^2$，假设发送符号有归一化功率，即 $|s_n|^2=1$，求信道估计的CRB。

**解** 根据式(2-95)给出的复高斯概率密度分布，关于 $A$ 的一维条件概率密度为

$$p(x\mid A)=\frac{1}{\pi\sigma^2}\exp\left(-\frac{|x_n-As_n|^2}{\sigma^2}\right) \tag{3-118}$$

多变量的联合概率密度为

$$p(\boldsymbol{x}\mid A)=\left(\frac{1}{\pi\sigma^2}\right)^N\prod_{n=0}^{N-1}\exp\left(-\frac{|x_n-As_n|^2}{\sigma^2}\right) \tag{3-119}$$

基于式(3-114)费希尔信息量矩阵的定义及式(3-50)所示的规范化条件，可以得到与式(3-39)

类似的结论。

$$I(\theta)=E\left[\frac{\partial \ln p(\boldsymbol{x}\mid\theta)}{\partial\theta}\frac{\partial \ln p(\boldsymbol{x}\mid\theta)}{\partial\theta^*}\right]=-E\left[\frac{\partial^2 \ln p(\boldsymbol{x}\mid\theta)}{\partial\theta\partial\theta^*}\right] \tag{3-120}$$

对数联合概率密度的一、二阶偏导数为

$$\frac{\partial \ln p(\boldsymbol{x}\mid A)}{\partial A}=\sum_{n=0}^{N-1}\left[\frac{s_n(x_n-As_n)^*}{\sigma^2}\right] \tag{3-121}$$

$$\frac{\partial^2 \ln p(\boldsymbol{x}\mid A)}{\partial A\partial A^*}=-\frac{1}{\sigma^2}\sum_{n=0}^{N-1}|s_n|^2=\frac{N}{\sigma^2} \tag{3-122}$$

可得到估计信道响应的性能界为

$$\mathrm{CRB}_A=\frac{\sigma^2}{N} \tag{3-123}$$

## 3.4 最大似然估计

当被估计量为未知常量时,可以采用比较简单的最大似然估计。最大似然估计可以简便地完成对复杂估计问题的求解,而且当观测数据足够多时,其性能也是非常好的。因此,最大似然估计在实际中得到了广泛采用。本节只考虑实参数的估计。

### 3.4.1 最大似然估计的基本原理

设观测向量 $\boldsymbol{x}=[x_0 \quad x_1 \quad \cdots \quad x_{N-1}]^{\mathrm{T}}$,待估计参量为 $\theta$。观测数据与待估计量的概率依赖关系以概率密度 $p(\boldsymbol{x}|\theta)$ 描述。概率密度是以 $\theta$ 为参量的函数,在观测给定的条件下,如 $\boldsymbol{x}=\boldsymbol{x}_0$,$p(\boldsymbol{x}=\boldsymbol{x}_0|\theta)$ 反映了 $\theta$ 取各个值的可能性大小,称 $p(\boldsymbol{x}=\boldsymbol{x}_0|\theta)$ 为 $\theta$ 的似然函数,$p(\boldsymbol{x}=\boldsymbol{x}_0|\theta)$ 简记为 $p(\boldsymbol{x}|\theta)$。估计问题本质上就是根据观测求出未知量,也就是说,在得到某个观测值 $\boldsymbol{x}=\boldsymbol{x}_0$ 后,如何根据这个观测确定未知量 $\theta$ 的值。

从另外一个角度,似然函数 $p(\boldsymbol{x}=\boldsymbol{x}_0|\theta)$ 反映了对不同的 $\theta$ 值观测到 $\boldsymbol{x}=\boldsymbol{x}_0$ 的概率。因为当前的观测结果刚好就是 $\boldsymbol{x}_0$,于是可认为实际中观测到 $\boldsymbol{x}=\boldsymbol{x}_0$ 的概率应该尽可能大,即 $\theta$ 取值应该使得 $p(\boldsymbol{x}=\boldsymbol{x}_0|\theta)$ 取得最大。使似然函数最大所对应的参数 $\theta$ 作为对 $\theta$ 的估计,称为最大似然(Maximum Likelihood,ML)估计,记为 $\hat{\theta}_{\mathrm{ml}}$,即

$$\hat{\theta}_{\mathrm{ml}}=\underset{\theta}{\operatorname{argmax}}\, p(\boldsymbol{x}|\theta) \quad 或 \quad \hat{\theta}_{\mathrm{ml}}=\underset{\theta}{\operatorname{argmax}} \ln p(\boldsymbol{x}\mid\theta) \tag{3-124}$$

下面以两个例子说明最大似然准则的应用。

**例 3-7** 设实随机变量满足以下分布:$x \propto N(0,\sigma^2)$,有 $N$ 次独立观测 $x_0,\cdots,x_{N-1}$,求 $\sigma^2$ 的最大似然估计。

**解** 单变量似然函数为

$$p(x\mid\sigma^2)=\left(\frac{1}{2\pi\sigma^2}\right)^{\frac{1}{2}}\exp\left(-\frac{x^2}{2\sigma^2}\right) \tag{3-125}$$

多变量联合似然函数为

$$p(\boldsymbol{x}\mid\sigma^2)=\left(\frac{1}{2\pi\sigma^2}\right)^{\frac{N}{2}}\exp\left(-\frac{1}{2\sigma^2}\sum_{n=0}^{N-1}x_n^2\right) \tag{3-126}$$

对数联合似然函数为

$$\ln p(\boldsymbol{x} \mid \sigma^2) = -\frac{N}{2}\ln(2\pi\sigma^2) - \frac{1}{2\sigma^2}\sum_{n=0}^{N-1} x_n^2 \tag{3-127}$$

令

$$\frac{\partial \ln p(\boldsymbol{x} \mid \sigma^2)}{\partial \sigma^2} = 0 \tag{3-128}$$

得到估计结果为

$$\hat{\sigma}_{\mathrm{ml}}^2 = \frac{1}{N}\sum_{n=0}^{N-1} x_n^2 \tag{3-129}$$

很容易验证

$$\left.\frac{\partial^2 \ln p(\boldsymbol{x} \mid \sigma^2)}{\partial (\sigma^2)^2}\right|_{\sigma^2 = \frac{1}{N}\sum_{n=0}^{N-1} x_n^2} < 0 \tag{3-130}$$

所以式(3-129)求得的是最大值。

**例 3-8** 假定观测序列为

$$x_n = A\cos(2\pi f_0 n + \phi) + w_n, \quad n = 0,1,\cdots,N-1 \tag{3-131}$$

幅度 $A$ 和频率 $f_0$ 是已知的，$w_n$ 是零均值高斯白噪声序列，方差为 $\sigma^2$，求相位 $\phi$ 的最大似然估计。

**解** 似然函数为

$$p(\boldsymbol{x} \mid \phi) = \frac{1}{(2\pi\sigma^2)^{\frac{N}{2}}}\exp\left\{-\frac{1}{2\sigma^2}\sum_{n=0}^{N-1}[x_n - A\cos(2\pi f_0 n + \phi)]^2\right\} \tag{3-132}$$

对数似然函数及其导数为

$$\ln p(\boldsymbol{x} \mid \phi) = -\frac{N}{2}\ln(2\pi\sigma^2) - \frac{1}{2\sigma^2}\sum_{n=0}^{N-1}[x_n - A\cos(2\pi f_0 n + \phi)]^2 \tag{3-133}$$

$$\frac{\partial \ln p(\boldsymbol{x} \mid \phi)}{\partial \phi} = -\frac{1}{\sigma^2}\sum_{n=0}^{N-1}[x_n - A\cos(2\pi f_0 n + \phi)]A\sin(2\pi f_0 n + \phi) \tag{3-134}$$

令式(3-134)等于零，可得

$$\begin{aligned}\sum_{n=0}^{N-1} x_n \sin(2\pi f_0 n + \hat{\phi}_{\mathrm{ml}}) &= A\sum_{n=0}^{N-1}\cos(2\pi f_0 n + \hat{\phi}_{\mathrm{ml}})\sin(2\pi f_0 n + \hat{\phi}_{\mathrm{ml}}) \\ &= 2A\sum_{n=0}^{N-1}\sin(4\pi f_0 n + 2\hat{\phi}_{\mathrm{ml}})\end{aligned} \tag{3-135}$$

当 $f_0$ 不在 0 或 1/2 附近时，式(3-135)右边是周期序列求和，当 $N$ 足够大时，可认为其值近似为零。因此，最大似然估计近似满足

$$\sum_{n=0}^{N-1} x_n \sin(2\pi f_0 n + \hat{\phi}_{\mathrm{ml}}) = 0 \tag{3-136}$$

展开式(3-136)，得

$$\sum_{n=0}^{N-1} x_n \sin 2\pi f_0 n \cos\hat{\phi}_{\mathrm{ml}} = -\sum_{n=0}^{N-1} x_n \cos 2\pi f_0 n \sin\hat{\phi}_{\mathrm{ml}} \tag{3-137}$$

$$\hat{\phi}_{\mathrm{ml}}=-\arctan\frac{\sum_{n=0}^{N-1}x_n\sin2\pi f_0 n}{\sum_{n=0}^{N-1}x_n\cos2\pi f_0 n}\tag{3-138}$$

前面讨论的是单参量的最大似然估计问题，在实际中经常需要同时估计多个参量，例如，在雷达信号的处理中，当检测到目标后，需要同时估计目标的位置、速度等参量，这样的问题称为多参量同时估计，或称为向量估计。式(3-124)所描述的最大似然估计很容易推广到向量估计的情形。

考虑实参数估计问题，设有 $p$ 个参量 $\theta_0,\theta_1,\cdots,\theta_{p-1}$ 需要同时估计，定义一个 $p$ 维向量$\boldsymbol{\theta}=[\theta_0,\theta_1,\cdots,\theta_{p-1}]^{\mathrm{T}}$，那么最大似然估计定义为

$$\hat{\boldsymbol{\theta}}_{\mathrm{ml}}=\underset{\boldsymbol{\theta}}{\operatorname{argmax}}\ p(\boldsymbol{x}\mid\boldsymbol{\theta})\quad 或者\quad \hat{\boldsymbol{\theta}}_{\mathrm{ml}}=\underset{\boldsymbol{\theta}}{\operatorname{argmax}}\ \ln p(\boldsymbol{x}\mid\boldsymbol{\theta})\tag{3-139}$$

类似地，最大似然估计的必要条件是

$$\left.\frac{\partial p(\boldsymbol{x}\mid\boldsymbol{\theta})}{\partial\boldsymbol{\theta}}\right|_{\boldsymbol{\theta}=\hat{\boldsymbol{\theta}}_{\mathrm{ml}}}=0\quad 或者\quad \left.\frac{\partial\ln p(\boldsymbol{x}\mid\boldsymbol{\theta})}{\partial\boldsymbol{\theta}}\right|_{\boldsymbol{\theta}=\hat{\boldsymbol{\theta}}_{\mathrm{ml}}}=0\tag{3-140}$$

**例 3-9** 设有 $N$ 次独立观测 $x_n=A+w_n$，其中 $w_n\propto N(0,\sigma^2)$，$A$、$\sigma^2$ 均未知，求 $A$、$\sigma^2$ 的最大似然估计。

**解** 令$\boldsymbol{\theta}=[A\quad\sigma^2]^{\mathrm{T}}$，则

$$p(\boldsymbol{x}\mid\boldsymbol{\theta})=\left(\frac{1}{2\pi\sigma^2}\right)^{\frac{N}{2}}\exp\left[-\frac{1}{2\sigma^2}\sum_{n=0}^{N-1}(x_n-A)^2\right]\tag{3-141}$$

$$\ln p(\boldsymbol{x}\mid\boldsymbol{\theta})=-\frac{N}{2}\ln(2\pi\sigma^2)-\frac{1}{2\sigma^2}\sum_{n=0}^{N-1}(x_n-A)^2\tag{3-142}$$

$$\frac{\partial\ln p(\boldsymbol{x}\mid\boldsymbol{\theta})}{\partial\boldsymbol{\theta}}=\begin{bmatrix}\dfrac{N}{\sigma^2}\left(\dfrac{1}{N}\sum_{n=0}^{N-1}x_n-A\right)\\ -\dfrac{N}{2\sigma^4}\left[\sigma^2-\dfrac{1}{N}\sum_{n=0}^{N-1}(x_n-A)^2\right]\end{bmatrix}\tag{3-143}$$

令$\left.\dfrac{\partial\ln p(\boldsymbol{x}|\boldsymbol{\theta})}{\partial\boldsymbol{\theta}}\right|_{\boldsymbol{\theta}=\hat{\boldsymbol{\theta}}_{ml}}=0$，可求得最大似然估计为

$$\hat{\boldsymbol{\theta}}_{\mathrm{ml}}=\begin{bmatrix}\hat{A}_{\mathrm{ml}}\\ \hat{\sigma}^2_{\mathrm{ml}}\end{bmatrix}=\begin{bmatrix}\bar{x}\\ \dfrac{1}{N}\sum_{n=0}^{N-1}(x_n-\bar{x})^2\end{bmatrix}\tag{3-144}$$

其中，$\bar{x}$ 表示样本的直接平均，定义为

$$\bar{x}=\frac{1}{N}\sum_{n=0}^{N-1}x_n\tag{3-145}$$

以下例子给出更一般化线性估计模型中的最大似然估计算法。

**例 3-10** 假定待估计向量为$\boldsymbol{\theta}=[\theta_0,\theta_1,\cdots,\theta_{p-1}]^{\mathrm{T}}$，观测数据 $\boldsymbol{x}=[x_0,x_1,\cdots,x_{N-1}]^{\mathrm{T}}$，有如下的线性模型表示

$$\boldsymbol{x}=\boldsymbol{H\theta}+\boldsymbol{w}\tag{3-146}$$

其中，$\boldsymbol{H}$ 是 $N\times p$ 的矩阵，且 $N>p$，$\boldsymbol{H}$ 的秩为 $p$，$\boldsymbol{w}$ 是多维高斯噪声，其概率模型为 $\boldsymbol{w}\propto N(0,\boldsymbol{C})$，其中 $\boldsymbol{C}$ 为 $\boldsymbol{w}$ 的协方差矩阵。求 $\boldsymbol{\theta}$ 的最大似然估计。

**解** 由式(2-91)得似然函数为

$$p(\boldsymbol{x}\mid\boldsymbol{\theta})=\frac{1}{(2\pi)^{\frac{N}{2}}[\det(C)]^{\frac{1}{2}}}\exp\left[-\frac{1}{2}(\boldsymbol{x}-\boldsymbol{H}\boldsymbol{\theta})^{\mathrm{T}}\boldsymbol{C}^{-1}(\boldsymbol{x}-\boldsymbol{H}\boldsymbol{\theta})\right] \tag{3-147}$$

要使似然函数最大，只需使式(3-148)的表达式最小

$$J(\boldsymbol{\theta})=(\boldsymbol{x}-\boldsymbol{H}\boldsymbol{\theta})^{\mathrm{T}}\boldsymbol{C}^{-1}(\boldsymbol{x}-\boldsymbol{H}\boldsymbol{\theta}) \tag{3-148}$$

基于式(3-73)、式(3-74)，并利用协方差矩阵的对称性，将式(3-148)对 $\boldsymbol{\theta}$ 求导

$$\frac{\partial J(\boldsymbol{\theta})}{\partial\boldsymbol{\theta}}=-2\boldsymbol{H}^{\mathrm{T}}\boldsymbol{C}^{-1}(\boldsymbol{x}-\boldsymbol{H}\boldsymbol{\theta}) \tag{3-149}$$

令导数等于零，可求得最大似然估计，即

$$\boldsymbol{H}^{\mathrm{T}}\boldsymbol{C}^{-1}(\boldsymbol{x}-\boldsymbol{H}\hat{\boldsymbol{\theta}}_{\mathrm{ml}})=0 \tag{3-150}$$

解式(3-150)的方程式得最大似然估计为

$$\hat{\boldsymbol{\theta}}_{\mathrm{ml}}=(\boldsymbol{H}^{\mathrm{T}}\boldsymbol{C}^{-1}\boldsymbol{H})^{-1}\boldsymbol{H}^{\mathrm{T}}\boldsymbol{C}^{-1}\boldsymbol{x} \tag{3-151}$$

由式(3-151)可以看出，线性观测模型的最大似然估计是观测结果的线性函数，计算简单，因此在噪声协方差矩阵已知情况下是常用的估计算法。

## 3.4.2 变换参数的最大似然估计

在许多情况下，希望得到估计参量 $\boldsymbol{\theta}$ 的一个函数，例如 $\alpha=T(\boldsymbol{\theta})$，如果利用最大似然准则求得 $\hat{\boldsymbol{\theta}}$，如何进一步求解 $\hat{\alpha}$？下面通过几个例子说明变换参数的最大似然估计的求法。

**例 3-11** 设有 $N$ 次独立观测 $x_n=A+w_n$，$n=0,1,\cdots,N-1$。其中，$w_n\propto N(0,\sigma^2)$，$A$ 为未知参数，$\sigma^2$ 为已知，求 $\alpha=\mathrm{e}^A$ 的最大似然估计。

**解** $\alpha$ 的似然函数及其导数为

$$p(\boldsymbol{x}\mid\alpha)=\left(\frac{1}{2\pi\sigma^2}\right)^{\frac{N}{2}}\exp\left[-\frac{1}{2\sigma^2}\sum_{n=0}^{N-1}(x_n-\ln\alpha)^2\right] \tag{3-152}$$

$$\frac{\partial\ln p(\boldsymbol{x}\mid\alpha)}{\partial\alpha}=\frac{1}{\alpha\sigma^2}\sum_{n=0}^{N-1}(x_n-\ln\alpha)=\frac{N}{\alpha\sigma^2}\left(\frac{1}{N}\sum_{n=0}^{N-1}x_n-\ln\alpha\right) \tag{3-153}$$

令式(3-153)等于零，可解得

$$\hat{\alpha}_{\mathrm{ml}}=\exp\left(\frac{1}{N}\sum_{i=0}^{N-1}x_i\right)=\exp(\bar{x}) \tag{3-154}$$

由于 $\bar{x}$ 刚好是 $A$ 的最大似然估计，所以

$$\hat{\alpha}_{\mathrm{ml}}=\exp(\hat{A}_{\mathrm{ml}}) \tag{3-155}$$

可见，$\alpha$ 的最大似然估计只需要用 $A$ 的最大似然估计代入变换式 $\alpha=\mathrm{e}^A$ 中就可以求得。因此，如果变换 $\alpha=T(\theta)$ 是一一对应的，那么变换参数后的最大似然估计可以直接由式(3-156)得到。

$$\hat{\alpha}_{\mathrm{ml}}=T(\hat{\theta}_{\mathrm{ml}}) \tag{3-156}$$

这一特性称为最大似然估计的不变性。

如果变换 $\alpha=T(\theta)$不是一一对应的，则不能简单地应用式(3-156)。下面通过一个例子加以说明。

**例 3-12** 在例 3-11 中，假定要求的估计为 $\alpha=A^2$，求 $\alpha$ 的最大似然估计。

**解** 由于 $A=\pm\sqrt{\alpha}$，所以本例的变换不是一一对应的，似然函数 $p(\boldsymbol{x}|\alpha)$需要两个概率密度描述

$$p_1(\boldsymbol{x} \mid \alpha)=\left(\frac{1}{2\pi\sigma^2}\right)^{\frac{N}{2}}\exp\left[-\frac{1}{2\sigma^2}\sum_{n=0}^{N-1}(x_n-\sqrt{\alpha})^2\right],\quad A\geqslant 0 \tag{3-157}$$

$$p_2(\boldsymbol{x} \mid \alpha)=\left(\frac{1}{2\pi\sigma^2}\right)^{\frac{N}{2}}\exp\left[-\frac{1}{2\sigma^2}\sum_{n=0}^{N-1}(x_n+\sqrt{\alpha})^2\right],\quad A<0 \tag{3-158}$$

那么，最大似然估计为

$$\hat{\alpha}_{\text{ml}}=\underset{\alpha}{\operatorname{argmax}}\{p_1(\boldsymbol{x} \mid \alpha),p_2(\boldsymbol{x} \mid \alpha)\} \tag{3-159}$$

式(3-159)的计算可以分为两步进行。

(1) 给定一个 $\alpha$ 值，如 $\alpha=\alpha_0$，比较 $p_1(\boldsymbol{x}|\alpha_0)$和 $p_2(\boldsymbol{x}|\alpha_0)$的大小，如果

$$p_1(\boldsymbol{x} \mid \alpha_0)\geqslant p_2(\boldsymbol{x} \mid \alpha_0) \tag{3-160}$$

则 $p_T(\boldsymbol{x}|\alpha_0)=p_1(\boldsymbol{x}|\alpha_0)$，对所有 $\alpha$ 的取值重复以上过程，得到 $p_T(\boldsymbol{x}|\alpha)$，称 $p_T(\boldsymbol{x}|\alpha)$为修正的似然函数。

(2) 求出使 $p_T(\boldsymbol{x}|\alpha)$最大的 $\alpha$ 值作为 $\alpha$ 的最大似然估计，即

$$\hat{\alpha}_{\text{ml}}=\underset{\alpha}{\operatorname{argmax}}\,p_T(\boldsymbol{x} \mid \alpha) \tag{3-161}$$

对于本例，要比较 $p_1(\boldsymbol{x}|\alpha_0)$和 $p_2(\boldsymbol{x}|\alpha_0)$的大小，只需要比较 $\sum\limits_{n=0}^{N-1}(x_n-\sqrt{\alpha})^2$ 和 $\sum\limits_{n=0}^{N-1}(x_n+\sqrt{\alpha})^2$ 的大小，令

$$J(\boldsymbol{x},\alpha)=\sum_{n=0}^{N-1}(x_n-\sqrt{\alpha})^2-\sum_{n=0}^{N-1}(x_n+\sqrt{\alpha})^2 \tag{3-162}$$

式(3-162)经整理得

$$J(\boldsymbol{x},\alpha)=-4\sum_{n=0}^{N-1}x_n\sqrt{\alpha}=-4N\sqrt{\alpha}\,\bar{x} \tag{3-163}$$

可见，如果 $\bar{x}\geqslant 0$，则 $J(\boldsymbol{x},\alpha)<0$，$p_1(\boldsymbol{x}|\alpha_0)\geqslant p_2(\boldsymbol{x}|\alpha_0)$；如果 $\bar{x}<0$，则 $J(\boldsymbol{x},\alpha)>0$，$p_2(\boldsymbol{x}|\alpha_0)>p_1(\boldsymbol{x}|\alpha_0)$，所以修正的似然函数为

$$p_T(\boldsymbol{x} \mid \alpha)=\begin{cases}p_1(\boldsymbol{x} \mid \alpha), & \bar{x}\geqslant 0\\ p_2(\boldsymbol{x} \mid \alpha), & \bar{x}<0\end{cases} \tag{3-164}$$

当 $\bar{x}\geqslant 0$ 时，由 $p_T(\boldsymbol{x}|\alpha)=p_1(\boldsymbol{x}|\alpha)$可求得 $\hat{\alpha}_{\text{ml}}=\bar{x}^2$；当 $\bar{x}<0$ 时，同样由 $p_T(\boldsymbol{x}|\alpha)=p_2(\boldsymbol{x}|\alpha)$可求得 $\hat{\alpha}_{\text{ml}}=\bar{x}^2$。综合两种情况可得

$$\hat{\alpha}_{\text{ml}}=\bar{x}^2 \tag{3-165}$$

需要注意的是，如果将 $A$ 的原始估计 $\hat{A}_{\text{ml}}=\bar{x}$ 直接代入变换式 $\alpha=A^2$ 中，也可以得到式(3-165)，但这只是一种巧合。参数变换如果不是一一对应的，那么变换后参数的最大似

然估计不能简单地通过代入变换式得到。

## 3.5 贝叶斯估计

最大似然估计没有假定被估计量的先验信息，把待估计量看成一个常量。实际环境中待估计量可能是一个随机变量，并且概率密度已知。这时最大似然方法依然可用，但未能充分利用待估计量的信息。这一节介绍贝叶斯估计，它是一类能充分利用待估计量概率信息的估计方法。本节只考虑实参数的估计。

### 3.5.1 代价函数

在估计某个参量 $\theta$ 时，噪声的影响会使估计产生误差，估计误差是要付出代价的，这种代价可以用代价函数加以描述，记为 $c(\theta,\hat{\theta})$。一般而言，估计误差 $\Delta\theta=\theta-\hat{\theta}$ 越小，代价越小。代价函数可表示为 $c(\theta,\hat{\theta})$、$c(\theta-\hat{\theta})$或 $c(\Delta\theta)$，典型的代价函数有以下几种。

(1) 平方代价函数

$$c(\theta,\hat{\theta})=(\theta-\hat{\theta})^2 \tag{3-166}$$

(2) 绝对值代价函数

$$c(\theta,\hat{\theta})=|\theta-\hat{\theta}| \tag{3-167}$$

(3) 均匀代价函数

$$c(\theta,\hat{\theta})=\begin{cases}1, & |\theta-\hat{\theta}|\geqslant\dfrac{\varepsilon}{2}\\ 0, & |\theta-\hat{\theta}|<\dfrac{\varepsilon}{2}\end{cases}\quad(\varepsilon\text{ 为一常数}) \tag{3-168}$$

(4) 二次型代价函数

如果被估计量是 $p$ 维随机向量，令误差向量为 $\Delta\boldsymbol{\theta}=\boldsymbol{\theta}-\hat{\boldsymbol{\theta}}$，则二次型代价函数定义为

$$c(\boldsymbol{\theta},\hat{\boldsymbol{\theta}})=\|\Delta\boldsymbol{\theta}\|_{\boldsymbol{S}}^2=(\boldsymbol{\theta}-\hat{\boldsymbol{\theta}})^{\mathrm{T}}\boldsymbol{S}(\boldsymbol{\theta}-\hat{\boldsymbol{\theta}}) \tag{3-169}$$

式中，$\|\Delta\boldsymbol{\theta}\|$ 为误差向量的范数，$\boldsymbol{S}$ 为 $p\times p$ 维的对称非负定的加权矩阵。二次型代价函数实际上是估计误差的加权平方和，当 $\boldsymbol{S}$ 为单位矩阵时，二次型代价函数是估计误差的平方和。

代价函数也可以考虑其他函数，但实际上，最佳估计对代价函数的选择并不敏感。不失一般性，以下考虑单变量，代价函数确定后，可以计算平均代价

$$\bar{c}=E\{c(\theta,\hat{\theta}(x))\}=\int_{-\infty}^{\infty}\int_{-\infty}^{\infty}c(\theta,\hat{\theta}(x))p(\theta,x)\mathrm{d}\theta\mathrm{d}x \tag{3-170}$$

式(3-170)中用 $\hat{\theta}(x)$代替 $\hat{\theta}$，强调 $\hat{\theta}$ 是从 $x$ 计算得到，存在函数依赖关系。所谓贝叶斯估计就是使平均代价最小的估计。式(3-170)可以写成

$$\bar{c}=\int_{-\infty}^{\infty}\left[\int_{-\infty}^{\infty}c(\theta,\hat{\theta}(x))p(\theta\mid x)\mathrm{d}\theta\right]p(x)\mathrm{d}x=\int_{-\infty}^{\infty}\bar{c}(\theta\mid x)p(x)\mathrm{d}x \tag{3-171}$$

实际应用中 $p(x)$可能是未知的或有复杂的表达式。在一次观测中，如果观测结果为 $x$，则可认为其对应较大的概率。同时由于 $p(x)$是非负的，所以使平均代价最小近似等价于使条件平均代价 $\bar{c}(\theta|x)$最小，也就是使

$$\bar{c}(\theta \mid x)=\int_{-\infty}^{\infty} c(\theta,\hat{\theta}(x)) p(\theta \mid x) \mathrm{d}\theta \tag{3-172}$$

最小。贝叶斯估计与代价函数的选取有关,使用不同的代价函数将得到不同的贝叶斯估计。

## 3.5.2 最小均方误差估计

当代价函数为平方代价函数时,平均代价刚好等于估计误差的均方值。先考虑单个参数的估计问题,有

$$\bar{c}=\int_{-\infty}^{\infty}\int_{-\infty}^{\infty}[\theta-\hat{\theta}(x)]^2 p(\theta,x)\mathrm{d}\theta \mathrm{d}x=E\{[\theta-\hat{\theta}(x)]^2\} \tag{3-173}$$

使平均代价最小等价于使均方误差最小,这时的贝叶斯估计称为最小均方误差估计,记为 $\hat{\theta}_{\mathrm{ms}}$。

把平方代价函数代入式(3-172)中,得

$$\bar{c}(\theta \mid x)=\int_{-\infty}^{\infty}[\theta-\hat{\theta}(x)]^2 p(\theta \mid x)\mathrm{d}\theta \tag{3-174}$$

在式(3-174)两边对 $\hat{\theta}$ 求导,得

$$\frac{\partial \bar{c}(\theta \mid x)}{\partial \hat{\theta}}=-2\int_{-\infty}^{\infty}[\theta-\hat{\theta}(x)] p(\theta \mid x)\mathrm{d}\theta \tag{3-175}$$

并令导数在 $\hat{\theta}=\hat{\theta}_{\mathrm{ms}}$ 处为零,得

$$\hat{\theta}_{\mathrm{ms}}=\int_{-\infty}^{\infty}\theta p(\theta \mid x)\mathrm{d}\theta=E(\theta \mid x) \tag{3-176}$$

由于条件平均代价对 $\hat{\theta}$ 的二阶导数为正,因此 $\hat{\theta}_{\mathrm{ms}}$ 所对应的条件平均代价为极小值,即 $\hat{\theta}_{\mathrm{ms}}$ 为最小均方估计。由式(3-176)可以看出,最小均方误差估计为被估计量 $\theta$ 的条件均值。

如果被估计量为向量$\boldsymbol{\theta}=[\theta_0,\theta_1,\cdots,\theta_{p-1}]^{\mathrm{T}}$,将二次型代价函数代入式(3-170),得

$$\begin{aligned}\bar{c}&=\int_{-\infty}^{\infty}\int_{-\infty}^{\infty}[\boldsymbol{\theta}-\hat{\boldsymbol{\theta}}(x)]^{\mathrm{T}}\boldsymbol{S}[\boldsymbol{\theta}-\hat{\boldsymbol{\theta}}(x)]p(\boldsymbol{\theta},x)\mathrm{d}\boldsymbol{\theta}\mathrm{d}x\\&=E\{[\boldsymbol{\theta}-\hat{\boldsymbol{\theta}}(x)]^{\mathrm{T}}\boldsymbol{S}[\boldsymbol{\theta}-\hat{\boldsymbol{\theta}}(x)]\}\end{aligned} \tag{3-177}$$

将二次型代价函数代入式(3-172),得

$$\bar{c}(\boldsymbol{\theta} \mid x)=\int_{-\infty}^{\infty}[\boldsymbol{\theta}-\hat{\boldsymbol{\theta}}(x)]^{\mathrm{T}}\boldsymbol{S}[\boldsymbol{\theta}-\hat{\boldsymbol{\theta}}(x)]p(\boldsymbol{\theta} \mid x)\mathrm{d}\boldsymbol{\theta} \tag{3-178}$$

对$\hat{\boldsymbol{\theta}}(x)$求导并令导数在$\hat{\boldsymbol{\theta}}=\hat{\boldsymbol{\theta}}_{\mathrm{ms}}$ 处为零,得

$$-\int_{-\infty}^{\infty}2\boldsymbol{S}[\boldsymbol{\theta}-\hat{\boldsymbol{\theta}}(x)]p(\boldsymbol{\theta} \mid x)\mathrm{d}\boldsymbol{\theta}=0 \tag{3-179}$$

求解可得

$$\hat{\boldsymbol{\theta}}_{\mathrm{ms}}=\int_{-\infty}^{\infty}\boldsymbol{\theta} p(\boldsymbol{\theta} \mid x)\mathrm{d}\boldsymbol{\theta}=E(\boldsymbol{\theta} \mid x) \tag{3-180}$$

由于$\dfrac{\partial^2 \bar{c}(\boldsymbol{\theta} \mid x)}{\partial\hat{\boldsymbol{\theta}}\partial\hat{\boldsymbol{\theta}}^{\mathrm{T}}}=2\boldsymbol{S}$,所以式(3-180)求得的是极小值,$\hat{\boldsymbol{\theta}}_{\mathrm{ms}}$ 称为最小均方误差估计。

## 3.5.3 条件中位数估计

当代价函数为绝对值代价函数时,条件平均代价为(考虑单变量情况)

$$\bar{c}(\theta \mid x)=\int_{-\infty}^{\infty}|\theta-\hat{\theta}(x)| p(\theta \mid x) \mathrm{d} \theta$$
$$=\int_{-\infty}^{\hat{\theta}(x)}[\hat{\theta}(x)-\theta] p(\theta \mid x) \mathrm{d} \theta+\int_{\hat{\theta}(x)}^{\infty}[\theta-\hat{\theta}(x)] p(\theta \mid x) \mathrm{d} \theta \quad (3\text{-}181)$$

在式(3-181)两边对 $\hat{\theta}$ 求导,并令导数在 $\hat{\theta}=\hat{\theta}_{\text{abs}}$ 处为零,得

$$\int_{-\infty}^{\hat{\theta}_{\text{abs}}} p(\theta \mid x) \mathrm{d} \theta=\int_{\hat{\theta}_{\text{abs}}}^{\infty} p(\theta \mid x) \mathrm{d} \theta \quad (3\text{-}182)$$

由式(3-182)可以看出,采用绝对值代价函数的贝叶斯估计 $\hat{\theta}_{\text{abs}}$ 刚好是条件概率密度 $p(\theta|x)$ 的中位数(Median),所以也称为条件中位数估计,记为 $\hat{\theta}_{\text{med}}$。

### 3.5.4 最大后验概率估计

当采用均匀代价函数时,条件平均代价为

$$\bar{c}=c(\theta \mid x)=\int_{-\infty}^{\hat{\theta}-\frac{\Delta}{2}} p(\theta \mid x) \mathrm{d} \theta+\int_{\hat{\theta}+\frac{\Delta}{2}}^{\infty} p(\theta \mid x) \mathrm{d} \theta$$
$$=1-\int_{\hat{\theta}-\frac{\Delta}{2}}^{\hat{\theta}+\frac{\Delta}{2}} p(\theta \mid x) \mathrm{d} \theta \quad (3\text{-}183)$$

很显然,当式(3-183)中后面的积分最大时,平均代价最小。要使所述积分达到最大,当 $p(\theta|x)$ 具有类似于高斯分布的特征时,$\hat{\theta}$ 可选为 $p(\theta|x)$ 的最大值所对应的 $\theta$(如图 3-2(a)所示),这时对应的贝叶斯估计就是最大后验概率(Maximum A Posteriori,MAP)估计,记为 $\hat{\theta}_{\text{map}}$。但是,当 $p(\theta|x)$ 不具备上述特征时,MAP 不能得到最优的估计。如图 3-2(b)所示,$p(\theta|x)$ 具有指数分布的特征,这时 $\hat{\theta}_{\text{map}}$ 显然不是合理的选择。

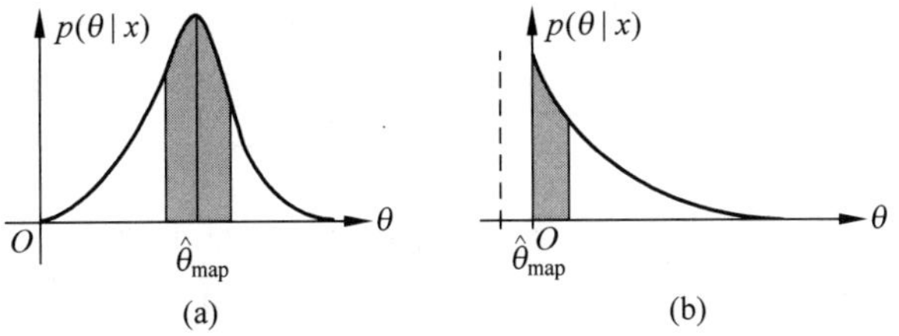


图 3-2 θ条件概率的不同形式

高斯信号是实际应用中最常见的信号,再加上 MAP 估计思路直观,实现也比较简便,MAP 估计成为一种重要的参数估计准则。

下面进一步讨论最大后验概率估计与最大似然估计的联系。最大后验概率估计的数学描述为

$$\hat{\theta}_{\text{map}}=\underset{\theta}{\operatorname{argmax}}\, p(\theta \mid x) \quad \text{或} \quad \hat{\theta}_{\text{map}}=\underset{\theta}{\operatorname{argmax}} \ln p(\theta \mid x) \quad (3\text{-}184)$$

由于

$$p(\theta \mid x)=\frac{p(x \mid \theta) p(\theta)}{p(x)} \quad (3\text{-}185)$$

当难以得到 $p(x)$ 的表达式时,对于当前样本,认为 $p(x)$ 有固定值,这时后验概率密度最大和使 $p(x|\theta)p(\theta)$ 最大近似相同,因此,最大后验概率估计为

$$\hat{\theta}_{map}=\underset{\theta}{\arg\max}\, p(x \mid \theta)p(\theta) \quad 或\ \hat{\theta}_{map}=\underset{\theta}{\arg\max}[\ln p(x \mid \theta)+\ln p(\theta)] \tag{3-186}$$

式(3-186)直观给出了最大后验概率估计和最大似然估计的联系,可以看到最大后验概率估计实际上是在最大似然估计的基础上利用待估计参数的先验知识进行修正。当后验概率密度是可导的函数时,最大后验概率估计的必要条件是

$$\left.\frac{\partial p(\theta \mid x)}{\partial \theta}\right|_{\theta=\hat{\theta}_{map}}=0 \quad 或 \quad \left.\frac{\partial \ln p(\theta \mid x)}{\partial \theta}\right|_{\theta=\hat{\theta}_{map}}=0 \tag{3-187}$$

式(3-187)称为最大后验概率方程。

式(3-187)所描述的最大后验概率估计很容易推广到向量估计的情形。假定待估计量为 $p$ 维向量$\boldsymbol{\theta}=[\theta_0,\theta_1,\cdots,\theta_{p-1}]^{\mathrm{T}}$,后验概率密度为 $p(\theta|x)$,那么向量最大后验概率估计为

$$\hat{\boldsymbol{\theta}}_{map}=\underset{\theta}{\arg\max}\, p(\boldsymbol{\theta} \mid x) \quad 或 \quad \hat{\boldsymbol{\theta}}_{map}=\underset{\theta}{\arg\max}\ln p(\boldsymbol{\theta} \mid x) \tag{3-188}$$

### 3.5.5 贝叶斯估计举例

**例 3-13** 设观测信号模型为 $x=A+w$,其中被估计量 $A$ 在$[-A_0,A_0]$上均匀分布,测量噪声 $w \propto N(0,\sigma^2)$,求 $A$ 的最大后验概率估计和最小均方误差估计。

**解** 先求最大后验概率估计,因为只有一个观测值,得到条件概率为

$$p(x \mid A)=\frac{1}{\sqrt{2\pi}\sigma}\exp\left[-\frac{(x-A)^2}{2\sigma^2}\right]$$

$$p(A)=\begin{cases}\dfrac{1}{2A_0}, & -A_0 \leqslant A \leqslant A_0 \\ 0, & |A|>A_0\end{cases} \tag{3-189}$$

根据贝叶斯公式

$$p(A \mid x)=\frac{p(x \mid A)p(A)}{p(x)} \tag{3-190}$$

这时难以得到 $p(x)$的表达式,用式(3-191)进行最大后验概率估计

$$A_{map}=\underset{A}{\arg\max}[p(x \mid A)p(A)] \tag{3-191}$$

当$-A_0 \leqslant x \leqslant A_0$ 时,$p(x|A)p(A)$的最大值出现在 $A=x$ 处,所以,$\hat{A}_{map}=x$;当 $x>A_0$ 时,$p(x|A)p(A)$的最大值出现在 $A=A_0$ 处,$\hat{A}_{map}=A_0$;当 $x<-A_0$ 时,$p(x|A)p(A)$的最大值出现在 $A=-A_0$ 处,$\hat{A}_{map}=-A_0$,即

$$\hat{A}_{map}=\begin{cases}-A_0, & x<-A_0 \\ x, & -A_0 \leqslant x \leqslant A_0 \\ A_0, & x>A_0\end{cases} \tag{3-192}$$

易证最大似然估计的结果为 $\hat{A}_{ml}=x$。$A$ 满足在$[-A_0,A_0]$上均匀分布的假设下,显然最大后验概率估计的结果更合理。图 3-3 给出了不同噪声强度下 MAP 和 ML 估计的均方误差性能比较,可见在高噪声强度下,MAP 估计性能明显优于 ML 估计。在实际应用中,如果能获得被估计参数的先验概率信息,可改善估计结果。

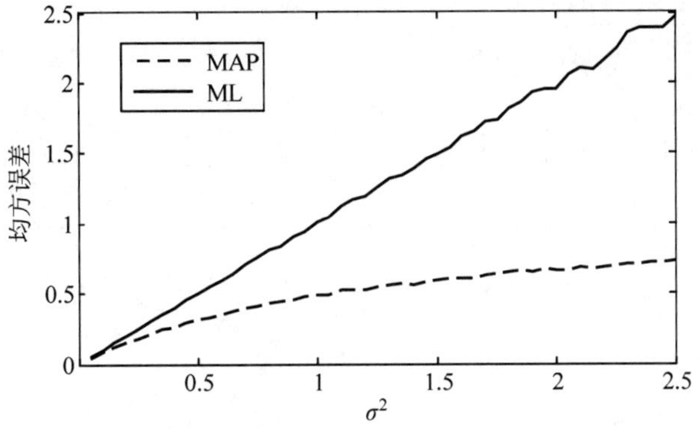


图 3-3　不同噪声强度下 MAP 和 ML 估计性能比较

下面求最小均方误差估计，由式(3-176)，得

$$
\begin{aligned}
\hat{A}_{\mathrm{ms}} &= \int_{-\infty}^{\infty} A p(A \mid x)\mathrm{d}A \\
&= \int_{-\infty}^{\infty} A \frac{p(x \mid A)p(A)}{p(x)}\mathrm{d}A \\
&= \frac{\int_{-\infty}^{\infty} A p(x \mid A)p(A)\mathrm{d}A}{\int_{-\infty}^{\infty} p(x \mid A)p(A)\mathrm{d}A} \\
&= \frac{\int_{-A_0}^{A_0} \frac{A}{\sqrt{2\pi}\sigma}\exp\left[-\frac{(x-A)^2}{2\sigma^2}\right]\cdot\frac{1}{2A_0}\mathrm{d}A}{\int_{-A_0}^{A_0} \frac{1}{\sqrt{2\pi}\sigma}\exp\left[-\frac{(x-A)^2}{2\sigma^2}\right]\cdot\frac{1}{2A_0}\mathrm{d}A} \\
&= \frac{\int_{x-A_0}^{x+A_0}(x-u)\cdot\exp\left(-\frac{u^2}{2\sigma^2}\right)\mathrm{d}u}{\int_{x-A_0}^{x+A_0}\exp\left(-\frac{u^2}{2\sigma^2}\right)\mathrm{d}u} \\
&= x - \frac{2\sigma^2\int_{(z-a)/\sqrt{2}}^{(z+a)/\sqrt{2}} u\cdot\exp(-u^2)\mathrm{d}u}{\sigma\int_{z-a}^{z+a}\exp(-u^2/2)\mathrm{d}u} \\
&= x - \frac{\sigma\{\exp[-(z-a)^2/2]-\exp[-(z+a)^2/2]\}}{\sqrt{2\pi}[Q(z-a)-Q(z+a)]}
\end{aligned}
\tag{3-193}
$$

式中，$a=A_0/\sigma$，$z=x/\sigma$ 表示归一化观测值，$Q(\cdot)$为标准正态概率密度函数的概率右尾函数，如式(3-194)所示。

$$
Q(v)=\frac{1}{\sqrt{2\pi}}\int_{v}^{+\infty}\exp(-x^2)\mathrm{d}x \tag{3-194}
$$

**例 3-14**　设信号有 $N$ 次独立观测模型 $x_n=A+w_n(n=0,1,\cdots,N-1)$，其中 $w_n \propto N(0,\sigma^2)$，$A \propto N(\mu_A,\sigma_A^2)$，求 $A$ 的最大后验概率估计和最小均方误差估计。

**解**　先求后验概率密度

$$
\begin{aligned}
p(A \mid \boldsymbol{x}) &= \frac{p(\boldsymbol{x} \mid A)p(A)}{\int_{-\infty}^{\infty} p(\boldsymbol{x} \mid A)p(A)\mathrm{d}A} \\
&= \frac{\frac{1}{(2\pi\sigma^2)^{\frac{N}{2}}}\exp\left[-\frac{1}{2\sigma^2}\sum_{n=0}^{N-1}(x_n - A)^2\right]\frac{1}{\sqrt{2\pi\sigma_A^2}}\exp\left[-\frac{1}{2\sigma_A^2}(A-\mu_A)^2\right]}{\int_{-\infty}^{\infty}\frac{1}{(2\pi\sigma^2)^{\frac{N}{2}}}\exp\left[-\frac{1}{2\sigma^2}\sum_{n=0}^{N-1}(x_n - A)^2\right]\frac{1}{\sqrt{2\pi\sigma_A^2}}\exp\left[-\frac{1}{2\sigma_A^2}(A-\mu_A)^2\right]\mathrm{d}A} \\
&= \frac{\exp\left\{-\frac{1}{2}\left[\frac{1}{\sigma^2}(NA^2 - 2NA\bar{x}) + \frac{1}{\sigma_A^2}(A-\mu_A)^2\right]\right\}}{\int_{-\infty}^{\infty}\exp\left\{-\frac{1}{2}\left[\frac{1}{\sigma^2}(NA^2 - 2NA\bar{x}) + \frac{1}{\sigma_A^2}(A-\mu_A)^2\right]\right\}\mathrm{d}A} \\
&= \frac{\exp\left(-\frac{1}{2}W(A)\right)}{\int_{-\infty}^{\infty}\exp\left(-\frac{1}{2}W(A)\right)\mathrm{d}A}
\end{aligned}
\tag{3-195}
$$

式中，$\bar{x}=\frac{1}{N}\sum_{n=0}^{N-1}x_n$ 为样本均值，且

$$
W(A) = \frac{1}{\sigma^2}(NA^2 - 2NA\bar{x}) + \frac{1}{\sigma_A^2}(A-\mu_A)^2 \tag{3-196}
$$

注意，式(3-195)的分母与 $A$ 无关，$W(A)$是 $A$ 的二次型，经过配方可以把式(3-196)写成

$$
W(A) = \frac{1}{\sigma_{A|x}^2}(A-\mu_{A|x})^2 - \frac{\mu_{A|x}^2}{\sigma_{A|x}^2} + \frac{\mu_A^2}{\sigma_A^2} \tag{3-197}
$$

式中，

$$
\sigma_{A|x}^2 = \left(\frac{N}{\sigma^2} + \frac{1}{\sigma_A^2}\right)^{-1} \tag{3-198}
$$

$$
\mu_{A|x} = \left(\frac{N}{\sigma^2}\bar{x} + \frac{\mu_A}{\sigma_A^2}\right)\sigma_{A|x}^2 \tag{3-199}
$$

将式(3-197)代入式(3-195)，得

$$
\begin{aligned}
p(A \mid \boldsymbol{x}) &= \frac{\exp\left[-\frac{1}{2\sigma_{A|x}^2}(A-\mu_{A|x})^2\right]\exp\left[-\frac{1}{2}\left(\frac{\mu_A^2}{\sigma_A^2} - \frac{\mu_{A|x}^2}{\sigma_{A|x}^2}\right)\right]}{\int_{-\infty}^{\infty}\exp\left[-\frac{1}{2\sigma_{A|x}^2}(A-\mu_{A|x})^2\right]\exp\left[-\frac{1}{2}\left(\frac{\mu_A^2}{\sigma_A^2} - \frac{\mu_{A|x}^2}{\sigma_{A|x}^2}\right)\right]\mathrm{d}A} \\
&= \frac{1}{\sqrt{2\pi\sigma_{A|x}^2}}\exp\left[-\frac{1}{2\sigma_{A|x}^2}(A-\mu_{A|x})^2\right]
\end{aligned}
\tag{3-200}
$$

由式(3-200)可以看出，后验概率密度分布满足高斯分布的。由于最小均方误差估计为被估计量的条件均值，所以

$$\hat{A}_{ms}=\mu_{A|x}=\left(\frac{N}{\sigma^2}\bar{x}+\frac{\mu_A}{\sigma_A^2}\right)\sigma_{A|x}^2=\frac{\dfrac{N}{\sigma^2}\bar{x}+\dfrac{\mu_A}{\sigma_A^2}}{\dfrac{N}{\sigma^2}+\dfrac{1}{\sigma_A^2}} \tag{3-201}$$

另外，由于最大后验概率估计是使后验概率最大对应的 $A$ 值，因此，由式(3-183)可得

$$\hat{A}_{map}=\mu_{A|x}=\hat{A}_{ms} \tag{3-202}$$

## 3.6　线性最小均方误差估计

对于随机参量的估计，在3.5.2节中介绍了最小均方误差估计。最小均方误差估计是被估计量的条件均值，这个条件均值通常都是观测的非线性函数，估计器实现起来比较复杂。条件均值的计算需要用到被估计量 $\theta$ 的概率密度 $p(\theta)$，如果并不知道概率密度 $p(\theta)$，而只知道 $\theta$ 的一、二阶矩特性，并且希望估计器能用线性系统实现，这时可以采用线性最小均方误差估计。

### 3.6.1　随机参量的线性最小均方误差估计

线性最小均方误差(Linear Minimum Mean Square Error, LMMSE)估计是一种使均方误差最小的线性估计。假定观测为$\{x_n\}$，$n=0,1,\cdots,N-1$，那么估计结果定义为观测的线性组合

$$\hat{\theta}=\sum_{n=0}^{N-1}a_nx_n+b \tag{3-203}$$

考虑实信号，估计的均方误差为

$$\mathrm{MSE}(\hat{\theta})=E[(\theta-\hat{\theta})^2]=E\left[\left(\theta-\sum_{n=0}^{N-1}a_nx_n-b\right)^2\right] \tag{3-204}$$

选择一组最佳系数 $a_n$ 和 $b$，使式(3-204)的均方误差达到最小。注意，引入系数 $b$ 是因为观测 $x$ 和被估计量 $\theta$ 的均值可能不为零。如果观测 $x$ 和被估计量 $\theta$ 的均值都为零，那么系数 $b$ 就可以省略。

均方误差对系数 $b$ 求导，并令导数等于零，得

$$\frac{\partial \mathrm{MSE}(\hat{\theta})}{\partial b}=-2E\left[\left(\theta-\sum_{n=0}^{N-1}a_nx_n-b\right)\right]=0 \tag{3-205}$$

经整理后得

$$b=E(\theta)-\sum_{n=0}^{N-1}a_nE(x_n) \tag{3-206}$$

将式(3-206)代入式(3-204)，得

$$\mathrm{MSE}(\hat{\theta})=E\left[\left(\sum_{n=0}^{N-1}a_n[x_n-E(x_n)]-[\theta-E(\theta)]\right)^2\right] \tag{3-207}$$

令 $\boldsymbol{a}=[a_0,a_1,\cdots,a_{N-1}]^{\mathrm{T}}$，$\boldsymbol{x}=[x_0,x_1,\cdots,x_{N-1}]^{\mathrm{T}}$，那么，式(3-203)可表示为

$$\hat{\theta}=\boldsymbol{a}^{\mathrm{T}}\boldsymbol{x}+b \tag{3-208}$$

而式(3-206)可改写为

$$b = E(\theta) - \boldsymbol{a}^{\mathrm{T}} E(\boldsymbol{x}) \tag{3-209}$$

估计的均方误差可表示为

$$\begin{aligned}\mathrm{MSE}(\hat{\theta}) &= E\{[\boldsymbol{a}^{\mathrm{T}}(\boldsymbol{x} - E(\boldsymbol{x})) - (\theta - E(\theta))]^2\} \\ &= E[\boldsymbol{a}^{\mathrm{T}}(\boldsymbol{x} - E(\boldsymbol{x}))(\boldsymbol{x} - E(\boldsymbol{x}))^{\mathrm{T}}\boldsymbol{a}] - E[\boldsymbol{a}^{\mathrm{T}}(\boldsymbol{x} - E(\boldsymbol{x}))(\theta - E(\theta))] - \\ &\quad E[(\theta - E(\theta))(\boldsymbol{x} - E(\boldsymbol{x}))^{\mathrm{T}}\boldsymbol{a}] + E[(\theta - E(\theta))^2] \\ &= \boldsymbol{a}^{\mathrm{T}}\boldsymbol{C}_x\boldsymbol{a} - \boldsymbol{a}^{\mathrm{T}}\boldsymbol{c}_{\theta x} - \boldsymbol{c}_{\theta x}^{\mathrm{T}}\boldsymbol{a} + C_\theta\end{aligned} \tag{3-210}$$

其中，$\boldsymbol{C}_x = E\{[\boldsymbol{x} - E(\boldsymbol{x})][\boldsymbol{x} - E(\boldsymbol{x})]^{\mathrm{T}}\}$为观测的协方差矩阵，$\boldsymbol{c}_{\theta x} = E\{[\theta - E(\theta)][\boldsymbol{x} - E(\boldsymbol{x})]\}$是待估计量$\theta$与观测$\boldsymbol{x}$的协方差向量，且$C_\theta$是$\theta$的方差。将估计的均方误差对$\boldsymbol{a}$求导，得

$$\frac{\partial \mathrm{MSE}(\hat{\theta})}{\partial \boldsymbol{a}} = 2\boldsymbol{C}_x\boldsymbol{a} - 2\boldsymbol{c}_{\theta x} \tag{3-211}$$

令导数等于零，可解得

$$\boldsymbol{a} = \boldsymbol{C}_x^{-1}\boldsymbol{c}_{\theta x} \tag{3-212}$$

将式(3-212)和式(3-209)代入式(3-208)，得

$$\hat{\theta}_{\mathrm{lmmse}} = \boldsymbol{c}_{\theta x}^{\mathrm{T}}\boldsymbol{C}_x^{-1}\boldsymbol{x} + E(\theta) - \boldsymbol{c}_{\theta x}^{\mathrm{T}}\boldsymbol{C}_x^{-1}E(\boldsymbol{x}) \tag{3-213}$$

式(3-213)经整理后得到线性最小均方误差估计为

$$\hat{\theta}_{\mathrm{lmmse}} = E(\theta) + \boldsymbol{c}_{\theta x}^{\mathrm{T}}\boldsymbol{C}_x^{-1}[\boldsymbol{x} - E(\boldsymbol{x})] \tag{3-214}$$

如果$\theta$和$\boldsymbol{x}$的均值为零，则

$$\hat{\theta}_{\mathrm{lmmse}} = \boldsymbol{c}_{\theta x}^{\mathrm{T}}\boldsymbol{C}_x^{-1}\boldsymbol{x} \tag{3-215}$$

将式(3-215)代入式(3-210)中，可以得到最小均方误差的表达式

$$\mathrm{MSE}(\hat{\theta}_{\mathrm{lmmse}}) = C_\theta - \boldsymbol{c}_{\theta x}^{\mathrm{T}}\boldsymbol{C}_x^{-1}\boldsymbol{c}_{\theta x} \tag{3-216}$$

线性最小均方误差能得到简洁的估计子，并且可定量分析估计误差，因此应用广泛。

**例 3-15** 设有$N$次独立观测信号

$$x_n = A + w_n, \quad n = 0, 1, \cdots, N-1 \tag{3-217}$$

其中，$A$在$(-A_0, A_0)$上服从均匀分布，$w_n$是零均值高斯白噪声，方差为$\sigma^2$，且$A$与$w_n$统计独立，求$A$的线性最小均方误差估计。

**解** 可以把观测信号模型写成向量形式

$$\boldsymbol{x} = A\boldsymbol{e}_{N\times 1} + \boldsymbol{w} \tag{3-218}$$

其中，$\boldsymbol{e}_{N\times 1}$是$N$维的全1向量。根据题意，$E(A)=0$，$\sigma_A^2 = E(A^2) = (2A_0)^2/12$，$E(\boldsymbol{x}) = 0$且

$$\boldsymbol{C}_x = E(\boldsymbol{x}\boldsymbol{x}^{\mathrm{T}}) = E[(A\boldsymbol{e} + \boldsymbol{w})(A\boldsymbol{e} + \boldsymbol{w})^{\mathrm{T}}] = E(A^2)\boldsymbol{e}\boldsymbol{e}^{\mathrm{T}} + \sigma^2\boldsymbol{I} = \sigma_A^2\boldsymbol{e}\boldsymbol{e}^{\mathrm{T}} + \sigma^2\boldsymbol{I} \tag{3-219}$$

$$\boldsymbol{c}_{Ax} = E(A\boldsymbol{x}) = E[A(A\boldsymbol{e} + \boldsymbol{w})] = E(A^2)\boldsymbol{e} = \sigma_A^2\boldsymbol{e} \tag{3-220}$$

其中，$\boldsymbol{I}$为单位矩阵，由式(3-215)，得

$$\hat{A}_{\mathrm{lmmse}} = \boldsymbol{c}_{Ax}^{\mathrm{T}}\boldsymbol{C}_x^{-1}\boldsymbol{x} = \sigma_A^2\boldsymbol{e}^{\mathrm{T}}[\boldsymbol{e}\boldsymbol{e}^{\mathrm{T}}\sigma_A^2 + \sigma^2\boldsymbol{I}]^{-1}\boldsymbol{x} = \frac{\sigma_A^2}{\sigma^2}\boldsymbol{e}^{\mathrm{T}}\left[\boldsymbol{e}\boldsymbol{e}^{\mathrm{T}}\frac{\sigma_A^2}{\sigma^2} + \boldsymbol{I}\right]^{-1}\boldsymbol{x} \tag{3-221}$$

根据矩阵求逆中常用的 Sherman-Morrison 公式

$$(\boldsymbol{B}+\boldsymbol{c}\boldsymbol{d}^{\mathrm{T}})^{-1}=\boldsymbol{B}^{-1}-\frac{\boldsymbol{B}^{-1}\boldsymbol{c}\boldsymbol{d}^{\mathrm{T}}\boldsymbol{B}^{-1}}{1+\boldsymbol{d}^{\mathrm{T}}\boldsymbol{B}^{-1}\boldsymbol{c}} \tag{3-222}$$

式(3-221)经整理后，得

$$\hat{A}_{\mathrm{lmmse}}=\frac{\sigma_A^2}{\sigma_A^2+\sigma^2/N}\bar{x}=\frac{A_0^2/3}{A_0^2/3+\sigma^2/N}\bar{x} \tag{3-223}$$

### 3.6.2 线性最小均方误差估计的几何解释

可以用向量空间的概念解释线性最小均方误差估计。在以下的讨论中假定被估计量 $\theta$ 和观测 $x$ 都是零均值的，如果不是零均值，则总可以定义零均值的随机变量 $\theta'=\theta-E(\theta)$，$x'=x-E(x)$。

考虑一个由所有随机变量构成的线性空间(见图 3-4)，$\theta$ 和 $x_0, x_1, \cdots, x_{N-1}$ 可以看作线性空间的点(每个点由一个向量描述)。定义两个向量的内积为$(x, y)=E(xy)$，向量的长度为随机变量方差的均方根，即 $\|x\|=\sqrt{E(x)^2}$，如果$(x,y)=E(xy)=0$，称这两个向量是正交的。由于随机变量是零均值的，因此两个向量正交和随机变量不相关等价。线性最小均方误差估计的目的是用 $x_0, x_1, \cdots, x_{N-1}$ 的线性组合逼近 $\theta$。先考虑只有一个样本的情况，即用 $\hat{\theta}=a_0x_0$ 逼近 $\theta$，易见最优的估计就是 $\theta$ 到 $x_0$ 的投影(如图 3-4(a)所示)，这时误差为 $\theta$ 到 $x_0$ 的垂直距离，从几何的角度易知这时误差向量的长度最短。当使用两个样本 $x_0, x_1$ 时，$\hat{\theta}=a_0x_0+a_1x_1$，注意到 $x_0, x_1$ 的线性组合张成一个平面，这时最优估计就是 $\theta$ 到该平面的投影(如图 3-4(b)所示)，同时误差向量$\boldsymbol{\varepsilon}$ 正交于由$\{x_0, x_1\}$所张成的平面，易证这时误差向量的长度最短。

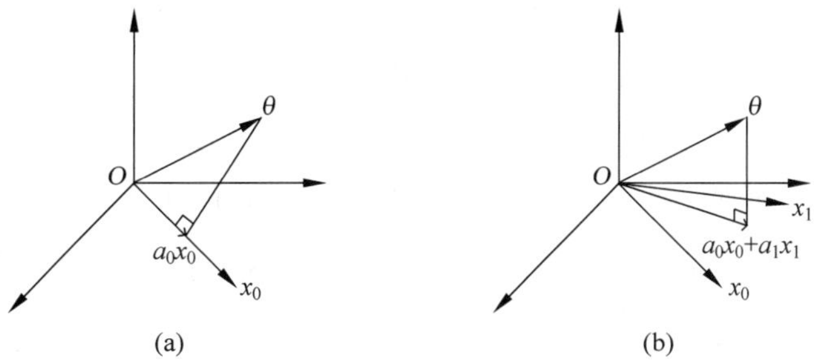


图 3-4 线性最小均方误差估计的几何解释

一般情况下，线性估计子用 $x_0, x_1, \cdots, x_{N-1}$ 的线性组合近似 $\theta$，相当于在 $x_0, x_1, \cdots, x_{N-1}$ 所张成的子空间上找一个点，使其与 $\theta$ 的距离最小。根据误差定义

$$\mathrm{MSE}(\hat{\theta})=E[(\theta-\hat{\theta})^2]=E\left[\left(\theta-\sum_{i=0}^{N-1}a_ix_i\right)^2\right]=\left\|\theta-\sum_{i=0}^{N-1}a_ix_i\right\|^2 \tag{3-224}$$

可见最小均方误差等价于误差向量$\boldsymbol{\varepsilon}=\theta-\hat{\theta}$ 长度的平方最小。根据上面的论述，这时误差向量将正交于 $x_0, x_1, \cdots, x_{N-1}$ 所张成的子空间，即

$$\varepsilon \perp \mathrm{span}\{x_0, x_1, \cdots, x_{N-1}\} \tag{3-225}$$

根据正交的定义，可以得出

$$E[(\theta-\hat{\theta})x_n]=0,\quad n=0,1,\cdots,N-1 \tag{3-226}$$

式(3-226)是线性最小均方误差估计非常重要的正交原理,也可由式(3-224)直接对加权系数求解得到。由正交原理可知,线性最小均方误差估计可以通过使估计误差和每个观测数据正交得到。利用正交原理,加权系数很容易求出

$$E\left[\left(\theta-\sum_{n=0}^{N-1}a_nx_n\right)x_j\right]=0,\quad j=0,1,\cdots,N-1 \tag{3-227}$$

或者写成

$$\sum_{n=0}^{N-1}a_nE(x_nx_j)=E(\theta x_j),\quad j=0,1,\cdots,N-1 \tag{3-228}$$

用矩阵表示为

$$\begin{bmatrix} E(x_0^2) & E(x_0x_1) & \cdots & E(x_0x_{N-1}) \\ E(x_1x_0) & E(x_1^2) & \cdots & E(x_1x_{N-1}) \\ \vdots & \vdots & \ddots & \vdots \\ E(x_{N-1}x_0) & E(x_{N-1}x_1) & \cdots & E(x_{N-1}^2) \end{bmatrix}\begin{bmatrix} a_0 \\ a_1 \\ \vdots \\ a_{N-1}\end{bmatrix}=\begin{bmatrix} E(\theta x_0) \\ E(\theta x_1) \\ \vdots \\ E(\theta x_{N-1})\end{bmatrix} \tag{3-229}$$

或者写成

$$\boldsymbol{C}_x\boldsymbol{a}=\boldsymbol{c}_{\theta x} \tag{3-230}$$

所以

$$\boldsymbol{a}=\boldsymbol{C}_x^{-1}\boldsymbol{c}_{\theta x} \tag{3-231}$$

$\theta$ 的线性最小均方误差估计为

$$\hat{\theta}_{\text{lmmse}}=\boldsymbol{a}^{\mathrm{T}}\boldsymbol{x}=\boldsymbol{c}_{\theta x}^{\mathrm{T}}\boldsymbol{C}_x^{-1}\boldsymbol{x} \tag{3-232}$$

式(3-232)与式(3-215)一致。

下面考虑随机向量的线性最小均方误差估计。设待估计量为$\boldsymbol{\theta}=[\theta_0,\theta_1,\cdots,\theta_{p-1}]^{\mathrm{T}}$,观测向量 $\boldsymbol{x}=[x_0,x_1,\cdots,x_{N-1}]^{\mathrm{T}}$,线性估计可表示为

$$\hat{\boldsymbol{\theta}}=\boldsymbol{A}\boldsymbol{x}+\boldsymbol{b} \tag{3-233}$$

式中,$\boldsymbol{b}$ 是 $p\times1$ 维的向量,$\boldsymbol{A}$ 是 $p\times N$ 维的矩阵,所有估计的均方误差和可表示为

$$\mathrm{MSE}(\hat{\boldsymbol{\theta}})=E\left[\sum_{i=0}^{p-1}(\theta_i-\hat{\theta}_i)^2\right]=E[(\boldsymbol{\theta}-\hat{\boldsymbol{\theta}})^{\mathrm{T}}(\boldsymbol{\theta}-\hat{\boldsymbol{\theta}})] \tag{3-234}$$

将式(3-233)代入式(3-234),得

$$\mathrm{MSE}(\hat{\boldsymbol{\theta}})=E[(\boldsymbol{\theta}-\boldsymbol{A}\boldsymbol{x}-\boldsymbol{b})^{\mathrm{T}}(\boldsymbol{\theta}-\boldsymbol{A}\boldsymbol{x}-\boldsymbol{b})] \tag{3-235}$$

分别对 $\boldsymbol{A}$ 和 $\boldsymbol{b}$ 求导,并令导数等于零,得

$$\frac{\partial\mathrm{MSE}(\hat{\boldsymbol{\theta}})}{\partial\boldsymbol{b}}=-2E[\boldsymbol{\theta}-\boldsymbol{A}\boldsymbol{x}-\boldsymbol{b}]=0 \tag{3-236}$$

$$\frac{\partial\mathrm{MSE}(\hat{\boldsymbol{\theta}})}{\partial\boldsymbol{A}}=-2E\{[\boldsymbol{\theta}-\boldsymbol{A}\boldsymbol{x}-\boldsymbol{b}]\boldsymbol{x}^{\mathrm{T}}\}=0 \tag{3-237}$$

式(3-237)中对矩阵的求导与式(3-72)相同,定义为对矩阵每个元素求偏导数,结果为矩阵,且大小与 $A$ 相同。由式(3-72)、式(3-237),可得

$$\boldsymbol{b}=E(\boldsymbol{\theta})-\boldsymbol{A}E(\boldsymbol{x}) \tag{3-238}$$

$$\boldsymbol{A}=\boldsymbol{C}_{\theta x}\boldsymbol{C}_x^{-1} \tag{3-239}$$

式中，

$$\boldsymbol{C}_{\theta x}=\operatorname{Cov}(\boldsymbol{\theta},\boldsymbol{x})=E\{[\boldsymbol{\theta}-E(\boldsymbol{\theta})][\boldsymbol{x}-E(\boldsymbol{x})]^{\mathrm{T}}\} \tag{3-240}$$

$$\boldsymbol{C}_{x}=\operatorname{Cov}(\boldsymbol{x})=E\{[\boldsymbol{x}-E(\boldsymbol{x})][\boldsymbol{x}-E(\boldsymbol{x})]^{\mathrm{T}}\} \tag{3-241}$$

由此可得线性最小均方误差估计为

$$\hat{\boldsymbol{\theta}}_{\mathrm{lmmse}}=E(\boldsymbol{\theta})+\boldsymbol{C}_{\theta x}\boldsymbol{C}_{x}^{-1}[\boldsymbol{x}-E(\boldsymbol{x})] \tag{3-242}$$

式(3-242)在表达形式上除$\boldsymbol{\theta}$是向量外，其他与式(3-214)相同。线性最小均方误差估计的性质总结如下(这里不做具体证明)：

(1) 线性最小均方误差估计是无偏估计。

(2) 线性最小均方误差估计的均方误差阵要小于任何其他线性估计的均方误差阵，即

$$E[(\boldsymbol{\theta}-\hat{\boldsymbol{\theta}}_{\mathrm{lmmse}})(\boldsymbol{\theta}-\hat{\boldsymbol{\theta}}_{\mathrm{lmmse}})^{\mathrm{T}}]\leqslant E[(\boldsymbol{\theta}-\hat{\boldsymbol{\theta}})(\boldsymbol{\theta}-\hat{\boldsymbol{\theta}})^{\mathrm{T}}] \tag{3-243}$$

式中，$\hat{\boldsymbol{\theta}}$是任意的线性估计。式(3-243)中符号$\leqslant$作用于矩阵时，含义如下：如果$\boldsymbol{B}\leqslant\boldsymbol{A}$，则$\boldsymbol{A}-\boldsymbol{B}$是半正定矩阵。式(3-243)证明从略。

(3) 对于线性变换$\boldsymbol{\alpha}=\boldsymbol{H}\boldsymbol{\theta}+\boldsymbol{b}$，线性最小均方误差估计具有不变性，即

$$\hat{\boldsymbol{\alpha}}_{\mathrm{lmmse}}=\boldsymbol{H}\hat{\boldsymbol{\theta}}_{\mathrm{lmmse}}+\boldsymbol{b} \tag{3-244}$$

(4) 线性最小均方误差估计具有叠加性，即如果$\boldsymbol{\alpha}=\boldsymbol{\theta}_1+\boldsymbol{\theta}_2$，则

$$\hat{\boldsymbol{\alpha}}_{\mathrm{lmmse}}=\hat{\boldsymbol{\theta}}_{1,\mathrm{lmmse}}+\hat{\boldsymbol{\theta}}_{2,\mathrm{lmmse}} \tag{3-245}$$

## 3.7 最小二乘估计

在前面介绍的几种估计方法中，最小均方误差估计、最大后验概率估计需要知道被估计量的先验概率密度，最大似然估计需要知道似然函数，线性最小均方误差估计需要知道被估计量的一、二阶矩，如果这些概率密度或矩未知，就不能采用这些方法，这时可以采用最小二乘(Least Square，LS)估计。最小二乘估计对统计特性没有做任何假定，因此，它的应用非常广泛。

在线性最小均方误差估计中，选择均方误差作为估计量性能好坏标准的度量，也就意味着估计与真实参数之间的差别平均来说达到最小。而在最小二乘估计中，则是使给定的观测数据与信号或者无噪声的观测数据之差的平方和达到最小。

采用例3-10的线性观测模型，待估计量为$\boldsymbol{\theta}=[\theta_0,\theta_1,\cdots,\theta_{p-1}]^{\mathrm{T}}$，观测信号用向量和矩阵可表示为

$$\boldsymbol{x}=\boldsymbol{H}\boldsymbol{\theta}+\boldsymbol{w} \tag{3-246}$$

式中，

$$\boldsymbol{x}=[x_0,x_1,\cdots,x_{N-1}]^{\mathrm{T}},\quad \boldsymbol{w}=[w_0,w_1,\cdots,w_{N-1}]^{\mathrm{T}}$$

$$\boldsymbol{H}=\begin{bmatrix} h_{00} & h_{01} & \cdots & h_{0(p-1)} \\ h_{10} & h_{11} & \cdots & h_{1(p-1)} \\ \vdots & \vdots & \ddots & \vdots \\ h_{(N-1)0} & h_{(N-1)1} & \cdots & h_{(N-1)(p-1)} \end{bmatrix}$$

估计偏差的平方和可表示为

$$\boldsymbol{J}(\hat{\boldsymbol{\theta}})=[\boldsymbol{x}-\boldsymbol{H}\hat{\boldsymbol{\theta}}]^{\mathrm{T}}[\boldsymbol{x}-\boldsymbol{H}\hat{\boldsymbol{\theta}}]=\sum_{n=0}^{N-1}\left[x_n-\sum_{j=0}^{p-1}h_{nj}\hat{\theta}_j\right]^2 \tag{3-247}$$

在没有任何先验信息情况下,可以认为最优估计就是使得上述的平方和误差最小。当待估计参数的重要性存在差别时,可以对每个参数的误差进行加权,观测与估计偏差的加权平方和可表示为

$$J_w(\hat{\boldsymbol{\theta}})=[\boldsymbol{x}-\boldsymbol{H}\hat{\boldsymbol{\theta}}]^{\mathrm{T}}\boldsymbol{W}[\boldsymbol{x}-\boldsymbol{H}\hat{\boldsymbol{\theta}}]=\sum_{j=0}^{N-1}\sum_{n=0}^{N-1}\left[x_n-\sum_{k=0}^{p-1}h_{nk}\hat{\theta}_k\right]W_{nj}\left[x_n-\sum_{k=0}^{p-1}h_{jk}\hat{\theta}_k\right] \tag{3-248}$$

其中 $\boldsymbol{W}$ 为加权矩阵。最小二乘估计就是使 $J(\hat{\boldsymbol{\theta}})$ 最小的估计,记为 $\hat{\boldsymbol{\theta}}_{\mathrm{ls}}$;加权最小二乘(Weighted Least Square)估计则是使 $J_w(\hat{\boldsymbol{\theta}})$ 最小的估计,记为 $\hat{\boldsymbol{\theta}}_{\mathrm{lsw}}$。

接下来考虑如何求解,将式(3-247)重写为

$$J(\hat{\boldsymbol{\theta}})=\boldsymbol{x}^{\mathrm{T}}\boldsymbol{x}-\boldsymbol{x}^{\mathrm{T}}\boldsymbol{H}\hat{\boldsymbol{\theta}}-\hat{\boldsymbol{\theta}}^{\mathrm{T}}\boldsymbol{H}^{\mathrm{T}}\boldsymbol{x}+\hat{\boldsymbol{\theta}}^{\mathrm{T}}\boldsymbol{H}^{\mathrm{T}}\boldsymbol{H}\hat{\boldsymbol{\theta}} \tag{3-249}$$

根据式(3-73)和式(3-74)的向量函数求导公式,得到

$$\frac{\partial \boldsymbol{x}^{\mathrm{T}}\boldsymbol{x}}{\partial \hat{\boldsymbol{\theta}}}=0 \tag{3-250}$$

$$\frac{\partial \boldsymbol{x}^{\mathrm{T}}\boldsymbol{H}\hat{\boldsymbol{\theta}}}{\partial \hat{\boldsymbol{\theta}}}=\boldsymbol{H}^{\mathrm{T}}\boldsymbol{x} \tag{3-251}$$

$$\frac{\partial \hat{\boldsymbol{\theta}}^{\mathrm{T}}\boldsymbol{H}^{\mathrm{T}}\boldsymbol{x}}{\partial \hat{\boldsymbol{\theta}}}=\boldsymbol{H}^{\mathrm{T}}\boldsymbol{x} \tag{3-252}$$

$$\frac{\partial \hat{\boldsymbol{\theta}}^{\mathrm{T}}\boldsymbol{H}^{\mathrm{T}}\boldsymbol{H}\hat{\boldsymbol{\theta}}}{\partial \hat{\boldsymbol{\theta}}}=2\boldsymbol{H}^{\mathrm{T}}\boldsymbol{H}\hat{\boldsymbol{\theta}} \tag{3-253}$$

求 $J(\hat{\boldsymbol{\theta}})$ 对 $\hat{\boldsymbol{\theta}}$ 的导数,并令导数等于零,得

$$\frac{\partial J(\hat{\boldsymbol{\theta}})}{\partial \hat{\boldsymbol{\theta}}}=-2\boldsymbol{H}^{\mathrm{T}}\boldsymbol{x}+2\boldsymbol{H}^{\mathrm{T}}\boldsymbol{H}\hat{\boldsymbol{\theta}}=0 \tag{3-254}$$

由此可解得最小二乘估计为

$$\hat{\boldsymbol{\theta}}_{\mathrm{ls}}=(\boldsymbol{H}^{\mathrm{T}}\boldsymbol{H})^{-1}\boldsymbol{H}^{\mathrm{T}}\boldsymbol{x} \tag{3-255}$$

求 $J_w(\hat{\boldsymbol{\theta}})$ 对 $\hat{\boldsymbol{\theta}}$ 的导数,并令导数等于零,得

$$\frac{\partial J_w(\hat{\boldsymbol{\theta}})}{\partial \hat{\boldsymbol{\theta}}}=-2\boldsymbol{H}^{\mathrm{T}}\boldsymbol{W}[\boldsymbol{x}-\boldsymbol{H}\hat{\boldsymbol{\theta}}]=0 \tag{3-256}$$

由此可解得加权最小二乘估计为

$$\hat{\boldsymbol{\theta}}_{\mathrm{lsw}}=(\boldsymbol{H}^{\mathrm{T}}\boldsymbol{W}\boldsymbol{H})^{-1}\boldsymbol{H}^{\mathrm{T}}\boldsymbol{W}\boldsymbol{x} \tag{3-257}$$

最小二乘估计具有如下特点:

(1) 对于线性的观测模型,最小二乘估计和加权最小二乘估计都是线性估计,对测量噪声的统计没有做任何假定,应用十分广泛。

(2) 当测量噪声的均值为零时,即 $E(w_i)=0$ 时,最小二乘估计和加权最小二乘估计都

是无偏估计。

(3) 对于加权最小二乘估计,如果有一些模型的知识,如 $E(\boldsymbol{w})=0$,$E[\boldsymbol{w}\boldsymbol{w}^{\mathrm{T}}]=\boldsymbol{R}$,当 $\boldsymbol{W}=\boldsymbol{R}^{-1}$ 时,估计误差的方差达到最小,这时加权最小二乘估计和式(3-151)的最大似然估计是一致的。

## 3.8 信号检测基础

信号检测的目的是在干扰、噪声背景下判断目标信号是否存在。当存在多种类型目标信号时,还需要判断信号类型。根据目标信号模型的不同,信号检测分确定性信号检测和随机信号检测进行讨论,本节只讨论实信号。

### 3.8.1 确定性信号检测

这里以确定性信号为例介绍信号检测的基本概念和方法。假设目标信号 $s_n$ 的波形已知,得到了接收信号 $x_n$ 的 $N$ 个样本,在此基础上判决其中是否包含目标信号,可定义如下两种事件(或称假设)。

$$
\begin{aligned}
&H_0: x_n=w_n, \quad n=0,1,\cdots,N-1\\
&H_1: x_n=s_n+w_n, \quad n=0,1,\cdots,N-1
\end{aligned}
\tag{3-258}
$$

接下来考虑如何对上述事件进行检验,其过程可以看成:将观测空间划分成不同判决区域,观测样本 $\boldsymbol{x}=[x_0,x_1,\cdots,x_{N-1}]$落在哪个区域就判决成哪个相应事件。一般可基于事件的概率来划分判决区域,定义两种事件的后验概率分别为 $p(H_1|\boldsymbol{x})$,$p(H_0|\boldsymbol{x})$,后验概率给出了在得到观测样本后,对 $H_0$,$H_1$ 事件发生概率的认知。一种直观的判决准则是,在观测样本的基础上,哪个事件发生的概率大就认为发生了该事件,即当 $p(H_1|\boldsymbol{x})>p(H_0|\boldsymbol{x})$时,认为 $H_1$ 事件(假设)为真;反之,若 $p(H_1|\boldsymbol{x})<p(H_0|\boldsymbol{x})$时,则认为 $H_0$ 为真。若 $p(H_1|\boldsymbol{x})=p(H_0|\boldsymbol{x})$,则可随机认定某一事件为真。于是,可以把 $H_1$ 事件的判决区域定义为所有使得 $p(H_1|\boldsymbol{x})>p(H_0|\boldsymbol{x})$的观测空间。具体的数学描述如式(3-259)所示。

$$
H_1: \frac{p(H_1 \mid \boldsymbol{x})}{p(H_0 \mid \boldsymbol{x})}>1 \tag{3-259}
$$

式(3-259)中的后验概率一般难以直接计算。基于贝叶斯公式有

$$
p(H_1 \mid \boldsymbol{x})p(\boldsymbol{x})=p(\boldsymbol{x} \mid H_1)p(H_1) \tag{3-260}
$$

式(3-259)等价于

$$
H_1: L(\boldsymbol{x})=\frac{p(\boldsymbol{x} \mid H_1)}{p(\boldsymbol{x} \mid H_0)} \geqslant \gamma \tag{3-261}
$$

其中,$p(\boldsymbol{x}|H_0)$,$p(\boldsymbol{x}|H_1)$是 3.4 节最大似然估计中提到的似然函数,$L(\boldsymbol{x})$称为似然比(Likelihood Ratio,LR),有时为了计算便利,使用其对数形式 $\ln[L(\boldsymbol{x})]$,称为对数似然比(Logarithm Likelihood Ratio,LLR)。$\gamma=p(H_0)/p(H_1)$表示判决门限。

计算似然函数需要知道 $x_n$ 的概率密度,实际中可通过假设噪声符合某种概率分布实现,这里以最常见的假设:$w_n$ 是零均值、方差为 $\sigma^2$ 的高斯白噪声为例,分析如何具体应用式(3-261)进行检验。根据假设可得到如下似然函数:

$$p(\boldsymbol{x} \mid H_1) = \frac{1}{(2\pi\sigma^2)^{\frac{N}{2}}} \exp\left[-\frac{1}{2\sigma^2}\sum_{n=0}^{N-1}(x_n - s_n)^2\right] \tag{3-262}$$

$$p(\boldsymbol{x} \mid H_0) = \frac{1}{(2\pi\sigma^2)^{\frac{N}{2}}} \exp\left[-\frac{1}{2\sigma^2}\sum_{n=0}^{N-1}x_n^2\right] \tag{3-263}$$

利用式(3-263)可计算如下似然比和对数似然比：

$$L(\boldsymbol{x}) = \exp\left[-\frac{1}{2\sigma^2}\sum_{n=0}^{N-1}((x_n - s_n)^2 - x_n^2)\right] \tag{3-264}$$

$$l(\boldsymbol{x}) = \ln L(\boldsymbol{x}) = -\frac{1}{2\sigma^2}\sum_{n=0}^{N-1}((x_n - s_n)^2 - x_n^2) \tag{3-265}$$

采用与式(3-261)等价的检验准则：$\ln L(\boldsymbol{x}) > \ln\gamma$，经简单计算，可得式(3-261)等价于对式(3-266)中 $T(\boldsymbol{x})$的检验。

$$H_1: T(\boldsymbol{x}) = \sum_{n=0}^{N-1} x_n s_n = \boldsymbol{x}^{\mathrm{T}} s > \bar{\gamma} \tag{3-266}$$

其中

$$\bar{\gamma} = \sigma^2 \ln\gamma + \frac{1}{2}\sum_{n=0}^{N-1} s_n^2 \tag{3-267}$$

注意到 $T(\boldsymbol{x})$可以看作匹配滤波器的输出。确定性信号的匹配滤波器定义如下：

$$h(n) = \begin{cases} s(N-1-n), & n = 0,1,\cdots,N-1 \\ 0, & \text{其他} \end{cases} \tag{3-268}$$

匹配滤波器的输出为 $y(n) = x(n) \otimes h(n)$，并且可验证 $T(\boldsymbol{x}) = y(N-1)$。

在已知噪声概率特性情况下，上述分析均可用，下面将上述推导拓展到高斯有色噪声下的信号检测问题。记 $\boldsymbol{x} = [x_0, x_1, \cdots, x_{N-1}]^{\mathrm{T}}$，$\boldsymbol{s} = [s_0, s_1, \cdots, s_{N-1}]^{\mathrm{T}}$，$\boldsymbol{w} = [w_0, w_1, \cdots, w_{N-1}]^{\mathrm{T}}$，检测问题可描述为

$$\begin{aligned} &H_0: \boldsymbol{x} = \boldsymbol{w}, \quad \boldsymbol{w} \propto N(0, \boldsymbol{C}) \\ &H_1: \boldsymbol{x} = \boldsymbol{s} + \boldsymbol{w} \end{aligned} \tag{3-269}$$

判决准则重写为

$$H_1: L(\boldsymbol{x}) = \frac{p(\boldsymbol{x} \mid H_1)}{p(\boldsymbol{x} \mid H_0)} > \gamma \tag{3-270}$$

可得到似然函数、似然比及对数似然比分别为

$$p(\boldsymbol{x} \mid H_1) = \frac{1}{(2\pi)^{\frac{N}{2}} \det^{\frac{1}{2}}(\boldsymbol{C})} \exp\left[-\frac{1}{2}(\boldsymbol{x} - \boldsymbol{s})^{\mathrm{T}} \boldsymbol{C}^{-1} (\boldsymbol{x} - \boldsymbol{s})\right] \tag{3-271}$$

$$p(\boldsymbol{x} \mid H_0) = \frac{1}{(2\pi)^{\frac{N}{2}} \det^{\frac{1}{2}}(\boldsymbol{C})} \exp\left[-\frac{1}{2}\boldsymbol{x}^{\mathrm{T}} \boldsymbol{C}^{-1} \boldsymbol{x}\right] \tag{3-272}$$

$$l(\boldsymbol{x}) = \ln L(\boldsymbol{x}) = -\frac{1}{2}[(\boldsymbol{x} - \boldsymbol{s})^{\mathrm{T}} \boldsymbol{C}^{-1} (\boldsymbol{x} - \boldsymbol{s}) - \boldsymbol{x}^{\mathrm{T}} \boldsymbol{C}^{-1} \boldsymbol{x}] = \boldsymbol{x}^{\mathrm{T}} \boldsymbol{C}^{-1} \boldsymbol{s} - \frac{1}{2}\boldsymbol{s}^{\mathrm{T}} \boldsymbol{C}^{-1} \boldsymbol{s} \tag{3-273}$$

利用 $\ln L(\boldsymbol{x}) > \ln\gamma$ 准则进行判决，得到

$$H_1: T(\boldsymbol{x}) = \boldsymbol{x}^{\mathrm{T}} \boldsymbol{C}^{-1} \boldsymbol{s} > \gamma + \frac{1}{2} \boldsymbol{s}^{\mathrm{T}} \boldsymbol{C}^{-1} \boldsymbol{s} = \bar{\gamma} \tag{3-274}$$

同理，可以由 $\boldsymbol{C}^{-1}\boldsymbol{s}$ 构造滤波器，而 $T(\boldsymbol{x})$是滤波器某个时刻的输出，这种滤波器称为广义匹配滤波器。

$T(\boldsymbol{x})>\bar{\gamma}$ 定义了观测空间的一种划分规则，对所有满足 $T(\boldsymbol{x})>\bar{\gamma}$ 的观测 $\boldsymbol{x}$ 计算积分可以得到 $H_1$ 成功检测的概率。根据事件的不同，可定义 4 种不同概率，其定义和计算方式如表 3-1 所示。

**表 3-1　二元信号检测中的事件和概率计算**

| 事　件 | 定　义 | 标　号 |
|---|---|---|
| $H_1$ 为真，判 $H_1$ 成立 | $H_1$ 检测概率 | $P(H_1 \mid H_1) = \int_{T(\boldsymbol{x})>\bar{\gamma}} p(\boldsymbol{x} \mid H_1)\mathrm{d}\boldsymbol{x}$ |
| $H_0$ 为真，判 $H_0$ 成立 | $H_0$ 检测概率 | $1-P(H_1 \mid H_0)$ |
| $H_0$ 为真，判 $H_1$ 成立 | 虚警概率 | $P(H_1 \mid H_0) = \int_{T(\boldsymbol{x})>\bar{\gamma}} p(\boldsymbol{x} \mid H_0)\mathrm{d}\boldsymbol{x}$ |
| $H_1$ 为真，判 $H_0$ 成立 | 漏检概率 | $1-P(H_1 \mid H_1)$ |

在实际应用中表 3-1 中不同的事件会有不同的代价，例如在雷达信号处理中，漏检造成的代价远大于虚警造成的代价。考虑更一般化的情况，为表中 4 种不同事件定义各自的代价因子，并定义如下平均代价：

$$\begin{aligned} C = &[C_{00} P(H_0 \mid H_0) + C_{01} P(H_1 \mid H_0)] P(H_0) + \\ &[C_{10} P(H_0 \mid H_1) + C_{11} P(H_1 \mid H_1)] P(H_1) \end{aligned} \tag{3-275}$$

其中，$C_{00}, C_{01}, C_{10}, C_{11}$ 分别为各事件的代价因子，经简单计算可得

$$\begin{aligned} C = &[C_{00}(1 - P(H_1 \mid H_0)) + C_{01} P(H_1 \mid H_0)] P(H_0) + \\ &[C_{10}(1 - P(H_1 \mid H_1)) + C_{11} P(H_1 \mid H_1)] P(H_1) \\ = &C_{00} P(H_0) + (C_{01} - C_{00}) P(H_0) P(H_1 \mid H_0) + \\ &C_{10} P(H_1) - (C_{10} - C_{11}) P(H_1) P(H_1 \mid H_1) \\ = &C_{00} P(H_0) + C_{10} P(H_1) + \\ &\int_{\boldsymbol{x} \in Z_1} [(C_{01} - C_{00}) P(H_0) P(\boldsymbol{x} \mid H_0) - (C_{10} - C_{11}) P(H_1) P(\boldsymbol{x} \mid H_1)] \, \mathrm{d}\boldsymbol{x} \end{aligned} \tag{3-276}$$

其中，$Z_1$ 表示判决 $H_1$ 成立的判决区域。可见要使代价最小，在判决区域内的积分函数取值为负，即在判决区域内满足

$$(C_{01} - C_{00}) P(H_0) P(\boldsymbol{x} \mid H_0) < (C_{10} - C_{11}) P(H_1) P(\boldsymbol{x} \mid H_1) \tag{3-277}$$

$$\frac{P(\boldsymbol{x} \mid H_1)}{P(\boldsymbol{x} \mid H_0)} > \frac{(C_{01} - C_{00}) P(H_0)}{(C_{10} - C_{11}) P(H_1)} \tag{3-278}$$

式(3-278)称为信号检测的贝叶斯准则。从式(3-278)可以看到，如果认为正确的检测不产生额外代价，即式(3-275)中 $C_{00}=C_{11}=0$，同时虚警和漏检有相同的代价，即式(3-275)

中 $C_{01}=C_{10}=1$,则式(3-278)的检测准则等价于式(3-261)。

以上的贝叶斯准则需要确定代价因子和先验概率,实际中往往很难确定,特别是先验概率的确定。实际中往往对虚警概率和漏检概率有明确的要求,可以从虚警概率和漏检概率的约束考虑信号检测。一种常见的准则是在虚警概率恒定的约束下最小化漏检概率,称为纽曼-皮儿森准则(Neyman-Pearson,NP)。

令 $P_F$、$P_M$ 分别表示虚警概率和漏检概率,$\alpha$ 表示允许的虚警概率上限,$Z_0$,$Z_1$ 分别表示信号检测的判决区域,问题模型可表示为

$$\min_{Z_0,Z_1} \quad P_M$$
$$P_F=\alpha \tag{3-279}$$

即在满足虚警概率要求的条件下,寻找观测空间的划分准则,使得漏检概率尽量小。可利用拉格朗日乘子法求解上述问题,构造如下目标函数

$$J=P_M+\lambda(P_F-\alpha) \tag{3-280}$$

其中,$\lambda$ 为拉格朗日乘子。目的是要确定一种观测空间的划分,使 $J$ 最小,将虚警概率和漏检概率的计算表达式代入,得到

$$\begin{aligned} J&=\int_{Z_0} p(\boldsymbol{x}\mid H_1)\mathrm{d}\boldsymbol{x}+\lambda\left(\int_{Z_1} p(\boldsymbol{x}\mid H_0)\mathrm{d}\boldsymbol{x}-\alpha\right) \\ &=\lambda(1-\alpha)+\int_{Z_0}[p(\boldsymbol{x}\mid H_1)-\lambda p(\boldsymbol{x}\mid H_0)]\mathrm{d}\boldsymbol{x} \end{aligned} \tag{3-281}$$

式(3-281)中第一项非负,要使 $J$ 尽可能小,则式(3-281)积分结果尽可能小。一种直观的做法是将所有使 $p(\boldsymbol{x}|H_1)-\lambda p(\boldsymbol{x}|H_0)<0$ 的观测空间归入 $Z_0$,或将使 $p(\boldsymbol{x}|H_1)>\lambda p(\boldsymbol{x}|H_0)$成立的观测空间定义为 $Z_1$,从而得到如下 $H_1$ 的检测准则:

$$H_1:\quad \frac{p(\boldsymbol{x}\mid H_1)}{p(\boldsymbol{x}\mid H_0)}>\lambda \tag{3-282}$$

式(3-282)中 $\lambda$ 为未知量,不能直接应用。$\lambda$ 可根据约束条件确定,但难以得到闭式解。一般可采用迭代方式求解,即从 $\lambda$ 的一个初始值开始,由式(3-282)得到观测空间的分割 $Z_0$、$Z_1$,再根据如下约束条件进行验证。如果满足,则停止迭代;否则,调整 $\lambda$ 取值重新验证。

$$\int_{Z_1} p(\boldsymbol{x}\mid H_0)\mathrm{d}\boldsymbol{x}=P_F \tag{3-283}$$

### 3.8.2 随机信号检测

随机信号检测所采用的准则与确定性信号检测一致。但由于对随机信号只能知道其统计特征,因此具体计算有所不同。下面看一个简单例子,考虑以下两种假设。

$$H_0:\boldsymbol{x}=\boldsymbol{w},\quad \boldsymbol{w}\propto N(0,\sigma^2\boldsymbol{I})$$
$$H_1:\boldsymbol{x}=\boldsymbol{s}+\boldsymbol{w} \tag{3-284}$$

其中,$s_n$ 是平稳随机信号。先考虑一个简单情况,$s_n$ 是高斯信号,均值为零,方差为 $\sigma_s^2$,以上两种假设可描述为

$$H_0:\boldsymbol{x}\propto N(0,\sigma^2\boldsymbol{I})$$
$$H_1:\boldsymbol{x}\propto N(0,(\sigma_s^2+\sigma^2)\boldsymbol{I}) \tag{3-285}$$

采用似然比及对数似然比进行判断,得到如下 $H_1$ 的判决准则:

$$H_1: L(\boldsymbol{x}) = \frac{p(\boldsymbol{x} \mid H_1)}{p(\boldsymbol{x} \mid H_0)} > \gamma \tag{3-286}$$

得到似然函数及似然比如下：

$$P(\boldsymbol{x} \mid H_1) = \frac{1}{(2\pi(\sigma_s^2 + \sigma^2))^{\frac{N}{2}}} \exp\left\{-\frac{1}{2(\sigma_s^2 + \sigma^2)} \sum_{n=0}^{N-1} x_n^2\right\} \tag{3-287}$$

$$P(\boldsymbol{x} \mid H_0) = \frac{1}{(2\pi\sigma^2)^{\frac{N}{2}}} \exp\left\{-\frac{1}{2\sigma^2} \sum_{n=0}^{N-1} x_n^2\right\} \tag{3-288}$$

$$l(\boldsymbol{x}) = \ln L(\boldsymbol{x}) = \frac{N}{2} \ln\left(\frac{\sigma^2}{\sigma_s^2 + \sigma^2}\right) + \frac{1}{2} \frac{\sigma_s^2}{\sigma^2(\sigma_s^2 + \sigma^2)} \sum_{n=0}^{N-1} x_n^2 \tag{3-289}$$

采用 $l(\boldsymbol{x}) > \ln\gamma$ 判决准则，对上式略加整理，可得到如下等效判决准则：

$$H_1: T(\boldsymbol{x}) = \sum_{n=0}^{N-1} x_n^2 = \boldsymbol{x}^{\mathrm{T}} \boldsymbol{x} > \left[\ln\gamma - \frac{N}{2} \ln\left(\frac{\sigma^2}{\sigma_s^2 + \sigma^2}\right)\right] \frac{2\sigma^2(\sigma_s^2 + \sigma^2)}{\sigma_s^2} = \bar{\gamma} \tag{3-290}$$

可以看到 $H_1$ 的判决依赖于采样信号的能量。当能量大于门限值时，判断存在目标信号，因此上述检测方法又称为能量检测器。能量检测器可推广到更一般的情况，即检测信号具有任意的协方差矩阵 $\boldsymbol{C}_s$，考虑以下两种假设

$$\begin{aligned} &H_0: \boldsymbol{x} \propto N(0, \sigma^2 \boldsymbol{I}) \\ &H_1: \boldsymbol{x} \propto N(0, \boldsymbol{C}_s + \sigma^2 \boldsymbol{I}) \end{aligned} \tag{3-291}$$

得到似然函数及似然比如下：

$$P(\boldsymbol{x} \mid H_1) = \frac{1}{(2\pi)^{\frac{N}{2}} \det^{\frac{1}{2}}(\boldsymbol{C}_s + \sigma^2 \boldsymbol{I})} \exp\left[-\frac{1}{2} \boldsymbol{x}^{\mathrm{T}} (\boldsymbol{C}_s + \sigma^2 \boldsymbol{I})^{-1} \boldsymbol{x}\right] \tag{3-292}$$

$$P(\boldsymbol{x} \mid H_0) = \frac{1}{(2\pi\sigma^2)^{\frac{N}{2}}} \exp\left[-\frac{1}{2\sigma^2} \boldsymbol{x}^{\mathrm{T}} \boldsymbol{x}\right] \tag{3-293}$$

$$l(\boldsymbol{x}) = \ln L(\boldsymbol{x}) = \frac{1}{2} \ln\left(\frac{(\sigma^2)^N}{\det(\boldsymbol{C}_s + \sigma^2 \boldsymbol{I})}\right) - \frac{1}{2} \boldsymbol{x}^{\mathrm{T}} \left[(\boldsymbol{C}_s + \sigma^2 \boldsymbol{I})^{-1} - \frac{1}{\sigma^2} \boldsymbol{I}\right] \boldsymbol{x} \tag{3-294}$$

可得到如下等价于 $l(\boldsymbol{x}) > \ln\gamma$ 的判决准则：

$$H_1: T(\boldsymbol{x}) = \sigma^2 \boldsymbol{x}^{\mathrm{T}} \left[\frac{1}{\sigma^2} \boldsymbol{I} - (\boldsymbol{C}_s + \sigma^2 \boldsymbol{I})^{-1}\right] \boldsymbol{x} > \bar{\gamma} \tag{3-295}$$

利用矩阵求逆定理

$$(\boldsymbol{A} + \boldsymbol{BCD})^{-1} = \boldsymbol{A}^{-1} - \boldsymbol{A}^{-1} \boldsymbol{B} (\boldsymbol{D}\boldsymbol{A}^{-1} \boldsymbol{B} + \boldsymbol{C}^{-1})^{-1} \boldsymbol{D} \boldsymbol{A}^{-1} \tag{3-296}$$

在式(3-296)中，令 $\boldsymbol{A} = \sigma^2 \boldsymbol{I}, \boldsymbol{B} = \boldsymbol{D} = \boldsymbol{I}, \boldsymbol{C} = \boldsymbol{C}_s$，有

$$(\sigma^2 \boldsymbol{I} + \boldsymbol{C}_s)^{-1} = \frac{1}{\sigma^2} \boldsymbol{I} - \frac{1}{\sigma^4} \left(\frac{1}{\sigma^2} \boldsymbol{I} + \boldsymbol{C}_s^{-1}\right)^{-1} \tag{3-297}$$

代入式(3-295)，得到如下判决准则：

$$\begin{aligned} H_1: T(\boldsymbol{x}) &= \boldsymbol{x}^{\mathrm{T}} \left[\frac{1}{\sigma^2} \left(\boldsymbol{C}_s^{-1} + \frac{1}{\sigma^2} \boldsymbol{I}\right)^{-1}\right] \boldsymbol{x} = \boldsymbol{x}^{\mathrm{T}} (\sigma^2 \boldsymbol{C}_s^{-1} + \boldsymbol{I})^{-1} \boldsymbol{x} \\ &= \boldsymbol{x}^{\mathrm{T}} [(\sigma^2 \boldsymbol{I} + \boldsymbol{C}_s) \boldsymbol{C}_s^{-1}]^{-1} \boldsymbol{x} = \boldsymbol{x}^{\mathrm{T}} \boldsymbol{C}_s (\sigma^2 \boldsymbol{I} + \boldsymbol{C}_s)^{-1} \boldsymbol{x} > \bar{\gamma} \end{aligned} \tag{3-298}$$

和式(3-290)相比，式(3-298)相当于在能量检测器基础上引入加权矩阵 $\boldsymbol{W} = \boldsymbol{C}_s (\sigma^2 \boldsymbol{I} +$

$\boldsymbol{C}_s)^{-1}$，得到加权检测量 $T(\boldsymbol{x})=\boldsymbol{x}^{\mathrm{T}}\boldsymbol{W}\boldsymbol{x}$，称为广义能量检测器。注意到式(3-298)可写成

$$H_1: T(\boldsymbol{x})=\boldsymbol{x}^{\mathrm{T}}\hat{\boldsymbol{s}}>\bar{\gamma}$$

$$\hat{\boldsymbol{s}}=\boldsymbol{C}_s(\sigma^2\boldsymbol{I}+\boldsymbol{C}_s)^{-1}\boldsymbol{x} \tag{3-299}$$

信号检测的过程可以看成先得到目标信号的一个估计，然后再利用估计得到的信号构造一个如式(3-266)所示的匹配滤波器。注意到上式中的 $\hat{\boldsymbol{s}}$ 实际是目标信号的线性最小均方误差(LMMSE)估计。说明如下：根据 3.6 节的结论，基于观测 $\boldsymbol{x}$，目标参数$\boldsymbol{\theta}$ 的线性 MMSE 估计为

$$\hat{\boldsymbol{\theta}}=\boldsymbol{C}_{\theta x}\boldsymbol{C}_x^{-1}\boldsymbol{x} \tag{3-300}$$

将式(3-300)用于从 $\boldsymbol{x}$ 中估计 $\boldsymbol{s}$，可得

$$\boldsymbol{C}_{sx}=E(\boldsymbol{s}\boldsymbol{x}^{\mathrm{T}})=E(\boldsymbol{s}\boldsymbol{s}^{\mathrm{T}}+\boldsymbol{s}\boldsymbol{w}^{\mathrm{T}})=E(\boldsymbol{s}\boldsymbol{s}^{\mathrm{T}})=\boldsymbol{C}_s \tag{3-301}$$

$$\begin{aligned}\boldsymbol{C}_x&=E(\boldsymbol{x}\boldsymbol{x}^{\mathrm{T}})=E(\boldsymbol{s}\boldsymbol{s}^{\mathrm{T}}+\boldsymbol{s}\boldsymbol{w}^{\mathrm{T}}+\boldsymbol{w}\boldsymbol{s}^{\mathrm{T}}+\boldsymbol{w}\boldsymbol{w}^{\mathrm{T}})\\&=E(\boldsymbol{s}\boldsymbol{s}^{\mathrm{T}})+E(\boldsymbol{w}\boldsymbol{w}^{\mathrm{T}})\\&=\boldsymbol{C}_s+\sigma^2\boldsymbol{I}\end{aligned} \tag{3-302}$$

式(3-302)中假设目标信号和噪声不相关，这在实际中一般可以满足。

以上讨论都基于假设在 $H_0$ 和 $H_1$ 条件下的似然函数是可知的，但实际情况经常没这么理想。一个最简单的例子是描述噪声特性的参数，如方差，经常是未知的。目标信号的参数也有可能是未知的，例如在无源雷达和声呐系统中，接收机对来的波信号的频率是未知的。估计存在未知参数时，一般分两个步骤处理，首先是解决 $H_0$ 和 $H_1$ 条件下的未知参数估计问题，例如用最大似然准则

$$\hat{\boldsymbol{\theta}}_0=\max_{\theta_0}p(\boldsymbol{x}\mid\boldsymbol{\theta}_0,H_0)\quad \hat{\boldsymbol{\theta}}_1=\max_{\boldsymbol{\theta}_1}p(\boldsymbol{x}\mid\boldsymbol{\theta}_1,H_1) \tag{3-303}$$

然后将估计结果用于似然比准则进行判决

$$H_1: L(\boldsymbol{x})=\frac{p(\boldsymbol{x}\mid\hat{\boldsymbol{\theta}}_1,H_1)}{p(\boldsymbol{x}\mid\hat{\boldsymbol{\theta}}_0,H_0)}>\gamma \tag{3-304}$$

这种方法称为广义似然比准则。如果先验概率分布已知，则可以使用贝叶斯准则计算似然比

$$H_1: L(\boldsymbol{x})=\frac{p(\boldsymbol{x}\mid H_1)}{p(\boldsymbol{x}\mid H_0)}=\frac{\int p(\boldsymbol{x}\mid\boldsymbol{\theta}_1,H_1)\mathrm{d}\boldsymbol{\theta}_1}{\int p(\boldsymbol{x}\mid\boldsymbol{\theta}_0,H_0)\mathrm{d}\boldsymbol{\theta}_0}>\gamma \tag{3-305}$$

下面以一个例子进一步说明，基于式(3-290)且假设目标信号具有非零均值

$$\begin{aligned}&H_0: \boldsymbol{x}\propto N(0,\sigma^2\boldsymbol{I})\\&H_1: \boldsymbol{x}\propto N(u\boldsymbol{e},\boldsymbol{C}_s+\sigma^2\boldsymbol{I})\end{aligned} \tag{3-306}$$

其中，$\boldsymbol{e}$ 是 $N\times 1$ 全 1 向量，得到似然函数如下：

$$P(\boldsymbol{x}\mid H_1)=\frac{1}{(2\pi)^{\frac{N}{2}}\det^{\frac{1}{2}}(\boldsymbol{C}_s+\sigma^2\boldsymbol{I})}\exp\left[-\frac{1}{2}(\boldsymbol{x}-u\boldsymbol{e})^{\mathrm{T}}(\boldsymbol{C}_s+\sigma^2\boldsymbol{I})^{-1}(\boldsymbol{x}-u\boldsymbol{e})\right] \tag{3-307}$$

$$P(\boldsymbol{x} \mid H_0)=\frac{1}{(2\pi\sigma^2)^{\frac{N}{2}}}\exp\left[-\frac{1}{2\sigma^2}\boldsymbol{x}^{\mathrm{T}}\boldsymbol{x}\right] \tag{3-308}$$

$u$ 的最大似然估计为

$$\hat{u}=\frac{1}{N}\boldsymbol{x}^{\mathrm{T}}(\boldsymbol{C}_s+\sigma^2\boldsymbol{I})^{-1}\boldsymbol{e} \tag{3-309}$$

和式(3-295)的推导相似,可得到以下判决准则

$$\begin{aligned}T(\boldsymbol{x})&=-(\boldsymbol{x}-\hat{u}\boldsymbol{e})^{\mathrm{T}}(\boldsymbol{C}_s+\sigma^2\boldsymbol{I})^{-1}(\boldsymbol{x}-\hat{u}\boldsymbol{e})+\frac{1}{\sigma^2}\boldsymbol{x}^{\mathrm{T}}\boldsymbol{x}>\bar{\gamma}\\&\Leftrightarrow\boldsymbol{x}^{\mathrm{T}}\left[(\boldsymbol{C}_s+\sigma^2\boldsymbol{I})^{-1}-\frac{1}{\sigma^2}\boldsymbol{I}\right]\boldsymbol{x}+N\hat{u}^2>\bar{\gamma}\\&\Leftrightarrow\boldsymbol{x}^{\mathrm{T}}\boldsymbol{C}_s(\sigma^2\boldsymbol{I}+\boldsymbol{C}_s)^{-1}\boldsymbol{x}+N\hat{u}^2>\bar{\gamma}\end{aligned} \tag{3-310}$$

和式(3-295)相比,式(3-310)的不同之处在于引入了非零均值的影响。

上述讨论可推广到多种信号的检测,考虑如下模型:

$$\begin{aligned}&H_0:\boldsymbol{x}=\boldsymbol{w},\quad \boldsymbol{w}\sim N(0,\boldsymbol{C})\\&H_i:\boldsymbol{x}=\boldsymbol{s}_i+\boldsymbol{w},\quad i=1,2,\cdots,K\end{aligned} \tag{3-311}$$

其中,$K$ 表示有多少种不同的信号。为了实现最低的检测错误概率,可采用最大后验概率检测准则

$$H_i:p(H_i \mid \boldsymbol{x})>p(H_j \mid \boldsymbol{x}),\quad j=0,1,\cdots,K;\ j\neq i \tag{3-312}$$

假设各种假设具有相等概率,可采用最大似然检测准则

$$H_i:p(\boldsymbol{x} \mid H_i)>p(\boldsymbol{x} \mid H_j),\quad j=0,1,\cdots,K,j\neq i \tag{3-313}$$

在实际应用中经常先计算各种假设对 $H_0$ 的似然比

$$L_i(\boldsymbol{x})=\frac{p(\boldsymbol{x} \mid H_i)}{p(\boldsymbol{x} \mid H_0)},\quad i=1,2,\cdots,K \tag{3-314}$$

如果所有 $L_i(\boldsymbol{x})$的取值均小于 1,则判决 $H_0$ 为真;否则,判决具有最大似然比的假设为真。特别要指出的是,上述方法只能应用于各种假设具有相等概率的情况,如果概率不相等,则必须直接基于式(3-312)计算。

## 本章习题

1. 假定观测 $x_0,x_1,\cdots,x_{N-1}$ 是独立同分布的,且在$(0,\theta)$上服从均匀分布,求 $\theta$ 的最大似然估计。

2. 证明式(3-39)

$$I(\theta)=E\left[\left(\frac{\partial\ln p(\boldsymbol{x} \mid \theta)}{\partial\theta}\right)^2\right]=-E\left[\frac{\partial^2\ln p(\boldsymbol{x} \mid \theta)}{\partial\theta^2}\right]$$

3. 设 $N$ 次观测为 $x_i=A+w_i,i=0,1,\cdots,N-1$,其中,$A$ 为未知的确定信号,噪声 $w_i$ $(i=0,1,\cdots,N-1)$ 相互独立并服从相同的分布 $N(0,\sigma^2)$,噪声的方差已知。

(1) 求 $A$ 的最大似然估计。

(2) $A$ 的最大似然估计是否为无偏估计?

(3) $A$ 的最大似然估计是否为有效估计？估计的方差等于多少？

4. 在习题 3 中，如果 $A$ 和 $\sigma^2$ 都是未知的，试分别求其最大似然估计，并讨论它们的无偏性。

5. 设观测模型为 $x_i = A + w_i$，其中 $w_i \propto N(0,\sigma^2)$，如果 $A$ 为未知常量，求 $A$ 的最大后验概率估计和最小均方误差估计。

6. 设有 $N$ 次独立同分布的观测 $x_0, x_1, \cdots, x_{N-1}$，且单个样本在$(0,\theta)$内服从均匀分布，证明：

$$E\left(\frac{\partial \ln p(\boldsymbol{x} \mid \theta)}{\partial \theta}\right) \neq 0, \quad \theta > 0$$

7. 平坦信道的信道估计问题可以用下式描述

$$x_i = A s_i + w_i, \quad i = 0,1,\cdots,N-1$$

其中，$w_i$ 是零均值高斯白噪声，方差为 $\sigma^2$，$s_i$ 是已知的训练序列，$x_i$ 是接收信号，求估计 $A$ 的 CRB。证明有效估计量存在，并求它的方差。当 $N\to\infty$时，估计的方差会怎样变化？

8. 设有两次观测

$$x_0 = A s_0 + w_0$$

$$x_1 = A s_1 + w_1$$

其中，$\boldsymbol{w} = [w_0, w_1]^{\mathrm{T}}$ 是零均值高斯随机向量，协方差矩阵为

$$\boldsymbol{C} = \sigma^2 \begin{bmatrix} 1 & \rho \\ \rho & 1 \end{bmatrix}$$

求估计 $A$ 的 CRB，并将它与 $\boldsymbol{w}$ 为高斯白噪声的情况($\rho=0$)进行比较，解释当 $\rho=\pm1$ 时会怎样？

9. 考虑高斯噪声下的单频频率估计问题

$$x_i = A \mathrm{e}^{\mathrm{j}\omega n + \varphi} + w_i, \quad i = 0,1,\cdots,N-1$$

其中，$w_i$ 是复高斯白噪声，方差为 $\sigma^2$。$A$，$\omega$，$\phi$ 分别为幅度、频率和相位，求：

(1) $A$、$\phi$ 为已知参数时频率估计的 CRB；

(2) $A$、$\omega$、$\phi$ 都是未知参数时频率估计的 CRB。

10. 设观测的概率密度为 $p(x|\theta)$，$\theta$ 为未知常量，待估计量为 $\alpha = g(\theta)$，证明：估计 $\alpha$ 的 CRB 为

$$\operatorname{Var}(\alpha) \geqslant \frac{\left(\frac{\partial g(\theta)}{\partial \theta}\right)^2}{-E\left[\frac{\partial^2 \ln p(x \mid \theta)}{\partial \theta^2}\right]}$$

11. 假定 $\alpha = g(\theta) = A\theta + b$，假设 $\bar{\theta}$ 是 $\theta$ 的有效估计，即 $\operatorname{Var}(\bar{\theta}) = I^{-1}(\theta)$，证明：$\alpha = A\theta + b$ 也是有效估计量，即对于线性变换，估计量的有效性得以保持。

12. 考虑一个正弦参数的估计问题，假定观测为

$$x_i = A\cos(2\pi f_0 i + \varphi) + w_i, \quad i = 0,1,\cdots,N-1$$

其中，$w_i$ 为零均值高斯白噪声，方差为 $\sigma^2$，$A$、$f_0$、$\phi$ 为未知参量，且 $A>0$，$0<f_0<1/2$，设 $\boldsymbol{\theta} = [A, f_0, \phi]^{\mathrm{T}}$，求其费希尔信息矩阵。

13. 设有 $N$ 次独立的观测为

$$x_i = A + w_i,\quad i = 0,1,\cdots,N-1$$

其中，$A$ 为未知常数，$w_i$ 是拉普拉斯噪声，分布为

$$p(w_i) = \frac{1}{2}\mathrm{e}^{-|w_i|}$$

求 $A$ 的最大似然估计子，并分析当 $N\to\infty$ 时，最大似然估计的方差是否达到 CRB。

14. 设观测信号模型为

$$x_i = A + w_i,\quad i = 0,1,\cdots,N-1$$

式中，随机变量 $A$ 为信号幅值，$E[A]=0$，$E[A^2]=a$，$A$ 是已知参数。$w_i$ 是零均值白噪声，与 $A$ 相互独立，求 $A$ 的线性最小均方误差估计。

15. 在平稳白噪声背景中，对信号参量做线性最小均方误差估计，两次观测数据为 $x_i=A+w_i(i=0,1)$，待估计参数 $A$ 为信号幅度，$w_i$ 为零均值，方差为 $\sigma_n^2$ 的白噪声，且信号幅值与噪声不相关，求 $A$ 的最佳线性估计。

16. 设观测信号模型为

$$x_i = A + w_i,\quad i = 0,1,\cdots,N-1$$

未知参数 $A$ 具有如下的概率密度分布：

$$f(A) = \begin{cases} \lambda\exp(-\lambda A), & A > 0 \\ 0, & A < 0 \end{cases}$$

其中，$\lambda>0$，$w_i$ 是零均值。方差为 $\sigma_n^2$ 的高斯白噪声与 $A$ 相互独立，试求 $A$ 的最大后验概率估计。

17. 对于无偏估计子，最小均方误差等价于最小方差。对线性估计子

$$\hat{\theta} = \sum_{i=0}^{N-1} a_i x_i$$

引入约束条件 $E[x_i]=s_i\theta$，则最小方差无偏估计子参数如下：

$$\boldsymbol{a} = \frac{\boldsymbol{C}^{-1}\boldsymbol{s}}{\boldsymbol{s}^{\mathrm{H}}\boldsymbol{C}^{-1}\boldsymbol{s}}$$

其中，$\boldsymbol{C}$ 是 $x_i$ 的协方差矩阵，证明所得估计子是无偏估计子并求其估计误差。

18. 设 $x(t)=A\cos\Omega_0 t+w(t)$，通过采样对幅度 $A$ 做线性估计。在 $\Omega_0 t=0$，$\Omega_0 t=\pi/3$ 处采样两次，记为 $x_0$、$x_1$，并设 $E[A]=0$，$E[A^2]=2$，$E[w_0]=E[w_1]=0$，$E[w_0^2]=E[w_1^2]=1$，$E[w_0 w_1]=0$，$E[Aw_0]=E[Aw_1]=0$，求：

(1) 线性最小均方误差估计 $\hat{A}_{\mathrm{lmmse}}$；

(2) 线性最小均方误差估计的误差。

19. 对于 $\boldsymbol{x}=\boldsymbol{H\theta}+\boldsymbol{w}$ 的实系数线性观测模型，假定测量噪声的均值为零，证明最小二乘估计误差的均方误差阵为

$$\boldsymbol{P}_{\theta_{\mathrm{ls}}} = E\left[(\theta-\theta_{\mathrm{ls}})(\theta-\theta_{\mathrm{ls}})^{\mathrm{T}}\right] = (\boldsymbol{H}^{\mathrm{T}}\boldsymbol{H})\boldsymbol{H}^{\mathrm{T}}\boldsymbol{R}\boldsymbol{H}(\boldsymbol{H}^{\mathrm{T}}\boldsymbol{H})^{-1}$$

其中，$\boldsymbol{R}=E[\boldsymbol{w}\boldsymbol{w}^{\mathrm{T}}]$。

20. 观测信号模型为 $y_i=\alpha+\beta x_i+w_i(i=0,1,\cdots,N-1)$，通过采样对幅度 $a$ 做线性估计，其中，$x_i$ 已知，$w_i$ 为未知干扰。求 $\alpha$，$\beta$ 的最小二乘估计。

21. 设有零均值实平稳随机过程 $x(t)$,$t$ 是$[0,T]$内的一点。若已知 $x(0)$和 $x(T)$,利用 $x(0)$和 $x(T)$求 $x(t)$的最佳线性估计。

22. 设有如下两种假设,观测次数为 $N$ 次

$$\begin{cases} H_0, & z_k = n_k \\ H_1, & z_k = 2 + n_k \end{cases} \quad (k = 1,2,\cdots,N)$$

其中,$n_k$ 是满足零均值,方差为 $\sigma_n^2$ 的正态分布,假设 $p(H_0)=p(H_1)=0.5$,求:

(1) 最小错误概率准则下的判决表达式;

(2) 虚警概率和检测概率(结果由误差函数表示)。

23. 设有如下两种假设,观测次数为 $N$ 次

$$\begin{cases} H_0, & z_k = n_k \\ H_1, & z_k = 1 + n_k \end{cases} \quad (k = 1,2,\cdots,N)$$

其中,$n_k$ 是满足零均值,方差为 $\sigma_n^2$ 的正态分布。试构造一个虚警概率为 0.1 的 NP(纽曼-皮儿森)检测器,求相应的检测概率。

24. 考虑如下四元数字通信系统:

$$\begin{cases} H_0, & z_k = n_k \\ H_1, & z_k = 1 + n_k \\ H_2, & z_k = 2 + n_k \\ H_3, & z_k = 3 + n_k \end{cases}$$

其中,$n_k$ 是满足零均值,方差为 $\sigma_n^2$ 的正态分布,各个假设的先验概率相等。试设计一个四元信号的最佳检测系统,由每一个接收符号 $z_k$ 检测其发送符号。

# 第4章 随机信号的更新与建模

CHAPTER 4

在实际工作中，无论是信号获取、变换、传输或是处理，都要经过各种线性或非线性系统的处理。本章将首先探讨如何利用线性系统和线性变换有目的地将随机信号的统计特征进行修改和更新，然后探讨如何用线性系统为随机信号建模。

## 4.1 随机信号通过的线性系统

### 4.1.1 基本概念

随机信号通过的线性系统如图4-1所示，其中图4-1(a)为连续时间线性系统，图4-1(b)为离散时间线性系统。

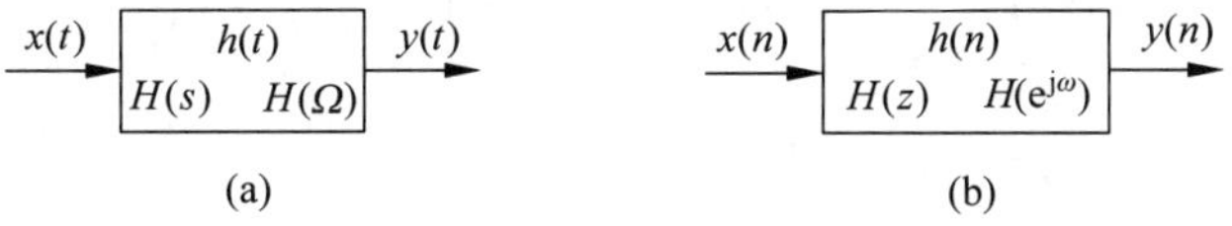


图4-1 随机信号通过的线性系统

描述一个线性系统特征的基本函数是该系统的单位冲激响应函数、传递函数或频率响应特性函数。

对于连续时间系统(图4-1(a))，设系统的输入信号为$x(t)$，输出信号为$y(t)$，描述该系统特性的常用概念如下：

(1) 单位冲激响应函数$h(t)$。

$$y(t)=x(t)\otimes h(t)=\int_{-\infty}^{\infty}x(\tau)h(t-\tau)\mathrm{d}\tau$$

(2) 传递函数$H(s)$。

$H(s)$是$h(t)$的拉普拉斯变换，$Y(s)=X(s)H(s)$。

(3) 频率响应特性函数$H(\Omega)$。

$H(\Omega)$是$h(t)$的傅里叶变换，$Y(\Omega)=X(\Omega)H(\Omega)$。

对于图4-1(b)所示的离散时间系统，系统的输入信号为$x(n)$，输出信号为$y(n)$，同样有如下概念：

(1) 单位冲激响应函数 $h(n)$。

$$y(n)=\sum_{m=-\infty}^{\infty}x(m)h(n-m)$$

(2) 传递函数 $H(z)$。

$H(z)$是 $h(n)$的 $z$ 变换,$Y(z)=X(z)H(z)$。

(3) 频率响应特性函数 $H(\mathrm{e}^{\mathrm{j}\omega})$。

$H(\mathrm{e}^{\mathrm{j}\omega})$是 $h(n)$的离散时间傅里叶变换,即

$$H(\mathrm{e}^{\mathrm{j}\omega})=\sum_{n=-\infty}^{\infty}h(n)\mathrm{e}^{-\mathrm{j}\omega n}$$

$$Y(\mathrm{e}^{\mathrm{j}\omega})=X(\mathrm{e}^{\mathrm{j}\omega})H(\mathrm{e}^{\mathrm{j}\omega})$$

### 4.1.2 线性系统输入/输出信号之间数字特征的关系

如图 4-1 所示的线性系统,由于输入信号 $x(t)$或 $x(n)$是一个随机信号,所以输出也是随机信号,考察随机信号经过线性系统后的统计特征,要借助系统的传递函数(或单位冲激响应函数)分析输入、输出之间一、二阶的统计特征之间的关系,如均值、自相关函数、互相关函数、功率谱(功率谱密度函数)等的相互关系。

**1. 连续时间线性系统**

(1) 均值。设 $x(t)$为平稳随机信号,其均值为常数 $m_x$,$y(t)$的均值为 $m_y(t)$

$$\begin{aligned}m_y(t)&=E[y(t)]=E\left[\int_{-\infty}^{\infty}x(\tau)h(t-\tau)\mathrm{d}\tau\right]\\&=E\left[\int_{-\infty}^{\infty}h(\tau)x(t-\tau)\mathrm{d}\tau\right]=\int_{-\infty}^{\infty}h(\tau)E[(x-\tau)]\mathrm{d}\tau\\&=m_x\int_{-\infty}^{\infty}h(\tau)\mathrm{d}\tau\end{aligned}\tag{4-1}$$

由傅里叶变换性质易知:

$$\int_{-\infty}^{\infty}h(\tau)\mathrm{d}\tau=H(\Omega)\big|_{\Omega=0}=H(0)\tag{4-2}$$

由式(4-1)及式(4-2)可得

$$m_y(t)=m_xH(0)=m_y\tag{4-3}$$

可见 $y(t)$的均值 $m_y$ 是与 $t$ 无关的常数。

(2) 自相关函数。设 $x(t)$的自相关函数为 $R_x(\tau)$,$y(t)$的自相关函数为

$$\begin{aligned}R_y(t,t-\tau)&=E[y(t)y^*(t-\tau)]\\&=E\left[\int_{-\infty}^{\infty}h(u)x(t-u)\mathrm{d}u\int_{-\infty}^{\infty}h^*(v)x^*(t-\tau-v)\mathrm{d}v\right]\\&=E\left[\int_{-\infty}^{\infty}\int_{-\infty}^{\infty}h(u)h^*(v)x(t-u)x^*(t-\tau-v)\mathrm{d}u\mathrm{d}v\right]\\&=\int_{-\infty}^{\infty}\int_{-\infty}^{\infty}h(u)h^*(v)E[x(t-u)x^*(t-\tau-v)]\mathrm{d}u\mathrm{d}v\\&=\int_{-\infty}^{+\infty}\int_{-\infty}^{+\infty}h(u)h^*(v)R_x(\tau+v-u)\mathrm{d}u\mathrm{d}v\end{aligned}$$

$$=\int_{-\infty}^{+\infty} h^*(v)[h(\tau+v)\otimes R_x(\tau+v)]\mathrm{d}v$$

$$=h^*(-\tau)\otimes h(\tau)\otimes R_x(\tau) \tag{4-4}$$

即

$$R_y(t,t-\tau)=[h^*(-\tau)\otimes h(\tau)]\otimes R_x(\tau)=R_y(\tau) \tag{4-5}$$

由此可见，$y(t)$的自相关函数与时间起点无关。如果系统是稳定的，可知 $y(t)$也是一个广义平稳的随机信号。

由式(4-3)及式(4-4)可知，如果输入信号 $x(t)$为广义平稳随机信号，则输出信号 $y(t)$也是广义平稳的，即平稳信号通过线性系统也是平稳的。注意到冲激响应的自相关函数可表示为

$$R_h(\tau)=\int_{-\infty}^{+\infty} h(t)h^*(t-\tau)\mathrm{d}t=h^*(-\tau)\otimes h(\tau) \tag{4-6}$$

式(4-5)可写为

$$R_y(\tau)=R_h(\tau)\otimes R_x(\tau) \tag{4-7}$$

线性时不变系统的输出可以用输入与冲激响应的卷积表示，$R_y(\tau)$是该卷积结果(系统输出)的自相关。式(4-7)表示 $R_y(\tau)$可以看成两个自相关函数的卷积。式(4-7)的一个简洁解释是"卷积的相关等于相关的卷积"。式(4-7)表明，在引入自相关函数等统计量描述后，随机信号与系统的相互作用表现出和确定性信号相同的特征。

同理，可以推导输入/输出信号的功率谱(功率谱密度函数)、互相关函数、互谱密度函数、自协方差函数之间的关系。

(3) 功率谱。

由式(4-4)及维纳-辛欣定理，易知输出信号 $y(t)$的功率谱为

$$S_y(\Omega)=|H(\Omega)|^2 S_x(\Omega) \tag{4-8}$$

(4) 互相关函数。

不难推导，输入/输出信号的互相关函数 $R_{xy}(\tau)=E[x(t)y^*(t-\tau)]$有如下关系：

$$R_{xy}(\tau)=h^*(-\tau)\otimes R_x(\tau) \tag{4-9}$$

(5) 互谱密度函数。

$$S_{xy}(\Omega)=H^*(\Omega)S_x(\Omega) \tag{4-10}$$

(6) 自协方差函数。

$$C_y(\tau)=h^*(-\tau)\otimes h(\tau)\otimes C_x(\tau) \tag{4-11}$$

(7) 互协方差函数。

$$C_{xy}(\tau)=h^*(-\tau)\otimes C_x(\tau) \tag{4-12}$$

**例 4-1**　RC 回路低通滤波器电路如图 4-2 所示。已知 $x(t)$是零均值的白噪声，其功率谱为 $S_x(\Omega)=1$，求 $S_y(\Omega)$、$R_y(\tau)$、$m_y$、$D_y[D_y=R_y(0)]$。

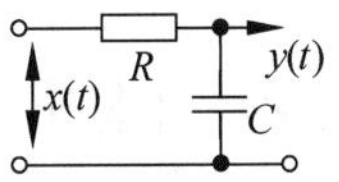

图 4-2　RC 回路低通滤波器电路

**解**　RC 回路的频率响应为

$$H(\Omega)=\frac{1}{1+\mathrm{j}\Omega T}\quad (T=RC)$$

由式(4-8)得

$$S_y(\Omega)=|H(\Omega)|^2S_x(\Omega)=\frac{1}{1+\Omega^2T^2}$$

$$R_y(\tau)=F^{-1}[S_y(\Omega)]=\frac{1}{2T}\mathrm{e}^{-\frac{1}{T}|\tau|}$$

$$D_y=R_y(0)=\frac{1}{2T}$$

RC 回路为线性系统，根据线性系统平稳随机信号输入、输出均值的关系式，有

$$m_y=0$$

由式(4-9)和式(4-10)可知，在输入/输出信号的互相关函数，互谱密度函数中包含了系统的冲激响应函数或频率特性的全部信息，因此可以用来估计频谱特性 $H(\Omega)$，即

$$H^*(\Omega)=\frac{S_{xy}(\Omega)}{S_x(\Omega)} \tag{4-13}$$

**2. 离散时间线性系统**

对于离散时间系统(图 4-1(b))，系统的输入信号为时间序列 $x(n)$，输出为 $y(n)$

$$y(n)=\sum_{k=-\infty}^{\infty}h(k)x(n-k) \tag{4-14}$$

同样地，不难证明，输入/输出信号之间的数字特征满足如下一些关系：

(1) 均值

$$m_y=m_xH(\mathrm{e}^{\mathrm{j}0}) \tag{4-15}$$

(2) 均方

$$D_y=\frac{1}{2\pi}\int_{-\pi}^{\pi}|H(\mathrm{e}^{\mathrm{j}\omega})|^2S_x(\omega)\mathrm{d}\omega \tag{4-16}$$

(3) 功率谱

$$S_y(\omega)=|H(\mathrm{e}^{\mathrm{j}\omega})|^2S_x(\omega) \tag{4-17}$$

(4) 自相关函数

$$\begin{aligned}R_y(m)&=R_x(m)\otimes h^*(-m)\otimes h(m)\\&=\sum_{k=-\infty}^{\infty}h(k)\sum_{r=-\infty}^{\infty}h^*(r)R_x(m+r-k)\end{aligned} \tag{4-18}$$

(5) 互相关函数

$$R_{xy}(m)=h^*(-m)\otimes R_x(m) \tag{4-19}$$

(6) 互谱密度函数

$$S_{xy}(z)=H^*(z)S_x(z)\big|_{z=\mathrm{e}^{\mathrm{j}\omega}} \tag{4-20}$$

## 4.2 随机向量的线性变换

随机向量统计特性的修正一般通过线性变换实现。令 $\boldsymbol{x}=[x_1,x_2,\cdots,x_N]^{\mathrm{T}}$ 为 $N$ 维随机向量，$\boldsymbol{A}$ 为 $M\times N$ 变换矩阵，线性变换定义为

$$\boldsymbol{y}=\boldsymbol{A}\boldsymbol{x} \tag{4-21}$$

上述线性变换可用于描述很多实际的信号处理过程，其中组成随机向量的元素可以是

不同信号,也可以来自同一个信号。下面各举一个例子。在如图 4-3 所示的多天线通信系统中,$M$ 个不同信号通过 $M$ 个发送天线发送,这时任一接收天线都将收到所有发送信号的叠加。令 $a_{mn}$ 表示第 $m$ 个发送天线到第 $n$ 个接收天线之间的信道增益,则第 $n$ 个接收信号为(这里不考虑环境干扰)

$$y_n(n)=a_{1n}x_1(n)+a_{2n}x_2(n)+\cdots+a_{Mn}x_M(n) \tag{4-22}$$

定义 $\boldsymbol{x}(n)=[x_1(n),x_2(n),\cdots,x_M(n)]^{\mathrm{T}}$, $\boldsymbol{y}(n)=[y_1(n),y_2(n),\cdots,y_N(n)]^{\mathrm{T}}$, $[\boldsymbol{A}]_{mn}=a_{mn}$,则

$$\boldsymbol{y}(n)=\boldsymbol{A}^{\mathrm{T}}\boldsymbol{x}(n) \tag{4-23}$$

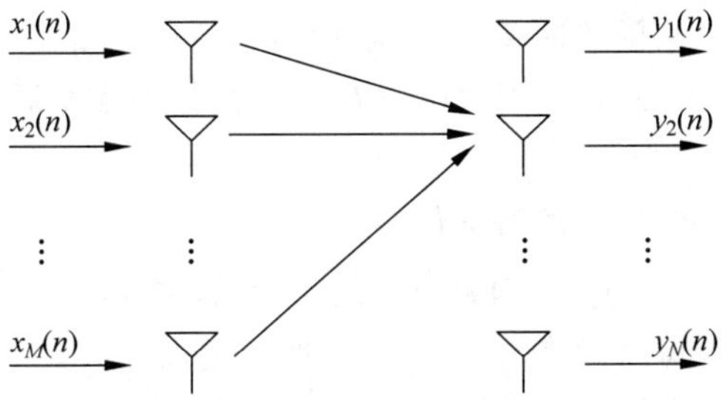


图 4-3 多天线无线通信系统的输入输出

考虑因果有限冲激响应线性时不变系统的输入/输出关系,如果截取一段系统输出信号为 $\boldsymbol{y}=[y_N,y_{N-1},\cdots,y_{N-M}]^{\mathrm{T}}$,根据系统输入/输出的卷积关系,可得到如下基于线性变换的输入/输出关系:

$$\begin{bmatrix} y_N \\ y_{N-1} \\ \vdots \\ y_{N-M} \end{bmatrix}=\begin{bmatrix} h_0 & h_1 & \cdots & h_{L-1} & 0 & \cdots & 0 \\ 0 & h_0 & h_1 & \cdots & h_{L-1} & \cdots & \vdots \\ \vdots & \ddots & \vdots & \cdots & \vdots & \ddots & 0 \\ 0 & \cdots & 0 & h_0 & h_1 & \cdots & h_{L-1} \end{bmatrix}\begin{bmatrix} x_N \\ x_{N-1} \\ \vdots \\ x_{N-L-M+1} \end{bmatrix} \tag{4-24}$$

可以看到,式(4-24)是式(4-21)的一个特例。实际上,式(4-21)可用于描述非因果、时变线性系统,基于式(4-21)分析统计特性更具一般性。

下面以一个例子介绍线性变换的作用。在数据压缩、降噪等信号处理领域经常需要对数据进行去相关操作,使之转换为相互独立的分量,下面介绍一种基于线性变换的去相关操作。不失一般性,假设随机向量具有零均值,对非零均值的随机向量,可以通过修正 $\boldsymbol{x}-E[\boldsymbol{x}]$实现零均值。假设随机向量 $\boldsymbol{x}=[x_1,x_2,\cdots,x_N]^{\mathrm{T}}$ 的自相关矩阵为$\boldsymbol{R}_x$,其特征值及对应的特征向量分别定义为$\{\lambda_1,\lambda_2,\cdots,\lambda_N\}$和$\{\boldsymbol{q}_1,\boldsymbol{q}_2,\cdots,\boldsymbol{q}_N\}$,所以

$$\boldsymbol{R}_x\boldsymbol{q}_i=\lambda_i\boldsymbol{q}_i \quad i=1,2,\cdots,N \tag{4-25}$$

式(4-25)重写为

$$\boldsymbol{R}_x=\boldsymbol{Q}\begin{bmatrix} \lambda_1 & & \\ & \ddots & \\ & & \lambda_N \end{bmatrix}\boldsymbol{Q}^{-1}\triangleq\boldsymbol{Q}\Sigma\boldsymbol{Q}^{-1} \tag{4-26}$$

对于复随机信号,自相关矩阵是共轭对称矩阵,有$\boldsymbol{R}_x^{\mathrm{H}}=\boldsymbol{Q}^{-\mathrm{H}}\Sigma\boldsymbol{Q}^{\mathrm{H}}=\boldsymbol{R}_x=\boldsymbol{Q}\Sigma\boldsymbol{Q}^{-1}$,因此$\boldsymbol{Q}^{\mathrm{H}}=\boldsymbol{Q}^{-1}$,即 $\boldsymbol{Q}$ 是酉矩阵。下面证明如果线性变换矩阵采用 $\boldsymbol{A}=\boldsymbol{Q}^{-1}=\boldsymbol{Q}^{\mathrm{H}}$,可实现去相关

操作。$\boldsymbol{y}$ 的自相关矩阵由下式计算

$$\begin{aligned}\boldsymbol{R}_y &= E[\boldsymbol{y}\boldsymbol{y}^{\mathrm{H}}] \\ &= E[\boldsymbol{A}\boldsymbol{x}\boldsymbol{x}^{\mathrm{H}}\boldsymbol{A}^{\mathrm{H}}] \\ &= \boldsymbol{A}E[\boldsymbol{x}\boldsymbol{x}^{\mathrm{H}}]\boldsymbol{A}^{\mathrm{H}} \\ &= \boldsymbol{A}\boldsymbol{R}_x\boldsymbol{A}^{\mathrm{H}} \\ &= \boldsymbol{A}\boldsymbol{Q}\boldsymbol{\Sigma}\boldsymbol{Q}^{-1}\boldsymbol{A}^{\mathrm{H}}\end{aligned} \tag{4-27}$$

由 $\boldsymbol{A}=\boldsymbol{Q}^{-1}$ 及 $\boldsymbol{Q}$ 的正交性,可得$\boldsymbol{R}_y=\Sigma$ 。相关矩阵为对角矩阵,即不同分量具有独立性。不难发现经过线性变换后的随机向量具有以下特性。

(1) 如果 $\boldsymbol{x}$ 是零均值,则随机向量 $\boldsymbol{y}$ 也是零均值,它的分量是非相关的(因为零均值,所以也是正交的)。另外,如果 $\boldsymbol{x}$ 是服从 $N(0,\boldsymbol{R}_x)$ 的高斯分布,那么 $\boldsymbol{y}$ 是具有独立分量的 $N(0,\Sigma)$ 分布。

(2) 随机变量 $\boldsymbol{y}$ 的方差是$\boldsymbol{R}_x$ 的特征值。

(3) 由 $\boldsymbol{y}=\boldsymbol{A}\boldsymbol{x}$ 得到 $y_i=\boldsymbol{q}_i^{\mathrm{H}}\boldsymbol{x}$,因此 $y_i$ 是 $\boldsymbol{x}$ 在单位向量$\boldsymbol{q}_i$ 上的投影。注意到$\{\boldsymbol{q}_1,\boldsymbol{q}_2,\cdots,\boldsymbol{q}_N\}$是 $N$ 维线性空间的正交基,$\boldsymbol{x}$ 线性变换的过程可以看成 $N$ 维线性空间中点在该正交基上的投影,图 4-4 给出一个示意图。

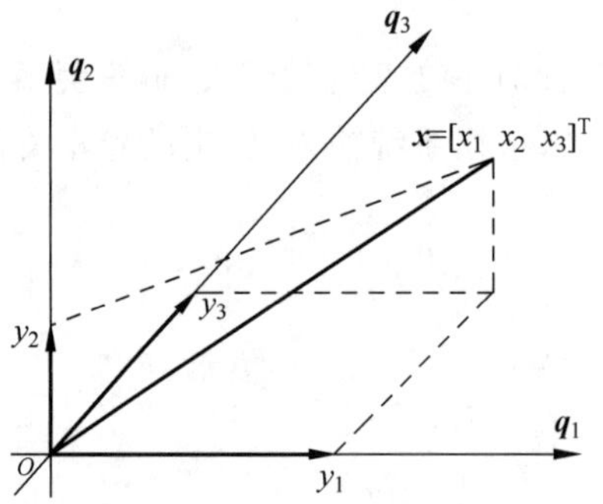


图 4-4 对三维随机向量 $\boldsymbol{x}=[x_1 \quad x_2 \quad x_3]^{\mathrm{T}}$ 进行正交投影得到 $\boldsymbol{y}=[y_1 \quad y_2 \quad y_3]^{\mathrm{T}}$

下面以数据压缩为例进一步介绍去相关正交线性变换在数据压缩中的应用。其主要思想是通过对信号解相关,形成信号能量的不均匀分布,使大部分信号能量集中分布在较少的变换系数上,然后再配合主观特性,对不同的变换系数进行不同精细程度的量化,从而实现数据压缩。如果所有变换系数不经量化全部传送,则在接收端可以通过逆变换无失真地恢复原始信号。若为了进行数据压缩,变换后不将全部变换系数传送,显然,接收端经逆变换后得到的恢复信号就存在失真问题。

从编码的角度考虑,希望所传送的那部分变换系数尽量少(压缩尽量多),而恢复信号的失真尽量小。如果一种变换方式,在指定的失真准则下,经过变换所得的变换系数中需要传送的部分最少,那么这种变换就是在这一准则下的最佳变换。经常使用且在数学上易处理的失真准则之一是 3.6 节所讨论的线性最小均方误差(Minimum Mean Square Error, MMSE)准则。下面推导线性 MMSE 准则下的最佳变换。

首先假设 $\boldsymbol{A}$ 为 $N\times N$ 方阵,且为正交变换矩阵,对 $\boldsymbol{A}$ 按列分解为$[\boldsymbol{a}_1,\boldsymbol{a}_2,\cdots,\boldsymbol{a}_N]$,可得

$$\boldsymbol{a}_i^{\mathrm{H}}\boldsymbol{a}_j=\begin{cases}1, & i=j(i,j=1,2,\cdots,N)\\ 0, & i\neq j(i,j=1,2,\cdots,N)\end{cases} \tag{4-28}$$

或等价的

$$\boldsymbol{A}^{\mathrm{H}}\boldsymbol{A}=\boldsymbol{I} \tag{4-29}$$

其中，$\boldsymbol{I}$ 是单位矩阵。为分析方便，将线性变换重新定义为 $\boldsymbol{y}=\boldsymbol{A}^{\mathrm{H}}\boldsymbol{x}$，逆变换表示为

$$\boldsymbol{x}=\boldsymbol{A}\boldsymbol{y}=\sum_{n=1}^{N}y_n\boldsymbol{a}_n \tag{4-30}$$

当保留全部 $y_n$，$x$ 可无失真恢复。为了达到数据压缩目的，仅保留 $\boldsymbol{y}$ 能量较大的 $M$ 个分量 $y_1,y_2,\cdots,y_M$，其他分量用预选常数 $b_{M+1},\cdots,b_N$ 代替，这时恢复出来的信号为

$$\hat{\boldsymbol{x}}=\sum_{n=1}^{M}y_n\boldsymbol{a}_n+\sum_{n=M+1}^{N}b_n\boldsymbol{a}_n \tag{4-31}$$

造成的误差为

$$\Delta\boldsymbol{x}=\boldsymbol{x}-\hat{\boldsymbol{x}}=\sum_{n=M+1}^{N}(y_n-b_n)\boldsymbol{a}_n \tag{4-32}$$

问题转换为求解最优的变换矩阵 $\boldsymbol{A}$ 和参数 $b_{M+1},\cdots,b_N$，使得数据重构的均方误差 $E[\|\Delta\boldsymbol{x}\|^2]$最小。由式(4-32)并基于$\boldsymbol{a}_n$ 的正交性可得

$$E[\|\Delta\boldsymbol{x}\|^2]=E\left[\sum_{n=M+1}^{N}|y_n-b_n|^2\boldsymbol{a}_n^{\mathrm{H}}\boldsymbol{a}_n\right]=\sum_{n=M+1}^{N}E[|y_n-b_n|^2] \tag{4-33}$$

下面分两个步骤考虑变换矩阵 $\boldsymbol{A}$ 和参数 $b_{M+1},\cdots,b_N$ 的选取，首先考虑参数 $b_{M+1},\cdots,b_N$，令偏导数等于 0，可得到方程组

$$\frac{\partial E[\|\Delta\boldsymbol{x}\|^2]}{\partial b_n}=-E[y_n-b_n]=0 \tag{4-34}$$

$b_n$ 是常数，由式(4-34)得

$$b_n=E[y_n] \tag{4-35}$$

根据变换定义可得

$$y_n=\boldsymbol{a}_n^{\mathrm{H}}\boldsymbol{x} \tag{4-36}$$

所以

$$b_n=E[y_n]=E[\boldsymbol{a}_n^{\mathrm{H}}\boldsymbol{x}]=\boldsymbol{a}_n^{\mathrm{H}}E[\boldsymbol{x}]=\boldsymbol{a}_n^{\mathrm{H}}\bar{\boldsymbol{x}} \tag{4-37}$$

可以看到对于零均值信号，$b_{M+1},\cdots,b_N$ 的最佳取值是 0，这可大大简化实际中的操作。接下来考察最佳变换矩阵 $\boldsymbol{A}$ 的取值。把式(4-37)代入误差表达式(4-33)，可得

$$\begin{aligned}E[\|\Delta\boldsymbol{x}\|^2]&=\sum_{n=M+1}^{N}E[|y_n-\boldsymbol{a}_n^{\mathrm{H}}\bar{\boldsymbol{x}}|^2]\\&=\sum_{n=M+1}^{N}E[|\boldsymbol{a}_n^{\mathrm{H}}\boldsymbol{x}-\boldsymbol{a}_n^{\mathrm{H}}\bar{\boldsymbol{x}}|^2]\\&=\sum_{n=M+1}^{N}E[|\boldsymbol{a}_n^{\mathrm{H}}(\boldsymbol{x}-\bar{\boldsymbol{x}})|^2]\\&=\sum_{n=M+1}^{N}E[\boldsymbol{a}_n^{\mathrm{H}}(\boldsymbol{x}-\bar{\boldsymbol{x}})(\boldsymbol{x}-\bar{\boldsymbol{x}})^{\mathrm{H}}\boldsymbol{a}_n]\end{aligned}$$

$$= \sum_{n=M+1}^{N} \boldsymbol{a}_n^{\mathrm{H}} E\left[(\boldsymbol{x}-\bar{\boldsymbol{x}})(\boldsymbol{x}-\bar{\boldsymbol{x}})^{\mathrm{H}}\right] \boldsymbol{a}_n$$

$$= \sum_{n=M+1}^{N} \boldsymbol{a}_n^{\mathrm{H}} \boldsymbol{C}_x \boldsymbol{a}_n \tag{4-38}$$

$\{\boldsymbol{a}_n\}$的选取不仅要使得式(4-38)中的误差最小，还要满足式(4-29)中的归一化正交条件，定义解的搜索空间为闭空间$\boldsymbol{a}_n^{\mathrm{H}}\boldsymbol{a}_n \leqslant 1$。把约束条件重写为

$$1 - \boldsymbol{a}_n^{\mathrm{H}} \boldsymbol{a}_n = 0 \tag{4-39}$$

拉格朗日乘子法是求解约束优化问题的常用方法，这里用拉格朗日乘子法求解归一化约束下的最小均方误差问题，定义如下目标函数

$$J(\boldsymbol{a}_1, \boldsymbol{a}_2, \cdots, \boldsymbol{a}_N) = \sum_{n=M+1}^{N} \boldsymbol{a}_n^{\mathrm{H}} \boldsymbol{C}_x \boldsymbol{a}_n + \beta_n (1 - \boldsymbol{a}_n^{\mathrm{H}} \boldsymbol{a}_n) \tag{4-40}$$

式(4-40)目标函数是凸函数，同时搜索空间是凸集，因此该优化问题是凸优化问题，具有唯一全局最优解，该最优解在梯度为零的位置。建立方程

$$\frac{\partial J(\boldsymbol{a}_1, \boldsymbol{a}_2, \cdots, \boldsymbol{a}_N)}{\partial \boldsymbol{a}_n} = \boldsymbol{C}_x^{\mathrm{T}} \boldsymbol{a}_n^{*} - \beta_n \boldsymbol{a}_n^{*} = 0 \tag{4-41}$$

上式的结果用到了式(3-104)和式(3-105)的复向量求导公式。对上述方程取共轭并利用协方差矩阵的共轭对称特性，可将上述方程重写为

$$\boldsymbol{C}_x \boldsymbol{a}_n = \beta_n \boldsymbol{a}_n, \quad n = 1, 2, \cdots, N \tag{4-42}$$

使式(4-42)成立的条件是$\boldsymbol{a}_n$为$\boldsymbol{C}_x$的特征向量，$\beta_n$为其对应的特征值。实际应用中$\boldsymbol{C}_x$预先可知，对$\boldsymbol{C}_x$进行特征值分解得到特征值$\{\lambda_1, \lambda_2, \cdots, \lambda_N\}$和特征向量$\{\boldsymbol{q}_1, \boldsymbol{q}_2, \cdots, \boldsymbol{q}_N\}$。假设$\lambda_1 \geqslant \lambda_2 \geqslant \cdots \geqslant \lambda_N$。取$\{\boldsymbol{a}_{M+1}, \cdots, \boldsymbol{a}_N\}$为$\boldsymbol{C}_x$最小的$N-M$个特征值对应的特征向量，得到数据压缩后的最小均方误差为

$$E[\|\Delta \boldsymbol{x}\|^2] = \sum_{n=M+1}^{N} \boldsymbol{q}_n^{\mathrm{H}} \boldsymbol{C}_x \boldsymbol{q}_n = \sum_{n=M+1}^{N} \lambda_n \tag{4-43}$$

即误差为$\boldsymbol{C}_x$最小的$N-M$个特征值之和，实际如果能预先得到$\boldsymbol{C}_x$，数据压缩的误差可精确控制。$\{\boldsymbol{a}_1, \boldsymbol{a}_2, \cdots, \boldsymbol{a}_M\}$的选取要满足式(4-28)的归一化正交条件，易知如果$\{\boldsymbol{a}_1, \boldsymbol{a}_2, \cdots, \boldsymbol{a}_M\}$取$\{\boldsymbol{q}_1, \boldsymbol{q}_2, \cdots, \boldsymbol{q}_M\}$可满足条件。最终得$\boldsymbol{A} = \{\boldsymbol{q}_1, \boldsymbol{q}_2, \cdots, \boldsymbol{q}_N\}$为所求的正交变换矩阵。这种基于特征值分解的变换是 Karhunen-Loeve 正交变换的一种重要形式，在图像压缩等数据压缩领域有重要应用。

## 4.3 离散时间序列的线性模型

随机信号的自相关函数、功率谱等反映了信号的一些统计规律，在许多信号处理过程中，经常需要找到一个反映信号变化规律的简单数学模型，例如一个目标跟踪系统，要根据当前和过去目标的位置，估计其将来的位置，所以需要找到一个描述目标位置变化的数学模型。本节讨论建立这种模型的方法。

以离散随机信号为例，由式(4-17)、式(4-18)，当系统输入为零均值，方差为 1 的白噪声时，系统输出的功率谱和自相关函数简化为

$$S_y(\omega)=|H(e^{j\omega})|^2 \tag{4-44}$$

$$R_y(m)=h(-m)\otimes h(m) \tag{4-45}$$

即这时输出信号的自相关函数和功率谱完全由系统参数确定。由此引出另一个问题：对实际中的平稳随机信号，是否其自相关函数和功率谱可以基于式(4-44)、式(4-45)由某个系统描述。这就是平稳随机信号的建模问题。对于离散随机信号，其最基本的线性模型有自回归(Auto Regressive，AR)模型、滑动平均(Moving Average，MA)模型、自回归滑动平均(Auto Regressive Moving Average，ARMA)模型，我们将在下面作详细介绍。这里只考虑离散系统。

## 4.3.1 离散时间序列的自回归滑动平均模型

**1. ARMA 模型**

ARMA 模型又称为自回归滑动平均模型，是描述离散平稳随机信号(时间序列)的常用模型之一。设时间序列为 $x(n)$，其$(p,q)$阶 ARMA 模型的数学表达式如下：

$$\begin{aligned}&x(n)+\varphi_1 x(n-1)+\varphi_2 x(n-2)+\cdots+\varphi_p x(n-p)\\&=u(n)+\gamma_1 u(n-1)+\gamma_2 u(n-2)+\cdots+\gamma_q u(n-q)\end{aligned} \tag{4-46}$$

即

$$\sum_{k=0}^{p}\varphi_k x(n-k)=\sum_{k=0}^{q}\gamma_k u(n-k) \tag{4-47}$$

将此模型称为 ARMA$(p,q)$模型，式中，$\varphi_1,\varphi_2,\cdots,\varphi_p$、$\gamma_1,\gamma_2,\cdots,\gamma_q$ 为常数，$\varphi_0=\gamma_0=1$，$u(n)$为零均值的高斯白噪声，满足 $N(0,\sigma^2)$分布，即

$$E[u(n)]=0 \tag{4-48}$$

$$\sigma_u^2=\sigma^2 \tag{4-49}$$

$$C_{kj}=R_{kj}=\sigma^2\delta_{kj}=\begin{cases}\sigma^2, & k=j\\ 0, & k\neq j\end{cases} \tag{4-50}$$

上式说明，当 $k\neq j$ 时，$u(k)$、$u(j)$互不相关。

ARMA 模型的电路原理图如图 4-5 所示。

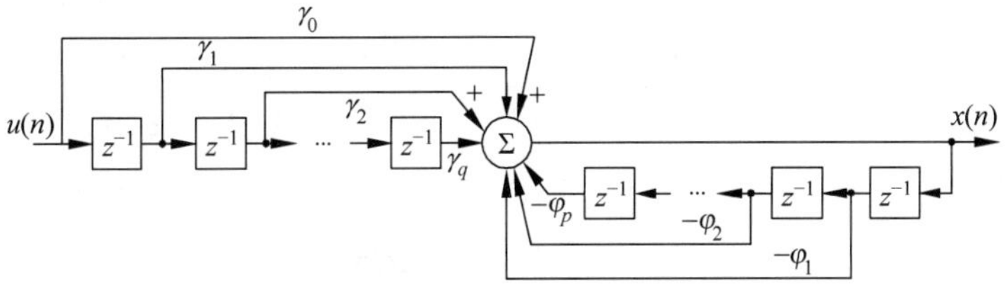


图 4-5　ARMA 模型的电路原理图

图 4-5 所示的 ARMA 模型的物理意义在于，信号 $x(n)$可等价成一白噪声 $u(n)$通过图示的线性系统得到的时间序列。特别要指出的是，这里的“等价”是指统计特征，即自相关函数、功率谱的等价，而不是信号取值上的等价。

**2. AR 模型**

在 ARMA 模型中，如果 $\gamma_0=1,\gamma_k=0(k=1,2,\cdots,q)$，则有

$$x(n)+\varphi_1 x(n-1)+\varphi_2 x(n-2)+\cdots+\varphi_p x(n-p)=u(n) \tag{4-51}$$

即

$$\sum_{i=0}^{p}\varphi_i x(n-i)=u(n) \tag{4-52}$$

称此模型为 $p$ 阶自回归模型——AR($p$)模型，也称为全极点模型，其电路原理图如图 4-6 所示。

**3. MA 模型**

在 ARMA 中，如果 $\varphi_0=1,\varphi_i=0(i=1,2,\cdots,p)$，则有

$$\begin{aligned}x(n)&=u(n)+\gamma_1 u(n-1)+\gamma_2 u(n-2)+\cdots+\gamma_q u(n-q)\\&=\sum_{i=0}^{q}\gamma_i u(n-i)\end{aligned} \tag{4-53}$$

称此线性模型为 $q$ 阶滑动平均模型——MA($q$)模型，也称为全零点模型，电路原理图如图 4-7 所示。

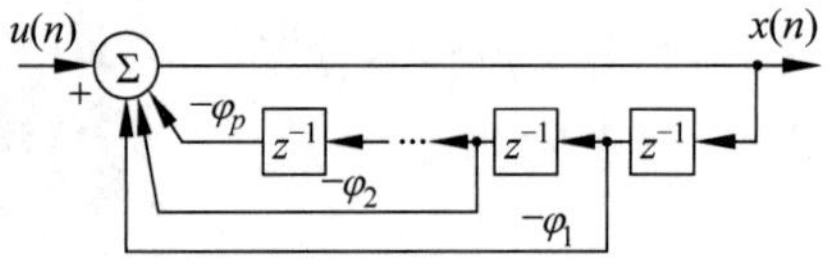


图 4-6　AR 模型电路原理图

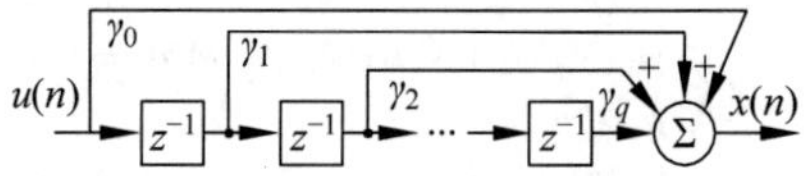


图 4-7　MA 模型电路原理图

许多实际随机信号均可用 ARMA、AR 或 MA 模型近似表示，因此对该三类模型的研究具有重要的理论和实际意义。

## 4.3.2 ARMA 模型的传递函数

ARMA($p,q$)模型可被看作白噪声通过一线性系统产生的时间序列模型，下面讨论该线性系统的传递函数。对 ARMA($p,q$)作 $Z$ 变换

$$X(z)[1+\varphi_1 z^{-1}+\varphi_2 z^{-2}+\cdots+\varphi_p z^{-p}]=U(z)[1+\gamma_1 z^{-1}+\gamma_2 z^{-2}+\cdots+\gamma_q z^{-q}] \tag{4-54}$$

所以

$$\frac{X(z)}{U(z)}=\frac{1+\gamma_1 z^{-1}+\gamma_2 z^{-2}+\cdots+\gamma_q z^{-q}}{1+\varphi_1 z^{-1}+\varphi_2 z^{-2}+\cdots+\varphi_p z^{-p}}=\frac{1+\sum\limits_{i=1}^{q}\gamma_i z^{-i}}{1+\sum\limits_{i=1}^{p}\varphi_i z^{-i}} \tag{4-55}$$

传递函数为

$$H(z)=\frac{X(z)}{U(z)}=\frac{1+\sum\limits_{i=1}^{q}\gamma_i z^{-i}}{1+\sum\limits_{i=1}^{p}\varphi_i z^{-i}} \tag{4-56}$$

同样地，对于 AR($p$)模型，其传递函数为

$$H_{\mathrm{AR}}(z)=\frac{1}{1+\sum\limits_{i=1}^{p}\varphi_i z^{-i}} \tag{4-57}$$

可见，AR 模型特性由极点决定，所以 AR 模型也称为全极点模型。

对于 MA($q$)模型，其传递函数为

$$H_{\mathrm{MA}}(z)=1+\sum_{i=1}^{q}\gamma_i z^{-i} \tag{4-58}$$

可见，MA 模型特性由零点决定，所以 MA 模型也称为全零点模型。

在式(4-56)中，对 $H(z)$进行逆变换，可以得到 ARMA 的冲激响应 $h(n)$为

$$h(n)=z^{-1}[H(z)] \tag{4-59}$$

模型输入/输出的关系可表示为

$$x(n)=h(n)\otimes u(n)=\sum_{i=0}^{\infty}h(i)u(n-i) \tag{4-60}$$

这里只考虑因果系统，因此 $h(n)$是因果信号，从零开始取值。下面以几个具体例子解释冲激响应函数的求解。

**例 4-2** 求 MA($q$)模型的单位冲激响应。

**解** 对 MA($q$)模型，有

$$x(n)=1+\sum_{i=1}^{q}\gamma_i u(n-i)$$

易知

$$h(n)=\begin{cases}\gamma_n, & 0\leqslant n\leqslant q\\ 0, & n>q, n<0\end{cases}$$

**例 4-3** 求 AR(2)模型的单位冲激响应。

**解** 对 AR(2)模型，有

$$x(n)+\varphi_1 x(n-1)+\varphi_2 x(n-2)=u(n)$$

$$h(z)=\frac{1}{1+\varphi_1 z^{-1}+\varphi_2 z^{-2}}$$

令

$$h(z)=[h(0)+h(1)z^{-1}+\cdots]=\frac{1}{1+\varphi_1 z^{-1}+\varphi_2 z^{-2}}$$

即

$$[h(0)+h(1)z^{-1}+\cdots][1+\varphi_1 z^{-1}+\varphi_2 z^{-2}]=1$$

比较上面多项式等号两边的同次幂系数，可知

$z^0$： $[h(0)+h(1)z^{-1}+\cdots][1+\varphi_1 z^{-1}+\varphi_2 z^{-2}]=1$

$\Rightarrow h(0)=1$

$z^{-1}$： $h(0)\varphi_1+h(1)=0\Rightarrow h(1)=-\varphi_1$

一般地，

$z^{-k}$： $h(k)+\varphi_1 h(k-1)+\varphi_2 h(k-2)=0$

$\Rightarrow h(k)=-\varphi_1 h(k-1)-\varphi_2 h(k-2)$

可推导出模型的冲激响应函数 $h(n)$为

$$\begin{cases} h(0)=1 \\ h(1)=-\varphi_1 \\ h(k)=-\varphi_1 h(k-1)-\varphi_2 h(k-2) \end{cases}$$

上述冲激响应函数的求解也可通过求解逆 $z$ 变换得到。

**例 4-4** 对 ARMA(1,1)：$x(n)+\varphi_1 x(n-1)=u(n)+\gamma_1 u(n-1)$，求其冲激响应函数。

**解** 解法一：

为表示方便起见，记冲激响应函数为 $h_k$，$k=0,1,2,\cdots$，所以

$$h(z)=\frac{1+\gamma_1 z^{-1}}{1+\varphi_1 z^{-1}}=h_0+h_1 z^{-1}+h_2 z^{-2}+h_k z^{-k}+\cdots$$

比较上式中等号两边的同次幂系数，不难得出

$z^0$：　$h_0=1$

$z^{-1}$：　$h_1+h_0\varphi_1=\gamma_1$

$z^{-2}$：　$h_2+\varphi_1 h_1=0$

$z^{-k}$：　$h_k=-\varphi_1 h_{k-1}$

所以

$$\begin{aligned} h_0 &= 1 \\ h_1 &= \gamma_1-\varphi_1 \\ h_2 &= -\varphi_1 h_1 \\ h_k &= -\varphi_1 h_{k-1} \end{aligned}$$

解法二：

$$\begin{aligned} h(z) &= \frac{1+\gamma_1 z^{-1}}{1+\varphi_1 z^{-1}}=h_0+h_1 z^{-1}+h_2 z^{-2}+h_k z^{-k}+\cdots \\ &= (1+\gamma_1 z^{-1})\sum_{k=0}^{\infty}(-\varphi_1 z^{-1})^k \\ &= \sum_{k=0}^{\infty}(-\varphi_1 z^{-1})^k+\gamma_1\sum_{k=0}^{\infty}(-\varphi_1)^k z^{-(k+1)} \\ &= 1+\sum_{k=1}^{\infty}(-\varphi_1)^k z^{-k}+\gamma_1\sum_{k=1}^{\infty}(-\varphi_1)^{k-1} z^{-k} \\ &= 1+\sum_{k=1}^{\infty}[(-\varphi_1)^k+\gamma_1(-\varphi_1)^{k-1}]z^{-k} \\ &= 1+\sum_{k=1}^{\infty}(\gamma_1-\varphi_1)(-\varphi_1)^{k-1} z^{-k} \end{aligned}$$

冲激响应函数的求解也可以通过对传递函数求逆 $z$ 变换得到，具体方法可参考第 1 章。

### 4.3.3 ARMA 系统的等效性

4.3.2 节分析了用线性模型描述随机信号的可行性，这一节分析模型的唯一性。如

式(4-56)所示的传递函数可以用零极点描述其特征，这时传递函数重写为

$$H(z)=\frac{1+\sum_{i=1}^{q}\gamma_i z^{-i}}{1+\sum_{i=1}^{p}\varphi_i z^{-i}}=\frac{\prod_{i=1}^{q}(1-\alpha_i z^{-i})}{\prod_{i=1}^{p}(1-\beta_i z^{-i})} \tag{4-61}$$

下面以一个特殊系统为例分析模型的唯一性，假设模型只有一个零点和一个极点，其中零点为 $\alpha=a\mathrm{e}^{\mathrm{j}\omega_1}$，极点为 $\beta=b\mathrm{e}^{\mathrm{j}\omega_2}$，系统模型为

$$H_1(z)=\frac{1-a\mathrm{e}^{\mathrm{j}\omega_1}z^{-1}}{1-b\mathrm{e}^{\mathrm{j}\omega_2}z^{-1}} \tag{4-62}$$

假设模型输入为零均值，方差为 $\sigma^2$ 的白噪声，输出信号的功率谱可表示为

$$S_1(\omega)=\frac{|1-a\mathrm{e}^{\mathrm{j}\omega_1}\mathrm{e}^{-\mathrm{j}\omega}|^2}{|1-b\mathrm{e}^{\mathrm{j}\omega_2}\mathrm{e}^{-\mathrm{j}\omega}|^2}\sigma^2 \tag{4-63}$$

考虑另一个模型，其零极点是 $H_1(z)$ 零极点关于单位圆的镜像，如图 4-8 所示。其对应的传输函数和输出信号功率谱密度为

$$H_2(z)=\frac{1-a^{-1}\mathrm{e}^{\mathrm{j}\omega_1}z^{-1}}{1-b^{-1}\mathrm{e}^{\mathrm{j}\omega_2}z^{-1}} \tag{4-64}$$

$$S_2(\omega)=\frac{|1-a^{-1}\mathrm{e}^{\mathrm{j}\omega_1}\mathrm{e}^{-\mathrm{j}\omega}|^2}{|1-b^{-1}\mathrm{e}^{\mathrm{j}\omega_2}\mathrm{e}^{-\mathrm{j}\omega}|^2}\sigma^2 \tag{4-65}$$

对上式分子部分可做如下处理：

$$|1-a^{-1}\mathrm{e}^{\mathrm{j}\omega_1}\mathrm{e}^{-\mathrm{j}\omega}|^2=|a^{-1}\mathrm{e}^{\mathrm{j}\omega_1}\mathrm{e}^{-\mathrm{j}\omega}|^2\,|1-a\mathrm{e}^{-\mathrm{j}\omega_1}\mathrm{e}^{\mathrm{j}\omega}|^2=|a^{-1}|^2\,|1-a\mathrm{e}^{\mathrm{j}\omega_1}\mathrm{e}^{-\mathrm{j}\omega}|^2 \tag{4-66}$$

对分母部分做类似处理，可得

$$|1-b^{-1}\mathrm{e}^{\mathrm{j}\omega_1}\mathrm{e}^{-\mathrm{j}\omega}|^2=|b^{-1}|^2\,|1-b\mathrm{e}^{\mathrm{j}\omega_1}\mathrm{e}^{-\mathrm{j}\omega}|^2 \tag{4-67}$$

则第二个模型输出的功率谱可表示为

$$S_2(\omega)=\frac{|1-a\mathrm{e}^{\mathrm{j}\omega_1}\mathrm{e}^{-\mathrm{j}\omega}|^2}{|1-b\mathrm{e}^{\mathrm{j}\omega_2}\mathrm{e}^{-\mathrm{j}\omega}|^2}\frac{|a^{-1}|^2}{|b^{-1}|^2}\sigma^2=\frac{|1-a\mathrm{e}^{\mathrm{j}\omega_1}\mathrm{e}^{-\mathrm{j}\omega}|^2}{|1-b\mathrm{e}^{\mathrm{j}\omega_2}\mathrm{e}^{-\mathrm{j}\omega}|^2}\hat{\sigma}^2 \tag{4-68}$$

其中，$\hat{\sigma}^2=\sigma^2a^{-2}/b^{-2}$，比较式(4-63)和式(4-68)，可以认为二者都是由白噪声激励相同的模

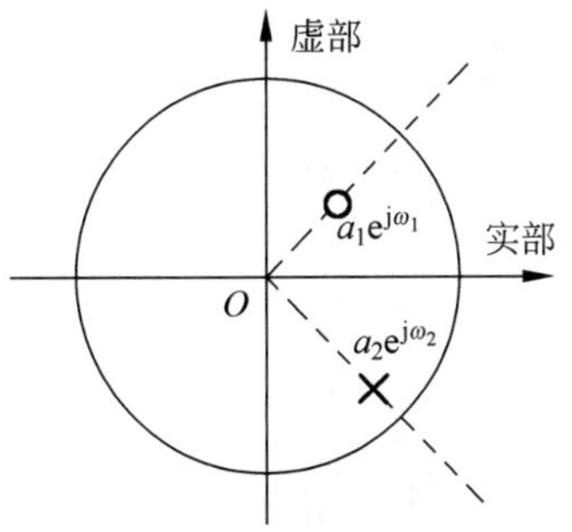


(a) 零极点在单位圆内

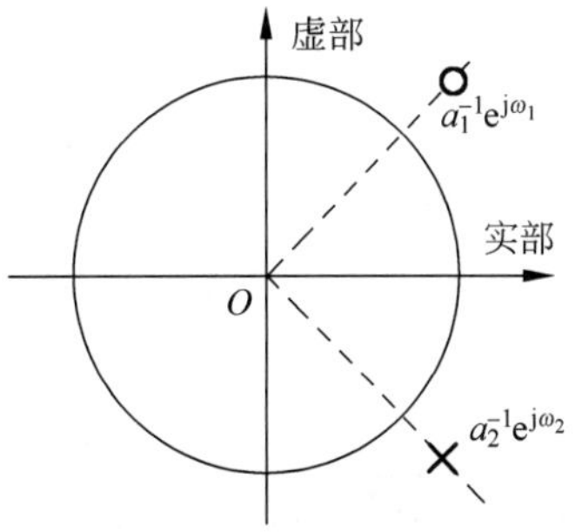


(b) 零极点在单位圆外

图 4-8 具有等效功率谱的两个不同线性模型

型产生,只是激励信号的方差不同。激励信号方差的不同只影响功率谱的整体幅度,而不影响功率谱的其他重要信息。例如在雷达、声呐信号处理中,谱峰位置反映目标的角度信息,而目标大小可由谱峰与背景噪声(对应功率谱的底)的相对值确定。对这些重要信息,式(4-63)和式(4-68)的功率谱有相同的结果,因此在很多实际应用中可认为式(4-63)和式(4-68)的功率谱是等价的。更确切地说,式(4-63)和式(4-68)存在一个未知的尺度因子,因此称其为一个自由度意义的等价(identical up to a free scale)。上述的分析只考虑单个零点和单个极点的模型。更一般地,对于存在多个零点和极点的模型,如果将其中的部分零点或极点用其关于单位圆的镜像代替,都用白噪声作为激励,则不同的模型其输出信号有等价的功率谱(这里等价指前述的"一个自由度意义的等价")。不同的模型导致等价的功率谱,称为功率谱等价或相关函数等价。

为了保证模型的唯一性,必须对模型做适当的约束。首先考虑极点,这里只考虑因果模型,对于因果模型,稳定性的必要条件是极点在单位圆内,因此可将极点约束在单位圆内。接着考虑零点的约束,因为零点位置没有天然的约束,在实际建模中一般直接假设零点在单位圆内,这时的模型称为最小相位模型。

## 4.4 ARMA 模型的数字特征

本节将考查 ARMA 模型中时间序列 $x(n)$ 的互相关函数、自相关函数、功率谱等数字特征,重点考查这些数字特征与模型参数之间的关系。

### 4.4.1 互相关函数

对$(p,q)$阶 ARMA 模型,有

$$\begin{aligned}&x(n)+\varphi_1 x(n-1)+\varphi_2 x(n-2)+\cdots+\varphi_p x(n-p)\\&=u(n)+\gamma_1 u(n-1)+\gamma_2 u(n-2)+\cdots+\gamma_q u(n-q)\end{aligned} \tag{4-69}$$

设 $x(n)$ 与 $u(k)$ 的互相关函数为 $R_{xu}(n,k)$,有如下结论:

当 $k>n$ 时,$x(n)$ 与 $u(k)$ 不相关,即 $E[x(n)u^*(k)]=0$。

**证明** 该 ARMA 模型的冲激响应函数为 $h(i)$,所以

$$x(n)=\sum_{i=0}^{\infty}h(i)u(n-i) \tag{4-70}$$

则互相关函数为

$$\begin{aligned}R_{xu}(n,k)&=E[x(n)u^*(k)]\\&=\sum_{i=0}^{\infty}h(i)E[u(n-i)u^*(k)]\\&=\sum_{i=0}^{\infty}h(i)\delta(n-i-k)\sigma^2\\&=h(n-k)\sigma^2\end{aligned} \tag{4-71}$$

根据冲激响应函数的性质,只有 $k\leqslant n$ 时,$h(n-k)$ 才不为 0,所以

$$R_{xu}=\begin{cases}0, & k>n\\ h(n-k)\sigma^2, & k\leqslant n\end{cases} \tag{4-72}$$

## 4.4.2 自相关函数

下面分别讨论 ARMA 模型、AR 模型、MA 模型的自相关函数。

**1. ARMA 模型的自相关函数**

ARMA($p,q$)模型为

$$x(n)+\sum_{i=1}^{p}x(n-i)\varphi_i=u(n)+\sum_{i=1}^{q}\gamma_i u(n-i) \tag{4-73}$$

设冲激响应函数为 $h(i)$,可得

$$x(n)=\sum_{i=0}^{\infty}h(i)u(n-i) \tag{4-74}$$

自相关函数为

$$\begin{aligned}R_x(m)&=E[x(n)x^*(n-m)]\\&=E\left[\left(-\sum_{i=1}^{p}\varphi_i x(n-i)+\sum_{i=0}^{q}\gamma_i u(n-i)\right)x^*(n-m)\right]\\&=-\sum_{i=1}^{p}\varphi_i R_x(m-i)+\sum_{i=0}^{q}\gamma_i E(u(n-i)x^*(n-m))\end{aligned} \tag{4-75}$$

由式(4-74)可知

$$x^*(n-m)=\sum_{j=0}^{\infty}h^*(j)u^*(n-m-j) \tag{4-76}$$

代入式(4-75),得

$$\begin{aligned}R_x(m)&=-\sum_{i=1}^{p}\varphi_i R_x(m-i)+\sum_{i=0}^{q}\gamma_i E\left[u(n-i)\sum_{j=0}^{\infty}h^*(j)u^*(n-m-j)\right]\\&=-\sum_{i=1}^{p}\varphi_i R_x(m-i)+\sum_{i=0}^{q}\sum_{j=0}^{\infty}\gamma_i h^*(j)E[u(n-i)u^*(n-m-j)]\\&=-\sum_{i=1}^{p}\varphi_i R_x(m-i)+\sum_{i=0}^{q}\sum_{j=0}^{\infty}\gamma_i h^*(j)\delta(m+j-i)\sigma^2\\&=-\sum_{i=1}^{p}\varphi_i R_x(m-i)+\sum_{i=0}^{q}\gamma_i h^*(i-m)\sigma^2\end{aligned} \tag{4-77}$$

由于 $i<0$ 时,$h(i)=0$,所以

(1) 当 $m>q$ 时,式(4-77)第二项 $\sum\limits_{i=0}^{q}\gamma_i h^*(i-m)\sigma^2$ 为 0,则

$$R_x(m)=-\sum_{i=1}^{p}\varphi_i R_x(m-i) \tag{4-78}$$

(2) 当 $0\leqslant m\leqslant q$ 时,则

$$R_x(m)=-\sum_{i=1}^{p}\varphi_i R_x(m-i)+\sum_{i=m}^{q}\gamma_i h^*(i-m)\sigma^2 \tag{4-79}$$

式(4-79)也可写为

$$\sum_{i=0}^{p}\varphi_i R_x(m-i)=\sum_{i=m}^{q}\gamma_i h^*(i-m)\sigma^2 \tag{4-80}$$

式(4-79)和式(4-80)称为 ARMA 模型的**尤拉-沃克(Yule-Walker)方程**,该方程与 ARMA 模型的方程很相似,不难记忆。

**2. AR 模型的自相关函数**

AR($p$)模型为

$$x(n)=-\sum_{i=1}^{p}\varphi_i x(n-i)+u(n) \tag{4-81}$$

其自相关函数为

$$\begin{aligned}R_x(m)&=E[x(n)x^*(n-m)]\\&=E\left[\left(-\sum_{i=1}^{p}\varphi_i x(n-i)+u(n)\right)x^*(n-m)\right]\\&=-\sum_{i=1}^{p}\varphi_i R_x(m-i)+E[u(n)x^*(n-m)]\end{aligned} \tag{4-82}$$

由于

$$x^*(n-m)=\sum_{j=0}^{\infty}h^*(j)u^*(n-m-j) \tag{4-83}$$

代入式(4-82),可得

$$\begin{aligned}R_x(m)&=-\sum_{i=1}^{p}\varphi_i R_x(m-i)+\left[\sum_{j=0}^{\infty}h^*(j)E[u(n)u^*(n-m-j)]\right]\\&=-\sum\varphi_i R_x(m-i)+\sum_{j=0}^{\infty}h^*(j)\delta(m+j)\sigma^2\\&=-\sum\varphi_i R_x(m-i)+h^*(-m)\sigma^2\end{aligned} \tag{4-84}$$

由于 $m>0$ 时,$h(-m)=0$,$h(0)=1$,所以

$$R_x(m)=\begin{cases}-\sum_{i=1}^{p}\varphi_i R_x(m-i), & m>0\\ -\sum_{i=1}^{p}\varphi_i R_x(m-i)+\sigma^2, & m=0\end{cases} \tag{4-85}$$

此方程称为**AR 模型的尤拉-沃克方程**。该方程可以写成如下形式:

$$R_x(m)=-\sum_{i=1}^{p}\varphi_i R_x(m-i)+\sigma^2\delta(m) \tag{4-86}$$

在上述方程中,取 $m=1,2,\cdots,p$,利用自相关函数的性质 $R_x(m)=R_x^*(-m)$,可得

$$\begin{aligned}R_x(1)&=-\varphi_1 R_x(0)-\varphi_2 R_x^*(1)-\cdots-\varphi_p R_x^*(p-1)\\R_x(2)&=-\varphi_1 R_x(1)-\varphi_2 R_x(0)-\cdots-\varphi_p R_x^*(p-2)\\&\vdots\\R_x(p)&=-\varphi_1 R_x^*(p-1)-\varphi_2 R_x^*(p-2)-\cdots-\varphi_p R_x(0)\end{aligned} \tag{4-87}$$

写成矩阵形式

$$\begin{bmatrix} R_x(0) & R_x^*(1) & R_x^*(2) & \cdots & R_x^*(p-1) \\ R_x(1) & R_x(0) & R_x^*(1) & \cdots & R_x^*(p-2) \\ R_x(2) & R_x(1) & R_x(0) & \cdots & R_x^*(p-3) \\ \vdots & \vdots & \vdots & \ddots & \vdots \\ R_x(p-1) & R_x(2) & R_x(3) & \cdots & R_x(0) \end{bmatrix} \begin{bmatrix} -\varphi_1 \\ -\varphi_2 \\ -\varphi_3 \\ \vdots \\ -\varphi_p \end{bmatrix} = \begin{bmatrix} R_x(1) \\ R_x(2) \\ R_x(3) \\ \vdots \\ R_x(p) \end{bmatrix} \tag{4-88}$$

如果取 $m=0,1,2,\cdots,p$，又可得到如下方程组：

$$\begin{bmatrix} R_x(0) & R_x^*(1) & \cdots & R_x^*(p) \\ R_x(1) & R_x(0) & \cdots & R_x^*(p-1) \\ \vdots & \vdots & \ddots & \vdots \\ R_x(p) & R_x(p-1) & \cdots & R_x(0) \end{bmatrix} \begin{bmatrix} 1 \\ \varphi_1 \\ \vdots \\ \varphi_p \end{bmatrix} = \begin{bmatrix} \sigma^2 \\ 0 \\ \vdots \\ 0 \end{bmatrix} \tag{4-89}$$

式(4-89)和式(4-88)的不同之处在于多了未知参数 $\sigma^2$。在实际应用中，通常是通过求解式(4-89)所示的方程组来求出模型参数($\sigma^2$ 和 $\varphi_i$，$i=1,2,\cdots,p$)。

**3. MA 模型的自相关函数**

MA($q$)模型为

$$x(n)=\sum_{i=0}^{q}\gamma_i u(n-i) \tag{4-90}$$

所以

$$\begin{aligned} R_x(m) &= E(x(n)x^*(n-m)) \\ &= E\left[\sum_{i=0}^{q}\gamma_i u(n-i)\sum_{j=0}^{q}\gamma_j^* u^*(n-m-j)\right] \\ &= \sum_{i=0}^{q}\sum_{j=0}^{q}\gamma_i\gamma_j^*\delta(m-i+j)\sigma^2 \\ &= \sum_{i=0}^{q}\gamma_i\gamma_{i-m}^*\sigma^2 \end{aligned} \tag{4-91}$$

当 $i<0$ 或 $i>q$ 时，$\gamma_i=0$，因此

$$R_x(m)=\begin{cases} 0, & m>q \\ \sum_{i=m}^{q}\gamma_i\gamma_{i-m}^*\sigma^2, & m\leqslant q \end{cases} \tag{4-92}$$

此方程称为 MA 模型的**尤拉-沃克方程**。由式(4-92)可知，当 $m>q$ 时，$R_x(m)=0$，通常称这一特性为 MA 模型自相关函数的截尾效应。

研究 ARMA、AR、MA 模型的自相关函数具有重要的意义，在模型已知时，即 $\varphi_i$、$\gamma_i$ 已知时，可以根据**尤拉-沃克方程组**求出时间序列的自相关函数；在模型未知时，对观察时间序列进行自相关函数 $R_x(0),R_x(1),\cdots,R_x(p)$估计，再由**尤拉-沃克方程组**可求出模型参数 $\varphi_i$、$\gamma_i$。下面用几个例子进一步分析。

**例 4-5** 求 AR(1)模型的自相关函数 $x(n)=ax(n-1)+u(n)$。

**解** 由式(4-86)可知

$$R_x(m)=-\varphi_1 R_x(m-1)+\sigma^2\delta(m)$$

$$=aR_x(m-1)+\sigma^2\delta(m)$$

取 $m=0,1$ 可得

$$R_x(0)=aR_x(1)+\sigma^2$$
$$R_x(1)=R_x(0)a$$

解此方程组得

$$R_x(0)=\frac{\sigma^2}{1-a^2}$$

当 $m>1$ 时,$R_x(m)=aR_x(m-1)$,可以得到

$$R_x(m)=\frac{a^m}{1-a^2}\sigma^2$$

**例 4-6** 求 MA(2)模型的自相关函数:$x(n)=u(n)+u(n-1)+2u(n-2)$。

**解** 由尤拉-沃克方程式(4-92)可知

$$R_x(m)=\begin{cases}0, & m>2\\ \sum_{i=m}^{2}\gamma_i\gamma_{i-m}\sigma^2, & m\leqslant 2\end{cases}$$

易知

$$R_x(m)=\begin{cases}0, & m>2\\ 2\sigma^2, & m=2\\ 3\sigma^2, & m=1\\ 6\sigma^2, & m=0\end{cases}$$

此外,直接基于自相关函数的定义式 $R_x(m)=E[x(n)x^*(n-m)]$也不难得出同样的结果。

**例 4-7** 求 ARMA(1,1)的自相关函数

$$x(n)+ax(n-1)=u(n)+bu(n-1)$$

**解** 由 ARMA 模型的尤拉-沃克方程可知

$$R_x(m)=\begin{cases}-\sum_{i=1}^{p}\varphi_iR_x(m-i), & m>q\\ -\sum_{i=1}^{p}\varphi_iR_x(m-i)+\sigma^2\sum_{i=m}^{q}\gamma_ih^*(i-m), & m\leqslant q\end{cases}$$

$p=1,q=1$,取 $m=0,1$,可得

$$\begin{cases}R_x(0)=-aR_x(1)+\sigma^2(h^*(0)+bh^*(1)), & m=0\\ R_x(1)=-aR_x(0)+\sigma^2b, & m=1\end{cases}$$

由 4.3.2 节的例 4-4 可知冲激响应函数为

$$h(0)=1$$
$$h(1)=\gamma_1-\varphi_1=b-a$$

所以

$$R_x(0)=-aR_x(1)+\sigma^2(1+b(b-a))$$

$$R_x(1) = -aR_x(0) + \sigma^2 b$$

写为矩阵形式

$$\begin{bmatrix} 1 & a \\ a & 1 \end{bmatrix} \begin{bmatrix} R_x(0) \\ R_x(1) \end{bmatrix} = \begin{bmatrix} \sigma^2(1+b^2-ab) \\ \sigma^2 b \end{bmatrix}$$

解此方程组，不难求出 $R_x(0)$和 $R_x(1)$。

$$R_x(0) = \frac{1-2ab+b^2}{1-a^2}\sigma^2$$

$$R_x(1) = -aR_x(0) + b\sigma^2$$

对 $m>1$，有 $R_x(m)=aR_x(m-1)$。

上述例子只考虑自相关函数 $m\geqslant 0$ 部分，$m<0$ 部分可由自相关的共轭对称性获得。

### 4.4.3 功率谱

可将 ARMA$(p,q)$看作高斯白噪声通过线性系统而得，由于 $u(n)$的功率谱为 $S_u(\omega)=\sigma^2$，则 $x(n)$的功率谱为

$$S_x(\omega) = |H(\mathrm{e}^{\mathrm{j}\omega})|^2 S_u(\omega) = |H(\mathrm{e}^{\mathrm{j}\omega})|^2 \sigma^2 \tag{4-93}$$

$H(\mathrm{e}^{\mathrm{j}\omega})$为 ARMA 的频率特性函数。由于

$$H(z) = \frac{\sum_{i=0}^{q} \gamma_i z^{-i}}{\sum_{i=0}^{p} \varphi_i z^{-i}} \tag{4-94}$$

令 $z^{-1}=\mathrm{e}^{-\mathrm{j}\omega}$，可得

$$H(\mathrm{e}^{\mathrm{j}\omega}) = \frac{\sum_{i=0}^{q} \gamma_i \mathrm{e}^{-\mathrm{j}\omega i}}{\sum_{i=0}^{p} \varphi_i \mathrm{e}^{-\mathrm{j}\omega i}} \tag{4-95}$$

所以

$$S_x(\omega) = \sigma^2 \frac{\left|\sum_i \gamma_i \mathrm{e}^{-\mathrm{j}\omega i}\right|^2}{\left|\sum_i \varphi_i \mathrm{e}^{-\mathrm{j}\omega i}\right|^2} \tag{4-96}$$

可见，ARMA 序列的功率谱是 $\mathrm{e}^{-\mathrm{j}\omega}$ 的有理函数，即 ARMA 序列具有有理谱密度；反之，只有具有有理谱密度的平稳序列才可能是 ARMA 序列。

**例 4-8** 求 MA(1)的功率谱。

**解**

$$x(n) = u(n) + \gamma_1 u(n-1)$$

$$H(\mathrm{e}^{\mathrm{j}\omega}) = 1 + \gamma_1 \mathrm{e}^{-\mathrm{j}\omega}$$

$$S_x(\omega) = |H(\mathrm{e}^{\mathrm{j}\omega})|^2 \sigma^2 = \sigma^2 \left|1 + \gamma_1 \mathrm{e}^{-\mathrm{j}\omega}\right|^2$$

**例 4-9** 求 AR(2)的功率谱。

**解** AR(2)模型表达式为

$$x(n)+\varphi_1 x(n-1)+\varphi_2 x(n-2)=u(n)$$

模型系统函数为

$$H(z)=\frac{1}{1+\varphi_1 z^{-1}+\varphi_2 z^{-2}}$$

所以

$$S_x(\omega)=\frac{\sigma^2}{|1+\varphi_1 \mathrm{e}^{-\mathrm{j}\omega}+\varphi_2 \mathrm{e}^{-2\mathrm{j}\omega}|^2}$$

## 4.5 ARMA、AR、MA 模型之间的关系

ARMA、AR、MA 三种模型之间是可以相互转换的，即一种模型可以用另外两种模型之一来表示。一个无限阶的 AR 模型可以表示任意阶的 MA、ARMA 模型；一个无限阶的 MA 模型也可以表示任意阶的 AR、ARMA 模型。这里介绍两个重要的定理：**Wold 分解定理及柯尔莫可洛夫定理**。

### 4.5.1 Wold 分解定理

**Wold 分解定理**的基本内容是：任何广义平稳随机过程都可以分解为完全随机的分量和一个完全确定的分量之和。

这里完全确定的概念是指信号的当前值可由无限过去值表示，即

$$x(n)=\sum_{i=1}^{\infty} a_i x(n-i) \tag{4-97}$$

完全随机的概念是指白噪声，即互不相关的同分布的随机变量，其自相关函数为

$$R_x(\tau)=A\delta(\tau) \tag{4-98}$$

由 **Wold 分解定理**，可以得到如下非常重要的推论。

**推论** 任何 AR 或 ARMA 序列均可用无限阶的唯一的 MA 模型 MA(∞)表示。

Wold 分解定理是不难理解的，其实，从 ARMA 模型的冲激响应函数可知

$$\begin{aligned} x(n) &= \sum_{m=0}^{\infty} h(m)u(n-m) \\ &= h_0 u(n)+h_1 u(n-1)+\cdots+h_k u(n-k)+\cdots \end{aligned} \tag{4-99}$$

这已是一个 MA(∞)模型的形式。所以要对 ARMA 序列、AR 序列进行 Wold 分解，只需求出其相应的冲激响应函数即可。

**例 4-10** 对 AR(1)模型：$x(n)+\varphi_1 x(n-1)=u(n)$，可知

$$\begin{aligned} x(n) &= -\varphi_1 x(n-1)+u(n) \\ &= u(n)-\varphi_1 x(n-1) \\ &= u(n)-\varphi_1(u(n-1)-\varphi_1 x(n-2)) \\ &= u(n)-\varphi_1 u(n-1)+\varphi_1^2(u(n-2)-\varphi_1 x(n-3)) \end{aligned}$$

$$=u(n)-\varphi_1 u(n-1)+\varphi_1^2 u(n-2)-\varphi_1^3 u(n-3)+\varphi_1^4 u(n-4)+\cdots$$

这已经是一个MA(∞)模型。

**例 4-11** 用MA(∞)表示ARMA(1,1)。

**解** ARMA(1,1)模型为 $x(n)+\varphi_1 x(n-1)=u(n)+\gamma_1 u(n-1)$，先求其冲激响应函数，令

$$h(z)=\frac{1+\gamma_1 z^{-1}}{1+\varphi_1 z^{-1}}\equiv h_0+h_1 z^{-1}+h_2 z^{-2}+\cdots+h_k z^{-k}+\cdots$$

可知

$$\begin{aligned}
h_0&=1\\
h_1&=(\gamma_1-\varphi_1)\\
h_2&=(\gamma_1-\varphi_1)(-\varphi_1)\\
&\vdots\\
h_k&=(\gamma_1-\varphi_1)(-\varphi_1)^{k-1}
\end{aligned}$$

所以

$$x(n)=h_0 u(n)+h_1 u(n-1)+h_2 u(n-2)+\cdots+h_k u(n-k)+\cdots$$

这是MA(∞)模式的形式。

### 4.5.2 柯尔莫可洛夫定理

**柯尔莫可洛夫(Kolmogorov)定理**的主要内容是：任何ARMA或MA序列都可以用无限阶的AR序列来表示。

从Wold分解及柯尔莫可洛夫定理可知，若在实际工作中对信号建模时选择了不正确的模型，只要选取的模型阶数足够高，仍然可以得到一个合理的近似解。

**例 4-12** 用AR(∞)表示ARMA(1,1)。

**解** ARMA(1,1)的传递函数为

$$H(z)=\frac{1+\gamma_1 z^{-1}}{1+\varphi_1 z^{-1}}$$

AR(∞)的传递函数为

$$H'(z)=\frac{1}{1+C_1 z^{-1}+C_2 z^{-2}+\cdots}$$

令

$$H(z)=H'(z)$$

$$\frac{1+\gamma_1 z^{-1}}{1+\varphi_1 z^{-1}}\equiv\frac{1}{1+C_1 z^{-1}+C_2 z^{-2}+\cdots+C_n z^{-n}+\cdots}$$

对上式比较同次幂系数可得

$z^{-1}$ 项：$\gamma_1+C_1=\varphi_1\Rightarrow C_1=\varphi_1-\gamma_1$

$z^{-2}$ 项：$C_2+C_1\gamma_1=0\Rightarrow C_2=-C_1\gamma_1$

$z^{-3}$ 项：$C_3+C_2\gamma_1=0\Rightarrow C_3=-C_2\gamma_1$

一般地

$$\begin{aligned} C_k &= (-\gamma_1)C_{k-1} \\ &= (-\gamma_1)^{k-1}(\varphi_1 - \gamma_1) \\ &= (-\gamma_1)^{k-1}(\varphi_1 - \gamma_1) \quad (k = 1, 2, \cdots) \end{aligned}$$

所以 ARMA(1,1)可表示为 $x(n)+C_1x(n-1)+C_2x(n-2)+\cdots=u(n)$,得解。

**例 4-13** 用 AR(∞)表示 MA(1)。

**解** MA(1)的传递函数 $H(z)=1+\gamma_1 z^{-1}$,令

$$1+\gamma_1 z^{-1} = \frac{1}{1+C_1 z^{-1}+C_2 z^{-2}+\cdots+C_k z^{-k}+\cdots}$$

$$\begin{aligned} C_1 &= -\gamma_1 \\ C_2 &= -\gamma_1 C_1 \\ C_3 &= -\gamma_1 C_2 \\ &\vdots \\ C_k &= -\gamma_1 C_{k-1} \Rightarrow C_k = (-\gamma_1)^k \end{aligned}$$

所以,该 MA(1)模型可用如下 AR(∞)模型来表示:

$$x(n) - \gamma_1 x(n-1) + \gamma_1^2 x(n-2) - \gamma_1^3 x(n-3) + \cdots = u(n)$$

## 本章习题

1. 令 $x(n)$是一个平稳白噪声过程,它的均值为零,方差为 $\sigma_x^2$。又令 $y(n)$是冲激响应为 $h(n)$的线性非移变系统在输入为 $x(n)$时的输出。

证明:

(1) $E[x(n)y(n)]=h(0)\sigma_x^2$;(2) $\sigma_y^2=\sigma_x^2\sum_{k=-\infty}^{\infty}h^2(n)$。

2. 令 $x(n)$是白色随机序列,其均值为零,方差为 $\sigma_x^2$。设有一个级联系统,由两个线性非移变时域离散系统按图 4-9 的形式构成,$x(n)$是其输入。

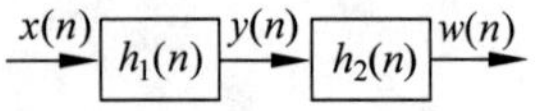


图 4-9 两个线性非移变时域离散系统

(1) $\sigma_y^2=\sigma_x^2\sum_{k=0}^{\infty}h_1^2(k)$ 是否正确?

(2) $\sigma_w^2=\sigma_y^2\sum_{k=0}^{\infty}h_2^2(k)$ 是否正确?

(3) 令 $h_1(n)=a^n u(n)$和 $h_2(n)=b^n u(n)$,试确定图 4-9 的整个系统的单位冲激响应,并由此求出 $\sigma_w^2$。如果你认为 $\sigma_w^2=\sigma_y^2\sum_{k=0}^{\infty}h_2^2(k)$是正确的,那么它与本题的答案是否一致?

3. 一个时域连续的随机过程$\{x_a(t)\}$,它的限带功率谱如图 4-10 所示。对$\{x(t)\}$取样,得到一个时域离散的随机过程$\{x(n)=x_a(nT)\}$。

(1) 该时域离散随机过程的自相关序列是什么?

(2) 对于上述的模拟功率谱,应如何选择 $T$ 才会使时域离散过程为白色?

(3) 如果模拟功率谱如图 4-11 所示,应该如何选择 $T$ 才会使时域离散过程为白色?

(4) 欲使时域离散过程为白色的,应对模拟过程和取样周期提出什么一般要求?

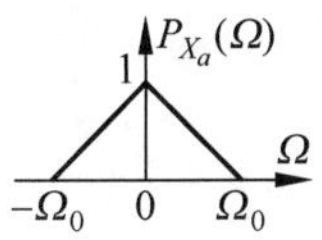


图 4-10　限带功率谱

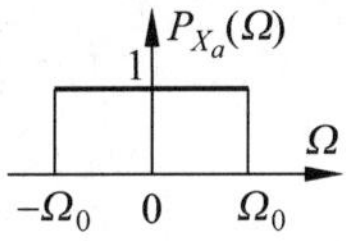


图 4-11　模拟功率谱

4. 一个广义平稳信号 $x(n)$ 的自相关函数为 $R_x(k)=0.8^{|k|}$,该信号通过传递函数为 $H(z)=\dfrac{1}{1-0.9z^{-1}}$ 的 LTI 系统,输出为 $y(n)$,试求输入信号、输出信号的功率谱。

5. 在如图 4-12 所示的反馈系统中,$N(t)$ 为白噪声,其功率谱 $S_N(\Omega)=1$,随机信号 $X(t)$ 与 $N(t)$ 不相关。设 $H_0(\Omega)=\dfrac{H_b(\Omega)H_t(\Omega)}{1+H_a(\Omega)H_b(\Omega)H_t(\Omega)}$ 的傅里叶逆变换为 $h_0(t)$。试证 $Y(t)$ 与 $N(t)$ 的互相关函数 $R_{NY}(\tau)=-h_0(t)$。

6. 某系统的频率响应 $H(\Omega)=\dfrac{\mathrm{j}\Omega-a}{\mathrm{j}\Omega+b}$。若输入平稳随机信号的自相关函数为 $R_X(\tau)=\mathrm{e}^{-r|\tau|}$,输出记为 $Y(t)$,试求互相关函数 $R_{XY}(\tau)$ $(r\neq b)$。

7. 两个串联系统如图 4-13 所示。输入 $X(t)$ 是广义平稳随机信号,第一个系统的输出为 $W(t)$,第二个系统的输出为 $Y(t)$,试求 $W(t)$ 和 $Y(t)$ 的互相关函数 $R_{WY}(t,t-\tau)$。

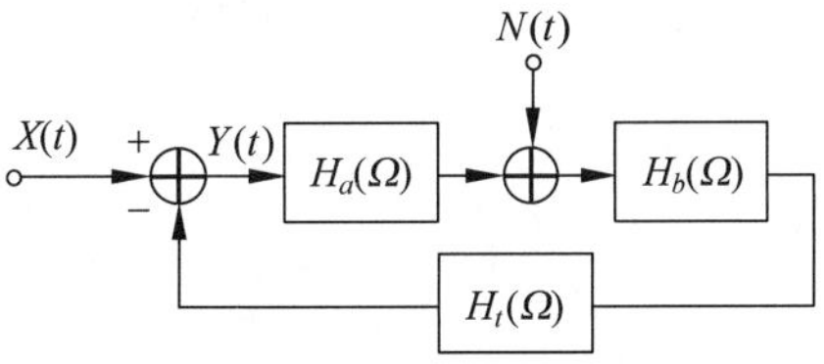


图 4-12　反馈系统

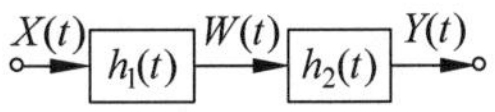


图 4-13　两个串联系统

8. 假定 MA(1) 模型为 $z_n=u_n+bu_{n-1}$,$|b|<1$,求与它等价的 AR 模型。

9. 已知 ARMA(2,1) 模型为 $x_k-1.5x_{k-1}+0.6x_{k-2}=u_k-0.5u_{k-1}$,求该模型冲激响应函数的前五个函数值 $h_0$、$h_1$、$h_2$、$h_3$ 及 $h_4$。

10. 某平稳随机信号的自相关矩阵为 $\boldsymbol{R}$,$\boldsymbol{R}$ 具有特征值 $\lambda_1,\lambda_2,\cdots,\lambda_N$。证明 $\boldsymbol{R}^k$ 的特征值为 $\lambda_1^k,\lambda_2^k,\cdots,\lambda_N^k$。

11. 设平稳随机信号 $x_n$,具有下列自相关函数

(1) $r_{xx}(k)=(0.5)^{|k|}$,对所有 $k$ 成立;

(2) $r_{xx}(k)=(0.5)^{|k|}+(-0.5)^{|k|}$,对所有 $k$ 成立。

试求产生此随机信号的模型。

12. 用 AR($\infty$) 表示 MA(2)。

13. 计算二阶 MA(2) 模型 $x(n)=u(n)+a_1u(n-1)+a_2u(n-2)$ 的自相关函数及功率谱。

14. 图 4-14 中,$x(n)$ 为 $N(0,\sigma_x^2)$ 的白噪声,$h_1(n)=\begin{cases}a^n, & n\geqslant 0\\ 0, & n<0\end{cases}$,$h_2(n)=\begin{cases}b^n, & n\geqslant 0\\ 0, & n<0\end{cases}$,

$|a|<1,|b|<1$,求 $\sigma_w^2$。

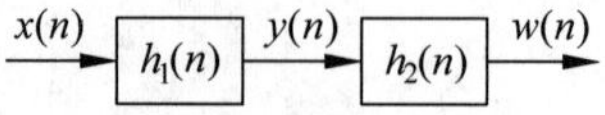


图 4-14　题 14 图

15. 设有二阶自回归模型 $Y(n)=X(n)+b_1Y(n-1)+b_2Y(n-2)$,$X(n)$是方差为 $\sigma_X^2$ 的白噪声,并且$\left|b_1\pm\sqrt{b_1^2+4b_2}\right|<2$。

(1) 证明 $Y(n)$的功率谱为

$$S_Y(\omega)=\sigma_X^2[1+b_1^2+b_2^2-2b_1(1-b_2)\cos\omega-2b_2\cos2\omega]^{-1}$$

(2) 求 $Y(n)$的自相关函数;

(3) 写出沃克方程。

16. 设零均值平稳高斯过程的谱密度为 $S(\omega)=17-15\cos2\omega$,求出此过程的自相关函数。

# 第 5 章 随机信号的滤波

CHAPTER 5

一般来说，确定性信号的滤波可以认为是对信号不同频谱分量的取舍，例如低通滤波器保留信号的低频分量，丢弃信号的高频分量。对于随机信号，滤波可以认为是对其功率谱不同分量的取舍，在时间域对应的操作就是对自相关函数的修改。随机信号滤波的本质是对其统计特征和概率特征的修改，而不是对波形的修改。因此，滤波器的设计准则也将基于相关统计特征，这和确定性信号滤波有显著的不同。本章在介绍滤波器基本概念的基础上，重点分析基于平方误差准则的滤波器及预测器设计，即 Wiener 滤波、卡尔曼滤波、最小二乘滤波和线性预测；然后介绍基于输出信噪比准则的滤波器（匹配滤波器）设计；最后介绍自适应滤波。本章只考虑数字随机信号的滤波。

## 5.1 数字滤波器的基本概念

一个典型的数字滤波器框图如图 5-1 所示。

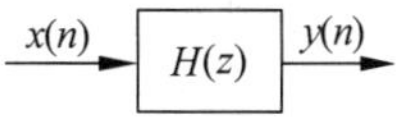


图 5-1 数字滤波器框图

设输入信号为 $x(n)$，输出信号为 $y(n)$，这里只考虑线性滤波，滤波过程可用以下差分方程来表示：

$$y(n)=-\sum_{i=1}^{M-1}a_i y(n-i)+\sum_{i=0}^{N-1}b_i x(n-i) \tag{5-1}$$

由式(5-1)可知该数字滤波器的传递函数为

$$H(z)=\frac{\sum_{i=0}^{N-1}b_i z^{-i}}{1+\sum_{i=1}^{M-1}a_i z^{-i}} \tag{5-2}$$

其单位冲激响应函数为

$$h(n)=z^{-1}(H(z)) \tag{5-3}$$

$$y(n)=h(n)\otimes x(n)=\sum_{i=0}^{\infty}h(i)x(n-i) \tag{5-4}$$

式中，$n<0$ 时，有 $h(n)=0$，这样的滤波器系统称为因果系统。

如果冲激响应函数是有限长的，即

$$h(n)=\begin{cases}h_n, & 0 \leqslant n \leqslant N \\ 0, & \text{其他}\end{cases} \tag{5-5}$$

则称此滤波器为有限冲激响应(Finite Impulse Response,FIR)滤波器,否则,称为无限冲激响应(Infinite Impulse Response,IIR)滤波器。

如果 $h(n)$满足如下条件:

$$\begin{cases}h(n)=0, & n<0 \\ \sum\limits_{n=0}^{\infty} |h(n)|<C\end{cases} \tag{5-6}$$

则称此滤波器是因果的,并且是稳定的。在这一章讨论稳定、因果的 FIR 或 IIR 滤波器。

随机信号滤波的一般问题模型如图 5-2 所示,其中 $x(n)$是观测信号,$d(n)$是期望信号。目标是通过滤波器参数的合理设置,使得滤波器输出 $y(n)$与期望信号尽可能接近,即使得误差信号 $e(n)=d(n)-y(n)$尽量小。

图 5-3 给出了产生观测信号的两种模型,其中,图 5-3(a)表示观测数据是由目标信号 $s(n)$和噪声干扰 $w(n)$组成的,图 5-3(b)表示信号不仅受到加性噪声的干扰,还存在未知系统引起的畸变。假设 $s(n)$与 $w(n)$是广义平稳的随机信号,希望通过数据处理后,使噪声受到抑制,同时增强并恢复目标信号。根据期望信号的不同,一般可分为如下三种情况:

(1) $d(n)=s(n)$,此时希望从 $x(n)$中估计出 $s(n)$,这是一个滤波问题;

(2) $d(n)=s(n+k)$,$k>0$,此时希望估计 $x(n)$将来的值,这是一个预测问题;

(3) $d(n)=s(n-k)$,$k>0$,此时希望估计 $x(n)$以前的值,这是一个平滑问题。

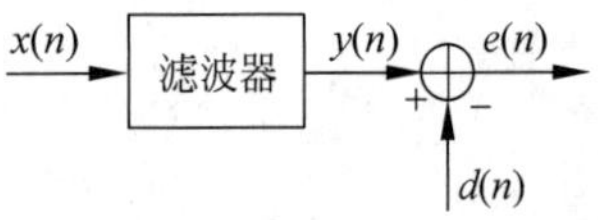


图 5-2 随机信号滤波的一般问题模型

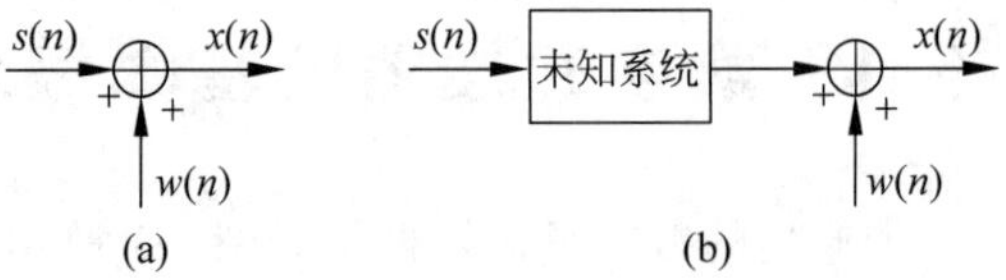


图 5-3 产生观测信号的模型

## 5.2 Wiener 滤波

Wiener(维纳)滤波器的设计准则是:考虑线性时不变滤波器,以使误差信号达到最小均方误差,它是目前应用最广泛的滤波器。

### 5.2.1 最小均方误差准则与正交性原理

设线性滤波器的冲激响应函数为 $h(n)$,$n\geqslant 0$,即

$$y(n)=\sum_{k=0}^{\infty} h(k)x(n-k) \tag{5-7}$$

误差信号为

$$e(n)=d(n)-y(n)=d(n)-\sum_{k} h(k)x(n-k) \tag{5-8}$$

最小均方误差(Minimum Mean-Squared Error,MMSE)准则是使均方误差 $E[|e(n)|^2]$最小,

以此来设计滤波器。

构造如下目标函数：

$$J=E[|e(n)|^2] \tag{5-9}$$

要使目标函数最小，应有$\dfrac{\partial J}{\partial h(k)}=0, k=0,1,2,\cdots$。

由于

$$\begin{aligned}\frac{\partial J}{\partial h(k)}&=\frac{\partial E[|e(n)|^2]}{\partial h(k)}\\&=E\left[e^*(n)\frac{\partial[e(n)]}{\partial h(k)}\right]\\&=E\left[e^*(n)\frac{\partial\left(d(n)-\sum\limits_{k=0}^{\infty}h(k)x(n-k)\right)}{\partial h(k)}\right]\\&=-E[e^*(n)x(n-k)]\end{aligned} \tag{5-10}$$

$\dfrac{\partial J}{\partial h(k)}=0$，即

$$E[e^*(n)x(n-k)]=0,\quad k=0,1,2,\cdots \tag{5-11}$$

这说明在 MMSE 准则下，误差 $e(n)$与每个输入样本 $x(n-k)$都是正交的，这就是所谓的正交性原理。式(5-11)和第 3 章中提到的正交性原理是一致的。

当滤波器的选择满足式(5-11)的正交性准则时，滤波器最优输出为

$$y(n)=\sum_{k=0}^{\infty}h(k)x(n-k) \tag{5-12}$$

不难证明：$E[e^*(n)y(n)]=0$，即输出信号与误差信号是正交的。

满足正交性准则的 Wiener 滤波器的均方误差为

$$\begin{aligned}E_{\min}&=E(|e(n)|^2)\\&=E\left[\left(d(n)-\sum_{k=0}^{+\infty}h(k)x(n-k)\right)e^*(n)\right]\\&=E\,[d(n)e^*(n)]\\&=E\left[|d(n)|^2-\sum_{k=0}^{+\infty}h^*(k)x^*(n-k)d(n)\right]\\&=\sigma_d^2-\sum_{k=0}^{+\infty}h^*(k)R_{dx}(k)\end{aligned} \tag{5-13}$$

## 5.2.2 Wiener-Hopf 正则方程

由正交性原理 $E[e^*(n)x(n-m)]=0$ 可知

$$E\left[\left(d(n)-\sum_{k=0}^{\infty}h(k)x(n-k)\right)x^*(n-m)\right]=0 \tag{5-14}$$

经简单计算，可得

$$R_{dx}(m)-\sum_{k=0}^{\infty}h(k)R_x(m-k)=0 \tag{5-15}$$

上式等价于

$$\sum_{k=0}^{\infty}h(k)R_x(m-k)=R_{dx}(m) \tag{5-16}$$

此方程称为 Wiener-Hopf 方程,又称为 Wiener 滤波器的正则方程。

对于 FIR Wiener 滤波器,有

$$\sum_{k=0}^{N}h(k)R_x(m-k)=R_{dx}(m) \tag{5-17}$$

取 $m=0,1,2,\cdots,N$,可得如下方程组:

$$\begin{bmatrix} R_x(0) & R_x(-1) & \cdots & R_x(-N) \\ R_x(1) & R_x(0) & \cdots & R_x(-N+1) \\ \vdots & \vdots & \ddots & \vdots \\ R_x(N) & R_x(N-1) & \cdots & R_x(0) \end{bmatrix}\begin{bmatrix} h(0) \\ h(1) \\ \vdots \\ h(N) \end{bmatrix}=\begin{bmatrix} R_{dx}(0) \\ R_{dx}(1) \\ \vdots \\ R_{dx}(N) \end{bmatrix} \tag{5-18}$$

根据式(2-48)自相关矩阵定义,上式可简写为

$$\boldsymbol{R}_x^{\mathrm{T}}\boldsymbol{h}=\boldsymbol{r}_{dx}$$

如果通过观测数据可得到自相关函数 $\hat{R}_x(m)$及互相关函数 $\hat{R}_{dx}(m)$的估值,则根据方程组(5-18)可求解出滤波器系数 $\boldsymbol{h}=\boldsymbol{R}_x^{-\mathrm{T}}\boldsymbol{r}_{dx}$。

下面考虑一种特殊情况,假设信号传输过程受到噪声干扰,观察信号为 $x(n)=s(n)+w(n)$,滤波的目的是降低噪声的影响,考虑两种特殊情况:

(1) 若 $d(n)=s(n)$,且 $s(n)$与 $w(n)$互不相关,则

$$\begin{aligned} R_{dx}(m) &= E[s(n)x^*(n-m)] \\ &= E[s(n)(s^*(n-m)+w^*(n-m))] \\ &= R_s(m) \end{aligned} \tag{5-19}$$

同时有

$$R_x(m)=R_s(m)+R_u(m)=R_s(m)+\delta(m)\sigma^2 \tag{5-20}$$

此时 Wiener-Hopf 方程为

$$\sum_{k=0}^{N}h(k)R_x(m-k)=R_s(m),\quad m=0,1,2,\cdots,N \tag{5-21}$$

(2) 若 $d(n)=s(n+\alpha)$,$\alpha>0$,则 $R_{dx}(m)=R_s(m+\alpha)$。

此时 Wiener-Hopf 方程为

$$\sum_{k=0}^{N}h(k)R_x(m-k)=R_s(m+\alpha),\quad m=0,1,2,\cdots,N \tag{5-22}$$

**例 5-1** 已知 $x(n)=s(n)+w(n)$,其中信号 $s(n)$是 AR(1)过程,$s(n)=0.6s(n-1)+u(n)$,$u(n)$是 $N(0,0.64)$的白噪声,$w(n)$是 $N(0,1)$标准高斯过程。试设计一个长度为 2 的 Wiener 滤波器估计 $s(n)$。

**解** $s(n)$的功率谱为

$$S(\omega)=\frac{0.64}{|1-0.6\mathrm{e}^{-\mathrm{j}\omega}|^2}=\frac{0.64}{1.36-1.2\cos\omega} \tag{5-23}$$

对功率谱做傅里叶反变换，得到 $s(n)$ 的相关函数 $R_s(m)=0.6^{|m|}$。根据信号模型可得

$$R_x(m)=R_s(m)+1\cdot\delta(m)=0.6^{|m|}+\delta(m) \tag{5-24}$$

由 Wiener-Hopf 方程可得

$$\begin{aligned}2h(0)+0.6h(1)&=1\\0.6h(0)+2h(1)&=0.6\end{aligned} \tag{5-25}$$

解得滤波器的系数为

$$\begin{aligned}h(0)&=0.451\\h(1)&=0.165\end{aligned} \tag{5-26}$$

图 5-4 给出了例 5-1 中各信号的功率谱，可以看到式(5-26)所给出的滤波器能显著降低噪声的影响。

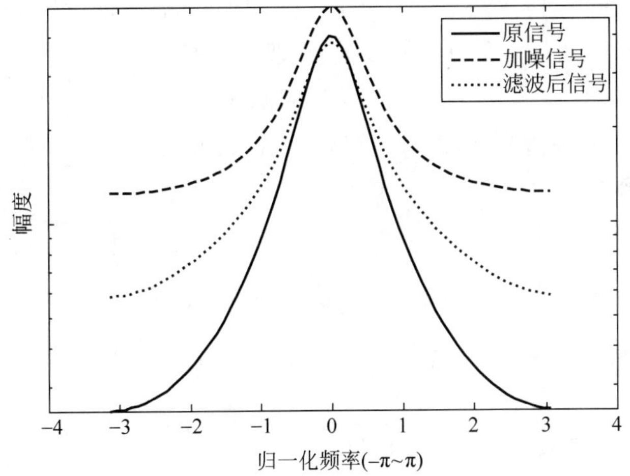


图 5-4 例 5-1 中滤波器的滤波效果

### 5.2.3 Wiener 滤波器的求解

求解 Wiener 滤波器的方法大致有如下 3 种：

(1) 对于 FIR 滤波器，可直接用 Wiener-Hopf 方程组求解。

(2) 对 IIR 滤波器，由 Wiener-Hopf 方程可知

$$\sum_{k=0}^{+\infty}h(k)R_x(m-k)=R_{dx}(m) \tag{5-27}$$

对式(5-27)进行 $z$ 变换可得

$$H(z)P_x(z)=P_{dx}(z) \tag{5-28}$$

$$H(z)=\frac{P_{dx}(z)}{P_x(z)} \tag{5-29}$$

因为 $R_x(m)$，$R_{dx}(m)$ 是双边序列，这里需采用双边 $z$ 变换。对式(5-29)采用双边逆 $z$ 变换可求出滤波器系数 $h(k)$，但由于采用双边变换，$h(k)$ 不是因果的，因此实用性较差，下面给出一种 IIR 滤波器的因果实现。

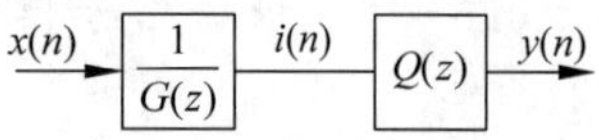

图 5-5 Wiener 滤波器

(3) 将 Wiener 滤波器看成两个滤波器的级联，其中第一个滤波器为因果 IIR 系统，第二个滤波器为因果 FIR 系统，如图 5-5 所示。

图 5-5 中，第一个系统称为白化滤波器，输出 $i(n)$ 是功率谱为 $\sigma^2$ 的白噪声，传递函数为 $G^{-1}(z)$；第二个系统的传递函数是 $Q(z)$。

图 5-5 中所示的 Wiener 滤波器的传递函数为 $H(z)=\dfrac{Q(z)}{G(z)}$，所以只需求出 $G^{-1}(z)$ 和 $Q(z)$ 即可。

设 $x(n)$ 的功率谱密度函数为 $S_x(z)|_{z=e^{j\omega}}$，$G(z)$ 是可逆的最小相位系统，由 $X(z)=G(z)I(z)$，可知

$$S_x(z)=\sigma^2 G(z)\cdot G(z^{-1}) \tag{5-30}$$

假设 $S_x(z)$ 能分解为 $S_x(z)=S_x^+(z)\cdot S_x^-(z^{-1})$，其中一部分零极点在单位圆内，即 $|z|<1$[记为 $S_x^+(z)$]，而另一部分在单位圆外，即 $|z|>1$[记为 $S_x^-(z)$]，则

$$G(z)=S_x^+(z) \tag{5-31}$$

实际上由于 $S_x(z)$ 是有理谱密度，总可以分解为 $S_x(z)=S_x^+(z)\cdot S_x^-(z^{-1})$ 的形式，这就是所谓的谱因式分解定理。

考查图 5-5 中第二个滤波器，有

$$y(n)=\sum_{k=0}^{\infty} q(k)i(n-k) \tag{5-32}$$

式(5-32)中，利用正交性原理，第二个滤波器的 Wiener-Hopf 方程(参阅式(5-17))为

$$\sum_{k=0}^{\infty} q(k)R_i(m-k)=R_{di}(m),\quad m=0,1,2,\cdots \tag{5-33}$$

由于 $i(n)$ 是白噪声，所以 $R_i(m-k)=\delta(m-k)\sigma^2$，代入式(5-32)，可得

$$q(m)\sigma^2=R_{di}(m) \tag{5-34}$$

$$q(m)=\frac{1}{\sigma^2}R_{di}(m),\quad m=0,1,2,\cdots \tag{5-35}$$

设 $R_{di}(m)$ 的 $z$ 变换为 $\Gamma(z)=\sum\limits_{k=-\infty}^{\infty} R_{di}(k)z^{-k}$，由于 $Q(z)=\sum\limits_{k=0}^{\infty} q(k)z^{-k}$，所以

$$Q(z)=\frac{1}{\sigma^2}[\Gamma(z)]_+ \tag{5-36}$$

式中，$[\Gamma(z)]_+=\sum\limits_{k=0}^{\infty} R_{di}(k)z^{-k}$ 是 $R_{di}(m)$ 的单边 $z$ 变换。

求解 $R_{di}(m)$ 过程如下：

$$\begin{aligned}R_{di}(m)&=E\left[d(n)i^*(n-m)\right]\\&=E\left[\sum_{k=0}^{\infty} v^*(k)x^*(n-m-k)\cdot d(n)\right]\\&=\sum_{k=0}^{\infty} v^*(k)R_{dx}(m+k)\end{aligned} \tag{5-37}$$

其中 $v(k)$是第一个滤波器的冲激响应函数，即

$$\frac{1}{G(z)}=V(z)=\sum_{k=0}^{\infty}v(k)z^{-k} \tag{5-38}$$

对式(5-37)进行 $z$ 变换

$$\begin{aligned}
\Gamma_{di}(z)&=\sum_{m=-\infty}^{\infty}\left(\sum_{k=0}^{\infty}v^*(k)R_{dx}(m+k)\right)\cdot z^{-m}\\
&=\sum_{k=0}^{\infty}v^*(k)\sum_{m=-\infty}^{\infty}R_{dx}(m+k)z^{-(m+k)}z^{k}\\
&=\sum_{k=0}^{\infty}v^*(k)z^{k}\sum_{m=-\infty}^{\infty}R_{dx}(m+k)z^{-(m+k)}\\
&=\sum_{k=0}^{\infty}v^*(k)z^{k}\cdot\Gamma_{dx}(z)\\
&=v^*((z^*)^{-1})\Gamma_{dx}(z)\\
&=\frac{1}{G^*((z^*)^{-1})}\Gamma_{dx}(z)
\end{aligned} \tag{5-39}$$

所以

$$Q(z)=\frac{[\Gamma_{di}(z)]_+}{\sigma^2}=\frac{1}{\sigma^2}\left[\frac{\Gamma_{dx}(z)}{G^*((z^*)^{-1})}\right]_+ \tag{5-40}$$

所以最终的 IIR Wiener 滤波器的传递函数为

$$H(z)=\frac{Q(z)}{G(z)}=\frac{1}{\sigma^2G(z)}\left[\frac{\Gamma_{dx}(z)}{G^*((z^*)^{-1})}\right]_+ \tag{5-41}$$

下面举例说明该方法的求解过程。

**例 5-2** 已知 $x(n)=s(n)+w(n)$，其中信号 $s(n)$是 AR(1)过程，$s(n)=0.8s(n-1)+u(n)$，$u(n)$是 $N(0,0.36)$的白噪声，$w(n)$是 $N(0,1)$标准高斯过程。试设计一个因果 IIR Wiener 滤波器估计 $s(n)$。

**解** $s(n)$是 AR(1)过程，其自相关函数对应的 $z$ 变换为

$$S_s(z)=\frac{0.36}{(1-0.8z^{-1})(1-0.8z)} \tag{5-42}$$

由题意可知

$$S_x(z)=S_s(z)+1=\frac{1.6(1-0.5z^{-1})(1-0.5z)}{(1-0.8z^{-1})(1-0.8z)} \tag{5-43}$$

可知 $\sigma^2=1.6$，且

$$G(z)=\frac{1-0.5z^{-1}}{1-0.8z^{-1}} \tag{5-44}$$

互相关函数 $R_{dx}(m)=R_{ds}(m)=R_{ss}(m)$，所以，$\Gamma_{dx}(z)=S_s(z)$。

$$\left[\frac{\Gamma_{dx}(z)}{G(z^{-1})}\right]_+=\left[\frac{\dfrac{0.36}{(1-0.8z^{-1})(1-0.8z)}}{\dfrac{1-0.5z}{1-0.8z}}\right]_+$$

$$= \left[\frac{0.36}{(1-0.8z^{-1})(1-0.5z)}\right]_+$$

$$= \frac{0.6}{1-0.8z^{-1}} \tag{5-45}$$

所以得到 Wiener 滤波器的传递函数为

$$H(z) = \frac{1}{1.6}\frac{1}{G(z)}\left[\frac{\Gamma_{xd}(z)}{G(z^{-1})}\right]_+$$

$$= \frac{1}{1.6}\frac{1-0.8z^{-1}}{1-0.5z^{-1}}\frac{0.6}{1-0.8z^{-1}}$$

$$= \frac{3}{8}\frac{1}{1-0.5z^{-1}} \tag{5-46}$$

求 $z$ 逆变换,得到滤波器的系数(单位冲激响应函数)为

$$h(n) = \frac{3}{8}\cdot\left(\frac{1}{2}\right)^n, \quad n \geqslant 0 \tag{5-47}$$

图 5-6 给出了例 5-2 中滤波器的降噪滤波效果,可以看到式(5-47)所给出的一阶 IIR 滤波器性能优于图 5-4 中的 FIR 滤波器。

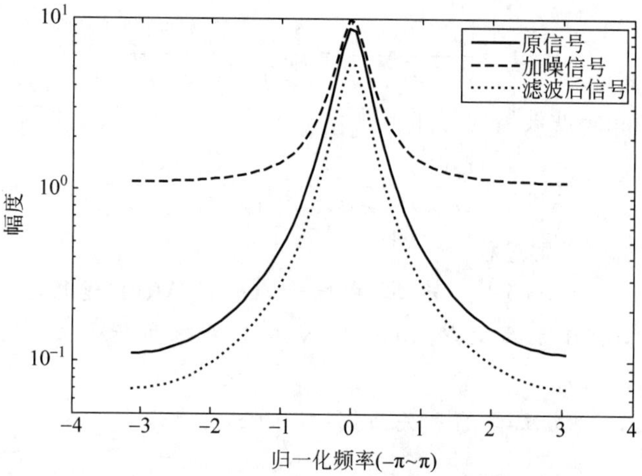


图 5-6　例 5-2 中滤波器的滤波效果

## 5.3 线性预测

Wiener 滤波是一个有广泛通用性的滤波理论。本节将用 Wiener 滤波理论来分析随机信号的可预测性问题,这里只考虑线性预测。线性预测的基本含义是用随机信号过去时刻的线性组合预测当前时刻的取值,线性预测是考察随机信号时间相关特性的重要手段,广泛应用于多个领域。

设 $x(n)$ 在 $n$ 时刻之前 $p$ 个数据为 $x(n-p), x(n-p+1), \cdots, x(n-1)$,利用这 $p$ 个数据预测 $n$ 时刻的值 $x(n)$(如图 5-7(a)所示),称为"前向预测",线性预测表示为

$$\hat{x}(n)=-\sum_{k=1}^{p}a_k x(n-k) \tag{5-48}$$

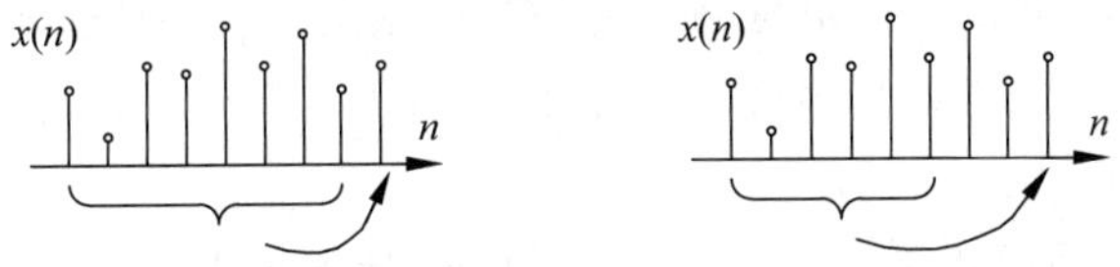


图 5-7　前向预测示意图

式(5-48)中，$\hat{x}(n)$为预测值，$a_k$ 为预测系数。与 5.1 节所提到的预测问题相比，上述预测问题忽略了观测噪声的影响，可更集中考虑信号本身的特性。后续的推导也可拓展到噪声下的预测问题。式(5-48)称为无延时预测，当存在延时 $D$ 时，线性预测表示为(如图 5-7(b)所示)

$$\hat{x}(n)=-\sum_{k=1}^{p}a_k x(n-D-k) \tag{5-49}$$

有延时预测与无延时预测的预测器求解采用相同的方法，这里只讨论无延时预测。定义预测误差为

$$e(n)=x(n)-\hat{x}(n) \tag{5-50}$$

下面基于最小均方误差准则推导预测器系数求解过程，预测均方误差为

$$\rho=E(|e(n)|^2)=E\left[\left|x(n)+\sum_{k=1}^{p}a_k x(n-k)\right|^2\right] \tag{5-51}$$

欲使 $\rho$ 最小，令$\dfrac{\partial\rho}{\partial a_k}=0$，可得

$$E[x(n-k)e^*(n)]=0,\quad k=1,2,\cdots,p \tag{5-52}$$

式(5-52)和式(5-11)一致，是正交性原理在线性预测中的体现。要得到最佳预测器的求解，先对式(5-52)求共轭，并用 $m$ 代替 $k$，可得

$$E\left[x^*(n-m)\left(x(n)+\sum_{k=1}^{P}a_k x(n-k)\right)\right]=0,\quad m=1,2,\cdots,p \tag{5-53}$$

可以得到如下包含预测器系数的方程：

$$R_x(m)=-\sum_{k=1}^{p}a_k R_x(m-k),\quad m=1,2,\cdots,p \tag{5-54}$$

或以下矩阵形式：

$$\begin{bmatrix} R_x(0) & R_x(-1) & \cdots & R_x(-p+1) \\ R_x(1) & R_x(0) & \cdots & R_x(-p+2) \\ \vdots & \vdots & \ddots & \vdots \\ R_x(p-1) & R_x(p-2) & \cdots & R_x(0) \end{bmatrix}\begin{bmatrix} a_1 \\ a_2 \\ \vdots \\ a_p \end{bmatrix}=-\begin{bmatrix} R_x(1) \\ R_x(2) \\ \vdots \\ R_x(p) \end{bmatrix} \tag{5-55}$$

此时最小的 $\rho$ 值(最小预测均方误差)为

$$\rho_{\min}=E[x(n)(x(n)-\hat{\boldsymbol{x}}(n))^*]=R_x(0)+\sum_{k=1}^{p}a_k^* R_x(k) \tag{5-56}$$

方程(5-54)与方程(5-55)称为线性预测 Wiener-Hopf 方程，解此方程可以求解出线性预测模型的预测系数 $a_k$ 及最小预测均方误差 $\rho$。

前面叙述的模型使用了 $p$ 个 $n$ 时刻之前的数据预测 $x(n)$ 为“前向预测”。对平稳信号，时间相关性与时间起点无关。因此，亦可用 $n, n-1, \cdots, n-p+1$ 的数据向后预测 $x(n-p)$，这称为“后向预测”。

为了表示清楚，把前向预测(forward prediction)模型记为

$$\begin{cases} \hat{x}^{\mathrm{f}}(n) = -\sum_{k=1}^{p} a_k^{\mathrm{f}} x(n-k) \\ e^{\mathrm{f}}(n) = x(n) - \hat{x}^{\mathrm{f}}(n) \\ \rho^{\mathrm{f}} = E[|e^{\mathrm{f}}(n)|^2] \end{cases} \tag{5-57}$$

利用 $x(n), x(n-1), \cdots, x(n-p+1)$ 预测 $x(n-p)$，称为后向预测(backward prediction)，如图 5-8 所示，其数学模型为

$$\hat{x}^{\mathrm{b}}(n-p) = -\sum_{k=1}^{p} a_k^{\mathrm{b}} x(n-p+k) \tag{5-58}$$

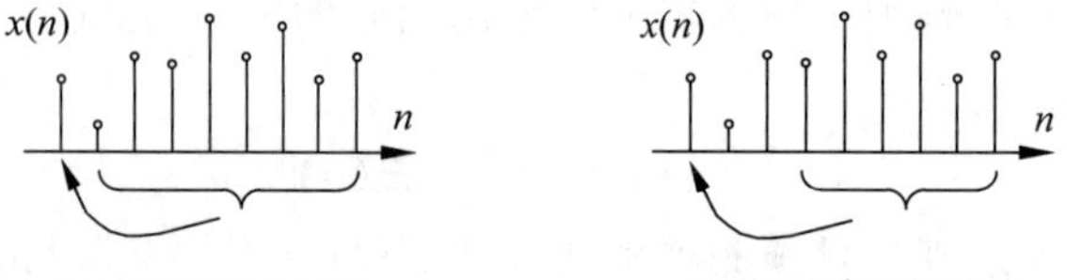

(a) 无延时后向预测　　(b) 有延时后向预测

图 5-8　后向预测示意图

误差记为：$e^{\mathrm{b}}(n) = x(n-p) - \hat{x}^{\mathrm{b}}(n-p)$。

均方误差记为：$\rho^{\mathrm{b}} = E[|e^{\mathrm{b}}(n)|^2]$。

利用正交性原理，令 $\rho^{\mathrm{b}}$ 最小，同样可得后向预测的 Wiener-Hopf 方程

$$E[x(n-p+m)e^*(n)] = 0, \quad m = 1, 2, \cdots, p \tag{5-59}$$

$$E\left[x^*(n-p+m)\left(x(n-p) + \sum_{k=1}^{p} a_k^{\mathrm{b}} x(n-p+k)\right)\right] = 0, \quad m = 1, 2, \cdots, p \tag{5-60}$$

$$R_x(-m) = -\sum_{k=1}^{p} a_k^{\mathrm{b}} R_x(k-m), \quad m = 1, 2, \cdots, p \tag{5-61}$$

式(5-61)的矩阵表达形式为

$$\begin{bmatrix} R_x(0) & R_x(1) & \cdots & R_x(p-1) \\ R_x(-1) & R_x(0) & \cdots & R_x(p-2) \\ \vdots & \vdots & \ddots & \vdots \\ R_x(-p+1) & R_x(-p+2) & \cdots & R_x(0) \end{bmatrix} \begin{bmatrix} a_1^{\mathrm{b}} \\ a_2^{\mathrm{b}} \\ \vdots \\ a_p^{\mathrm{b}} \end{bmatrix} = -\begin{bmatrix} R_x(-1) \\ R_x(-2) \\ \vdots \\ R_x(-p) \end{bmatrix} \tag{5-62}$$

式(5-62)和式(5-55)形式类似，利用自相关函数的共轭对称特性，对式(5-62)两边取共轭，对照式(5-55)，得到 $a_k^{\mathrm{f}} = [a_k^{\mathrm{b}}]^*$，即前向预测系数和后向预测系数互为共轭。利用和前向预测类似的方法，可求得预测误差为

$$\rho_{\min}^{\mathrm{b}}=R_x(0)+\sum_{k=1}^{p}[a^{\mathrm{b}}(k)]^*R_x(-k) \tag{5-63}$$

注意到预测误差肯定是实数,对式(5-63)取共轭并利用预测系数关系和自相关函数特性,不难得出式(5-63)和式(5-56)是等价的,即当预测器长度相同时,前向预测和后向预测的误差相等。前向预测和后向预测的关系总结如下:

(1) $\rho_{\min}^{\mathrm{b}}=\rho_{\min}^{\mathrm{f}}$;

(2) 若 $a_k^{\mathrm{f}}$、$a_k^{\mathrm{b}}$ 是实数,则 $a_k^{\mathrm{f}}=a_k^{\mathrm{b}}$。

若 $a_k^{\mathrm{f}}$、$a_k^{\mathrm{b}}$ 是复数,则 $a_k^{\mathrm{f}}=[a_k^{\mathrm{b}}]^*$(共轭关系)。

前向预测、后向预测在变长度预测器的迭代求解中有重要应用,将在后面结合参数化功率谱估计深入分析。接下来考虑当随机信号可以用第 4 章线性模型描述时,其最佳线性预测的结果。首先考虑 AR 模型,一个 $p$ 阶 AR 模型如下:

$$x(n)=-\sum_{k=1}^{p}\varphi_k x(n-k)+u(n) \tag{5-64}$$

其中,$u(n)$是零均值白噪声,$\varphi_k$ 是模型系数。利用模型参数构造如下预测模型:

$$\hat{x}(n)=-\sum_{k=1}^{p}\varphi_k x(n-k) \tag{5-65}$$

这时预测误差刚好为 $u(n)$,因为 $u(n)$和过去时刻的模型输出不相关,不难验证式(5-65)满足正交性原理,因此是最佳线性预测。

对比式(5-64)和式(5-65),可看到 $p$ 阶 AR 模型和 $p$ 阶线性预测器是一致的,定义

$$A(z)=1+\sum_{k=1}^{p}\varphi_k z^{-k} \tag{5-66}$$

AR 模型和线性预测的关系如图 5-9 所示,由于滤波器 $A(z)$能将 $x(n)$变成一个白噪声 $u(n)$[预测误差信号 $e(n)$],所以称 $A(z)$为白化滤波器,或反滤波器。AR 模型、白化滤波器及线性预测器分别示于图 5-9(a)、图 5-9(b)和图 5-9(c)。

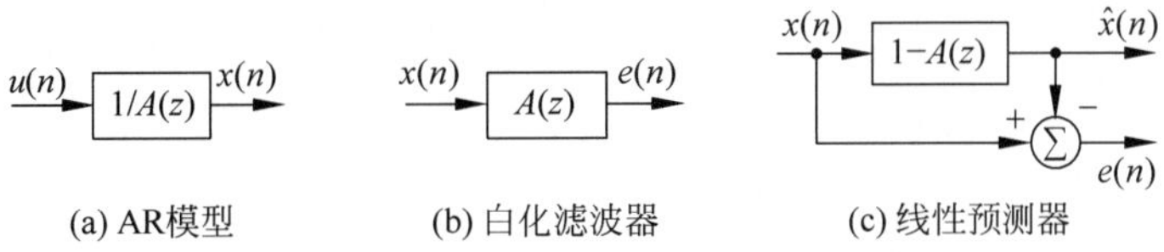


图 5-9 AR 模型、白化滤波器和线性预测器

## 5.4 卡尔曼滤波

在应用中,Wiener 滤波理论必须把用到的全部数据存储起来,估计接收信号的自相关矩阵,然后再进行计算。按照这种滤波方法设置的专用计算机的存储量与计算量比较大,并且很难进行实时处理。在解决非平稳过程的滤波问题时,难以得到高效方法。到 20 世纪 50 年代中期,随着空间技术的发展,这种方法越来越不能满足实际应用的需要,面临着新的挑战。1960 年和 1961 年,卡尔曼(R. E. Kalman)和布西(R. S. Bucy)提出了递推滤波算法,成功地将状态变量法引入滤波理论中,用消息与干扰的状态空间模型代替了通常用来描述

它们的协方差函数，将状态空间描述与离散时间更新联系起来，适于计算机直接进行运算，而不用去寻求滤波器冲激响应的明确公式。这种方法得出的是表征状态估计值及其均方误差的微分方程，给出的是递推算法。这就是著名的卡尔曼理论，或称卡尔曼-布西滤波。

卡尔曼滤波不要求保存过去的测量数据，当新的数据到来时，根据新的数据和前一时刻诸量的估值，借助于系统本身的状态转移方程，按照一套递推公式，即可算出新诸量的估值。与 Wiener 滤波器不同，卡尔曼滤波器能够利用先前的运算结果，再从当前数据提供的最新信息，即可得到当前的估值。卡尔曼递推算法大大减少了滤波装置的存储量和计算量，并且突破了平稳随机过程的限制，使卡尔曼滤波器适用于对时变信号的实时处理。

卡尔曼滤波基于信号的状态空间模型，如下式所示：

$$\boldsymbol{x}_{n+1}=\boldsymbol{F}\boldsymbol{x}_n+\boldsymbol{G}\boldsymbol{u}_n+\boldsymbol{w}_n \tag{5-67}$$

$$\boldsymbol{y}_{n+1}=\boldsymbol{H}\boldsymbol{x}_{n+1}+\boldsymbol{v}_{n+1} \tag{5-68}$$

其中，$\boldsymbol{x}_n$ 为 $p\times1$ 维系统状态向量，$\boldsymbol{F}$ 为 $p\times p$ 维系统矩阵，$\boldsymbol{u}_n$ 为 $k\times1$ 维输入控制向量，$\boldsymbol{w}_n$ 为系统动态噪声向量，$\boldsymbol{G}$ 为系统控制矩阵，大小为 $p\times k$。式(5-67)表示系统特性可由若干参数形成的状态向量描述。当前的状态与前一个时刻的状态、当前输入和系统噪声有关，系统可能存在多路输入。

$\boldsymbol{y}_{n+1}$ 为观测向量，大小为 $r\times1$。$\boldsymbol{H}$ 为观测矩阵，大小为 $r\times p$，描述系统状态对输出的影响。$\boldsymbol{v}_{n+1}$ 为观测噪声向量，大小为 $r\times1$。

式(5-67)中系统状态随时间变化，因此式(5-67)称为状态方程，式(5-68)称为观测方程。

对于给定的系统，状态空间模型为已知，状态空间模型具有良好的一般性，对许多实际问题可用状态空间建模，实际上第 4 章的线性模型可以认为是状态空间模型的特例，例如例 5-2 中所描述的噪声中的信号 AR($p$)模型：$y(n)=x(n)+v(n)$。若定义系统的状态为 $\boldsymbol{x}_n=[x_n,x_{n-1},\cdots,x_{n-p+1}]^{\mathrm{T}}$(为描述方便，这里将 $x(n)$ 简记为 $x_n$)，可用状态空间模型表示为

$$\begin{bmatrix} x_{n+1} \\ x_n \\ \vdots \\ x_{n-p+2} \end{bmatrix}=\begin{bmatrix} -\varphi_1 & -\varphi_2 & \cdots & -\varphi_p \\ 1 & & & 0 \\ & \ddots & & 0 \\ & & 1 & 0 \end{bmatrix}\begin{bmatrix} x_n \\ x_{n-1} \\ \vdots \\ x_{n-p+1} \end{bmatrix}+\begin{bmatrix} 1 \\ 0 \\ \vdots \\ 0 \end{bmatrix}u_{n+1} \tag{5-69}$$

$$\begin{bmatrix} y_{n+1} \\ y_n \\ \vdots \\ y_{n-p+2} \end{bmatrix}=\begin{bmatrix} 1 & & \\ & 1 & \\ & & \ddots & \\ & & & 1 \end{bmatrix}\begin{bmatrix} x_{n+1} \\ x_n \\ \vdots \\ x_{n-p+2} \end{bmatrix}+\begin{bmatrix} v_{n+1} \\ v_n \\ \vdots \\ v_{n-p+2} \end{bmatrix} \tag{5-70}$$

下面讨论卡尔曼滤波的具体流程。卡尔曼滤波关注在系统矩阵、控制矩阵、观测矩阵已知的情况下根据观测数据对状态空间的估计。假设在时刻 $n$，基于 $n$ 时刻以前所获得的全部知识，对状态变量 $\boldsymbol{x}_n$ 做出一个预测估计，记为 $\hat{\boldsymbol{x}}_{n|n-1}$，则预测估计的误差为

$$\boldsymbol{e}_{n|n-1}=\boldsymbol{x}_n-\hat{\boldsymbol{x}}_{n|n-1} \tag{5-71}$$

称为预测误差。预测误差是零均值的，其协方差矩阵为

$$\boldsymbol{C}_{n|n-1}=E[\boldsymbol{e}_{n|n-1}\boldsymbol{e}_{n|n-1}^{\mathrm{H}}]=E[(\boldsymbol{x}_n-\hat{\boldsymbol{x}}_{n|n-1})(\boldsymbol{x}_n-\hat{\boldsymbol{x}}_{n|n-1})^{\mathrm{H}}] \tag{5-72}$$

在预测估计 $\hat{\boldsymbol{x}}_{n|n-1}$ 的基础上，利用 $n$ 时刻所获取的新观测数据 $\boldsymbol{y}_n$ 进一步改善对 $\boldsymbol{x}_n$ 的估

计,记为 $\hat{\boldsymbol{x}}_n$,称为更新估计,更新估计通过下式完成

$$\hat{\boldsymbol{x}}_n = \hat{\boldsymbol{x}}_{n|n-1} + \boldsymbol{K}_n(\boldsymbol{y}_n - \boldsymbol{H}\hat{\boldsymbol{x}}_{n|n-1}) \tag{5-73}$$

其中,$\boldsymbol{K}_n$ 为待定的增益矩阵,称为卡尔曼增益,$(\boldsymbol{y}_n - \boldsymbol{H}\hat{\boldsymbol{x}}_{n|n-1})$称为新息,代表由新观测数据$\boldsymbol{y}_n$ 获得的新信息。

更新估计的误差记作$\boldsymbol{e}_n$,则有

$$\boldsymbol{e}_n = \boldsymbol{x}_n - \hat{\boldsymbol{x}}_n = \boldsymbol{x}_n - [\hat{\boldsymbol{x}}_{n|n-1} + \boldsymbol{K}_n(\boldsymbol{y}_n - \boldsymbol{H}\hat{\boldsymbol{x}}_{n|n-1})] \tag{5-74}$$

卡尔曼滤波的实质是寻找适当的增益矩阵$\boldsymbol{K}_n$,使更新估计的均方误差达到最小。更新估计的均方误差为

$$E[|\boldsymbol{e}_n|^2] = E[(\boldsymbol{x}_n - \hat{\boldsymbol{x}}_n)^{\mathrm{H}}(\boldsymbol{x}_n - \hat{\boldsymbol{x}}_n)] \tag{5-75}$$

而更新估计的协方差矩阵为

$$\boldsymbol{C}_n = E[\boldsymbol{e}_n\boldsymbol{e}_n^{\mathrm{H}}] = E[(\boldsymbol{x}_n - \hat{\boldsymbol{x}}_n)(\boldsymbol{x}_n - \hat{\boldsymbol{x}}_n)^{\mathrm{H}}] \tag{5-76}$$

比较以上两式可知,更新估计的均方误差 $E[|\boldsymbol{e}_n|^2]$为协方差矩阵$\boldsymbol{C}_n$ 的对角元素之和,因此,要使均方误差最小,就等效于使协方差矩阵对角元素之和最小。

将式(5-73)代入式(5-74),可得

$$\begin{aligned}
\boldsymbol{e}_n &= \boldsymbol{x}_n - \hat{\boldsymbol{x}}_n \\
&= \boldsymbol{x}_n - [\hat{\boldsymbol{x}}_{n|n-1} + \boldsymbol{K}_n(\boldsymbol{y}_n - \boldsymbol{H}\hat{\boldsymbol{x}}_{n|n-1})] \\
&= \boldsymbol{x}_n - \hat{\boldsymbol{x}}_{n|n-1} - \boldsymbol{K}_n(\boldsymbol{H}\boldsymbol{x}_n + \boldsymbol{v}_n - \boldsymbol{H}\hat{\boldsymbol{x}}_{n|n-1}) \\
&= \boldsymbol{e}_{n|n-1} - \boldsymbol{K}_n\boldsymbol{H}\boldsymbol{e}_{n|n-1} - \boldsymbol{K}_n\boldsymbol{v}_n \\
&= (\boldsymbol{I} - \boldsymbol{K}_n\boldsymbol{H})\boldsymbol{e}_{n|n-1} - \boldsymbol{K}_n\boldsymbol{v}_n
\end{aligned} \tag{5-77}$$

由式(5-76)得到

$$\boldsymbol{C}_n = (\boldsymbol{I} - \boldsymbol{K}_n\boldsymbol{H})\boldsymbol{C}_{n|n-1}(\boldsymbol{I} - \boldsymbol{K}_n\boldsymbol{H})^{\mathrm{H}} - \boldsymbol{K}_n\boldsymbol{R}_v\boldsymbol{K}_n^{\mathrm{H}} \tag{5-78}$$

其中,$\boldsymbol{R}_v$ 是观测噪声的自相关矩阵。注意式(5-78)用到了信号与噪声的不相关特性。令

$$\boldsymbol{D}_n\boldsymbol{D}_n^{\mathrm{H}} = \boldsymbol{H}\boldsymbol{C}_{n|n-1}\boldsymbol{H}^{\mathrm{H}} - \boldsymbol{R}_v \tag{5-79}$$

将式(5-78)展开,并将$\boldsymbol{D}_n\boldsymbol{D}_n^{\mathrm{H}}$ 代入,得

$$\boldsymbol{C}_n = \boldsymbol{C}_{n|n-1} - \boldsymbol{K}_n\boldsymbol{H}\boldsymbol{C}_{n|n-1} - \boldsymbol{C}_{n|n-1}\boldsymbol{H}^{\mathrm{H}}\boldsymbol{K}_n^{\mathrm{H}} + \boldsymbol{K}_n\boldsymbol{D}_n\boldsymbol{D}_n^{\mathrm{H}}\boldsymbol{K}_n^{\mathrm{H}} \tag{5-80}$$

可见,$\boldsymbol{C}_n$ 中含有$\boldsymbol{K}_n$ 的二次项和一次项,对其进行配方,得到

$$\boldsymbol{C}_n = \boldsymbol{C}_{n|n-1} + (\boldsymbol{K}_n\boldsymbol{D}_n - \boldsymbol{A})(\boldsymbol{K}_n\boldsymbol{D}_n - \boldsymbol{A})^{\mathrm{H}} - \boldsymbol{A}\boldsymbol{A}^{\mathrm{H}} \tag{5-81}$$

其中,$\boldsymbol{A}$ 为未知矩阵,式(5-81)展开为

$$\begin{aligned}
\boldsymbol{C}_n &= \boldsymbol{C}_{n|n-1} + \boldsymbol{K}_n\boldsymbol{D}_n\boldsymbol{D}_n^{\mathrm{H}}\boldsymbol{K}_n^{\mathrm{H}} - \boldsymbol{K}_n\boldsymbol{D}_n\boldsymbol{A}^{\mathrm{H}} - \boldsymbol{A}\boldsymbol{D}_n^{\mathrm{H}}\boldsymbol{K}_n^{\mathrm{H}} + \boldsymbol{A}\boldsymbol{A}^{\mathrm{H}} - \boldsymbol{A}\boldsymbol{A}^{\mathrm{H}} \\
&= \boldsymbol{C}_{n|n-1} + \boldsymbol{K}_n\boldsymbol{D}_n\boldsymbol{D}_n^{\mathrm{H}}\boldsymbol{K}_n^{\mathrm{H}} - \boldsymbol{K}_n\boldsymbol{D}_n\boldsymbol{A}^{\mathrm{H}} - \boldsymbol{A}\boldsymbol{D}_n^{\mathrm{H}}\boldsymbol{K}_n^{\mathrm{H}}
\end{aligned} \tag{5-82}$$

比较式(5-80)和式(5-82),可得

$$\boldsymbol{A} = \boldsymbol{C}_{n|n-1}\boldsymbol{H}^{\mathrm{H}}(\boldsymbol{D}_n^{\mathrm{H}})^{-1} \tag{5-83}$$

观察式(5-81),其第一项和第三项均与增益矩阵$\boldsymbol{K}_n$ 无关,只有第二项包含$\boldsymbol{K}_n$。考虑到$\boldsymbol{C}_n$ 及第二项为对称矩阵,故其主对角线元素是非负的,若要使$\boldsymbol{C}_n$ 的主对角线元素之和达到最小,须要求第二项的主对角线元素之和达到最小,即为零。因此,有

$$\boldsymbol{K}_n\boldsymbol{D}_n - \boldsymbol{A} = 0 \tag{5-84}$$

则

$$\begin{aligned}\boldsymbol{K}_n&=\boldsymbol{A}\boldsymbol{D}_n^{-1}=\boldsymbol{C}_{n|n-1}\boldsymbol{H}^{\mathrm{H}}(\boldsymbol{D}_n^{\mathrm{H}})^{-1}\boldsymbol{D}_n^{-1}\\&=\boldsymbol{C}_{n|n-1}\boldsymbol{H}^{\mathrm{H}}(\boldsymbol{H}\boldsymbol{C}_{n|n-1}\boldsymbol{H}^{\mathrm{H}}-\boldsymbol{R}_v)^{-1}\end{aligned}\tag{5-85}$$

$\boldsymbol{K}_n$ 即为使更新估计均方误差达到最小的卡尔曼增益矩阵。

将式(5-85)代入式(5-78),可得更新估计的协方差矩阵

$$\boldsymbol{C}_n=(\boldsymbol{I}-\boldsymbol{K}_n\boldsymbol{H})\boldsymbol{C}_{n|n-1}\tag{5-86}$$

由上述分析可知,从预测估计 $\hat{\boldsymbol{x}}_{n|n-1}$ 和预测误差协方差矩阵$\boldsymbol{C}_{n|n-1}$ 出发,即可求得卡尔曼增益矩阵$\boldsymbol{K}_n$,然后由新的观测向量$\boldsymbol{y}_n$ 计算出新的信息($\boldsymbol{y}_n-\boldsymbol{H}\hat{\boldsymbol{x}}_{n|n-1}$),再加上 $\hat{\boldsymbol{x}}_{n|n-1}$,就完成了对状态变量$\boldsymbol{x}_n$ 的更新估计 $\hat{\boldsymbol{x}}_n$。

为了使上述估计过程能递推地进行,还需要由 $n$ 时刻的估计更新 $\hat{\boldsymbol{x}}_n$ 及其协方差矩阵$\boldsymbol{C}_n$,来计算 $n+1$ 时刻的预测估计 $\hat{\boldsymbol{x}}_{n+1|n}$ 及其协方差矩阵$\boldsymbol{C}_{n+1|n}$。有了 $\hat{\boldsymbol{x}}_{n+1|n}$ 和$\boldsymbol{C}_{n+1|n}$,就可以重复上述估计过程,进而得到 $\hat{\boldsymbol{x}}_{n+1}$ 和$\boldsymbol{C}_{n+1}$,完成 $n+1$ 时刻的更新估计。

由状态方程

$$\boldsymbol{x}_{n+1}=\boldsymbol{F}\boldsymbol{x}_n+\boldsymbol{G}\boldsymbol{u}_n+\boldsymbol{w}_n\tag{5-87}$$

若动态噪声$\boldsymbol{w}_n$ 是零均值的,并且不同 $n$ 时刻的$\boldsymbol{w}_n$ 是不相关的,作为对$\boldsymbol{x}_{n+1}$ 的预测估计 $\hat{\boldsymbol{x}}_{n+1|n}$,暂时忽略$\boldsymbol{w}_n$ 的作用,于是取

$$\boldsymbol{x}_{n+1|n}=\boldsymbol{F}\hat{\boldsymbol{x}}_n+\boldsymbol{G}\boldsymbol{u}_n\tag{5-88}$$

其中,输入控制向量$\boldsymbol{u}_n$ 为已知,那么 $n+1$ 时刻的预测误差为

$$\boldsymbol{e}_{n+1|n}=\boldsymbol{x}_{n+1}-\hat{\boldsymbol{x}}_{n+1|n}=\boldsymbol{F}\boldsymbol{x}_n+\boldsymbol{G}\boldsymbol{u}_n+\boldsymbol{w}_n-(\boldsymbol{F}\hat{\boldsymbol{x}}_n+\boldsymbol{G}\boldsymbol{u}_n)=\boldsymbol{F}\boldsymbol{e}_n+\boldsymbol{w}_n\tag{5-89}$$

注意到$\boldsymbol{w}_n$ 与$\boldsymbol{e}_n$ 是互不相关的,那么 $n+1$ 时刻预测误差协方差矩阵为

$$\begin{aligned}\boldsymbol{C}_{n+1|n}&=E[\boldsymbol{e}_{n+1|n}\boldsymbol{e}_{n+1|n}^{\mathrm{H}}]\\&=E[(\boldsymbol{F}\boldsymbol{e}_n+\boldsymbol{w}_n)(\boldsymbol{F}\boldsymbol{e}_n+\boldsymbol{w}_n)^{\mathrm{H}}]\\&=\boldsymbol{F}\boldsymbol{C}_n\boldsymbol{F}^{\mathrm{H}}+\boldsymbol{R}_w\end{aligned}\tag{5-90}$$

其中,$\boldsymbol{R}_w$ 是$\boldsymbol{w}_n$ 的自相关矩阵。式(5-90)可进一步用于 $n+1$ 时刻卡尔曼增益矩阵的计算,从而形成迭代计算。根据最小均方误差准则,可以确定卡尔曼滤波器的初始值

$$\begin{aligned}\hat{\boldsymbol{x}}_{-1}&=E[\boldsymbol{x}_{-1}]\\\boldsymbol{C}_{-1}&=E[(\boldsymbol{x}_{-1}-\hat{\boldsymbol{x}}_{-1})(\boldsymbol{x}_{-1}-\hat{\boldsymbol{x}}_{-1})^{\mathrm{H}}]\end{aligned}\tag{5-91}$$

式(5-91)需要已知模型状态的统计量信息。实际应用中当无法得到这些先验信息时,卡尔曼滤波可以采用更灵活的初始化手段,后续的迭代更新会优化估计结果。例如 $\hat{\boldsymbol{x}}_{-1}$ 可以用全零或全 1 向量初始化,$\boldsymbol{C}_{-1}$ 可以用单位矩阵初始化。

至此,完成了向量卡尔曼滤波算法的推导,总结其递推过程如下:

步骤 1:建立状态空间模型,如式(5-67)和式(5-68)所示。

步骤 2:设置初始化条件,即 $n=-1$ 时,采用如式(5-91)所示的初始化,即

$$\begin{cases}\hat{\boldsymbol{x}}_n=E[\boldsymbol{x}_n]\\\boldsymbol{C}_n=E[(\boldsymbol{x}_n-\hat{\boldsymbol{x}}_n)(\boldsymbol{x}_n-\hat{\boldsymbol{x}}_n)^{\mathrm{H}}]\end{cases}$$

步骤 3:预测,如式(5-88)所示

$$\boldsymbol{x}_{n+1|n}=\boldsymbol{F}\hat{\boldsymbol{x}}_n+\boldsymbol{G}\boldsymbol{u}_n$$

步骤 4:计算预测误差的协方差矩阵,如式(5-90)所示

$$C_{n+1|n}=FC_nF^{\mathrm{H}}+R_w$$

步骤 5：计算卡尔曼增益如下[参见式(5-85)]：

$$K_{n+1}=C_{n+1|n}H^{\mathrm{H}}(HC_{n+1|n}H^{\mathrm{H}}-R_v)^{-1}$$

步骤 6：更新对状态的估计如下：

$$\hat{x}_{n+1}=\hat{x}_{n+1|n}+K_{n+1}(y_{n+1}-H\hat{x}_{n+1|n})$$

步骤 7：估计误差的协方差矩阵如下[可参见式(5-86)]：

$$C_{n+1}=(I-K_{n+1}H)C_{n+1|n}$$

步骤 8：令 $n=n+1$，重复步骤 3～8，直到估计结束。

当待估计的系统状态向量恰好为一维时，即当待估计的状态变量只有一个时，向量卡尔曼滤波器便退化成为单变量卡尔曼滤波器，二者的递推过程完全一致。

根据上述递推过程，画出向量卡尔曼滤波算法的框图，如图 5-10 所示。

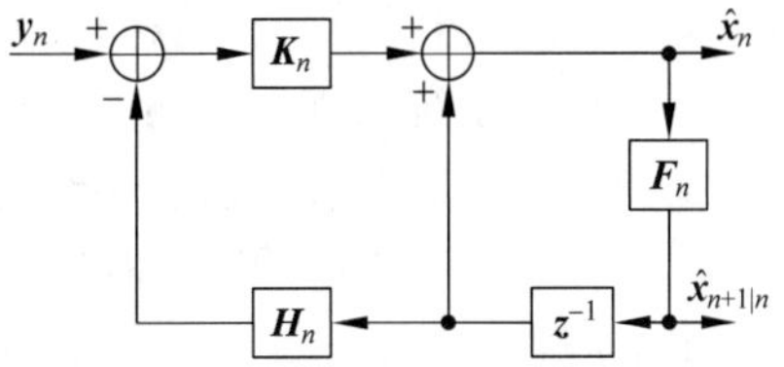

图 5-10　卡尔曼滤波算法框图

卡尔曼滤波的核心是对状态的预测和估计。当将卡尔曼滤波用于解决实际问题时，需要建立适当的状态空间模型，使得卡尔曼滤波模型中的状态为待估计的参数。例如，例 5-1 所示的 AR 模型滤波问题，采用式(5-69)和式(5-70)所描述的状态空间模型，简写为

$$x_{n+1}=Fx_n+Gu_n \tag{5-92}$$

$$y_{n+1}=Hx_{n+1}+v_{n+1} \tag{5-93}$$

基于卡尔曼滤波算法可得到 $x(n)$的估计，卡尔曼滤波实现的功能是降噪滤波，并且可以证明，卡尔曼滤波的理论性能等价于因果 IIR Wiener 滤波器的性能。

在上述问题中，如果感兴趣的不是信号，而是模型的参数，则需修改状态空间模型。例如在无线通信的时变信道估计中，发送端发送已知的训练序列，接收端根据接收信号的训练序列估计信道参数，下面建立用于时变信道估计的状态空间模型。假设 $n$ 时刻的信道参数表示为 $h_n(l)$，$0\leqslant l\leqslant L-1$，其中 $L$ 表示信道响应的长度。进一步假设信道参数响应随时间的变换可以用一个 AR(1)模型描述，即

$$h_n(l)=a_lh_{n-1}(l)+u_{n,l},\quad 0\leqslant l\leqslant L-1 \tag{5-94}$$

定义系统状态向量为$\boldsymbol{h}_n=[h_n(0),h_n(1),\cdots,h_n(L-1)]^{\mathrm{T}}$，可得到如下状态方程：

$$\begin{bmatrix}h_{n+1}(0)\\h_{n+1}(1)\\\vdots\\h_{n+1}(L-1)\end{bmatrix}=\begin{bmatrix}a_0&&&\\&a_1&&\\&&\ddots&\\&&&a_{L-1}\end{bmatrix}\begin{bmatrix}h_n(0)\\h_n(1)\\\vdots\\h_n(L-1)\end{bmatrix}+\begin{bmatrix}u_{n,0}\\u_{n,1}\\\vdots\\u_{n,L-1}\end{bmatrix} \tag{5-95}$$

上式可推广到更一般的时变信道参数模型和时不变信道，请读者自行思考。接下来考虑观测方程，接收信号是信道参数和输入信号的卷积，即

$$y_n=\sum_{l=0}^{L-1}h_n(l)x_{n-l}+w_n \tag{5-96}$$

其中，$w_n$ 表示信道加性噪声。定义输出向量为$\boldsymbol{y}_n=[y_n,y_{n-1},\cdots,y_{n-p+1}]^{\mathrm{T}}$，可得到如下

观测方程：

$$\begin{bmatrix} y_{n+1} \\ y_n \\ \vdots \\ y_{n-p+2} \end{bmatrix} = \begin{bmatrix} x_{n+1} & x_n & \cdots & x_{n-L+2} \\ x_n & x_{n-1} & \cdots & x_{n-L+1} \\ \vdots & \vdots & \ddots & \vdots \\ x_{n-p+2} & x_{n-p+1} & \cdots & x_{n-p-L+3} \end{bmatrix} \begin{bmatrix} h_{n+1}(0) \\ h_{n+1}(1) \\ \vdots \\ h_{n+1}(L-1) \end{bmatrix} + \begin{bmatrix} w_{n+1} \\ w_n \\ \vdots \\ w_{n-p+2} \end{bmatrix} \tag{5-97}$$

与前述状态空间模型的最大不同是式(5-68)中的观测矩阵是时变的，但在所考虑的信道估计问题中，训练序列，即观测矩阵是已知的，其时变性不会影响卡尔曼滤波的处理流程。

卡尔曼滤波和 Wiener 滤波都基于最小均方误差准则，但两者有很大不同，主要体现如下。

(1) 卡尔曼滤波和 Wiener 滤波需要不同的统计量信息。由式(5-18)、式(5-29)所确定的 Wiener 滤波器需要计算目标信号和观测信号的互相关函数及观测信号的自相关函数，卡尔曼滤波只需系统噪声和观测噪声的统计量信息。卡尔曼滤波还需要初始化状态空间模型的系统状态，但如前面所提到，系统状态初始化可采用灵活的初始化策略。

(2) 卡尔曼滤波更适用于时变系统，这主要是因为 Wiener 滤波求解一个固定的滤波器并应用于所有情况，而卡尔曼滤波则采用每个符号更新的迭代计算。例如由式(5-95)、式(5-97)所描述的时变信道参数估计问题，难以用 Wiener 滤波直接求解。

## 5.5 最小二乘滤波

前述 Wiener 滤波器需要接收信号相关二阶矩信息，卡尔曼滤波需预先知道输入控制信号和噪声的二阶矩。实际应用中这些统计信息往往无法预先得到，仅有部分观测信号及其对应的期望信号。一种解决方案是从可用的数据估计出需要的二阶矩，再采用前述的 MMSE 滤波器；另一种是采用新的最小化性能标准，直接基于可用数据设计出最佳滤波器。本节将介绍第二种方法。

考虑式(5-7)所示的滤波问题，这里只考虑 FIR 滤波器，设线性滤波器的冲激响应函数为 $h(k)$，$0\leqslant k\leqslant K-1$，则滤波器输出信号可表示为

$$y(n)=\sum_{k=0}^{K-1}h(k)x(n-k) \tag{5-98}$$

令 $d(n)$表示期望信号，误差信号为

$$e(n)=d(n)-y(n)=d(n)-\sum_{k=0}^{K-1}h(k)x(n-k) \tag{5-99}$$

采用基于 3.7 节的最小二乘准则求解滤波器系数，其目标函数是最小化每个时隙点误差模的平方和，如下所示：

$$\min_{h(k)}\sum_{n=0}^{N-1}|e(n)|^2 \tag{5-100}$$

其中，$N$ 代表观测信号及期望信号的长度。下面推导滤波器参数的求解算法。定义观测信号向量为

$$\boldsymbol{y}=[y(N-1),\cdots,y(1),y(0)]^{\mathrm{T}} \tag{5-101}$$

观测信号整体可用以下矩阵相乘的方式描述

$$\boldsymbol{y}=\begin{bmatrix}y(N-1)\\y(N-2)\\\vdots\\y(1)\\y(0)\end{bmatrix}=\begin{bmatrix}x(N-1)&x(N-2)&\cdots&x(N-K)\\x(N-2)&x(N-3)&\cdots&x(N-K-1)\\\vdots&\vdots&\ddots&\vdots\\x(1)&x(0)&\cdots&x(-K+2)\\x(0)&x(-1)&\cdots&x(-K+1)\end{bmatrix}\begin{bmatrix}h(0)\\h(1)\\\vdots\\h(K-2)\\h(K-1)\end{bmatrix}\tag{5-102}$$

上式简记为

$$\boldsymbol{y}=\boldsymbol{X}\boldsymbol{h}\tag{5-103}$$

定义如下误差信号向量

$$\boldsymbol{e}=[e(N-1),\cdots,e(1),e(0)]^{\mathrm{T}}\tag{5-104}$$

误差信号能量可写为

$$\begin{aligned}E&=\boldsymbol{e}^{\mathrm{H}}\boldsymbol{e}=(\boldsymbol{d}^{\mathrm{H}}-\boldsymbol{h}^{\mathrm{H}}\boldsymbol{X}^{\mathrm{H}})(\boldsymbol{d}-\boldsymbol{X}\boldsymbol{h})\\&=\boldsymbol{d}^{\mathrm{H}}\boldsymbol{d}-\boldsymbol{h}^{\mathrm{H}}\boldsymbol{X}^{\mathrm{H}}\boldsymbol{d}-\boldsymbol{d}^{\mathrm{H}}\boldsymbol{X}\boldsymbol{h}+\boldsymbol{h}^{\mathrm{H}}\boldsymbol{X}^{\mathrm{H}}\boldsymbol{X}\boldsymbol{h}\end{aligned}\tag{5-105}$$

根据第3章的求导公式,可得

$$\frac{\partial(\boldsymbol{d}^{\mathrm{H}}\boldsymbol{d})}{\partial\boldsymbol{h}}=0,\quad\frac{\partial(\boldsymbol{h}^{\mathrm{H}}\boldsymbol{X}^{\mathrm{H}}\boldsymbol{d})}{\partial\boldsymbol{h}}=0$$

$$\frac{\partial(\boldsymbol{d}^{\mathrm{H}}\boldsymbol{X}\boldsymbol{h})}{\partial\boldsymbol{h}}=(\boldsymbol{X}^{\mathrm{H}}\boldsymbol{d})^{*},\quad\frac{\partial(\boldsymbol{h}^{\mathrm{H}}\boldsymbol{X}^{\mathrm{H}}\boldsymbol{X}\boldsymbol{h})}{\partial\boldsymbol{h}}=(\boldsymbol{X}^{\mathrm{H}}\boldsymbol{X})^{\mathrm{T}}\boldsymbol{h}^{*}$$

由$\partial E/\partial\boldsymbol{h}=0$,可得

$$(\boldsymbol{X}^{\mathrm{H}}\boldsymbol{X})\boldsymbol{h}=\boldsymbol{X}^{\mathrm{H}}\boldsymbol{d}\tag{5-106}$$

$$\hat{\boldsymbol{h}}=(\boldsymbol{X}^{\mathrm{H}}\boldsymbol{X})^{-1}\boldsymbol{X}^{\mathrm{H}}\boldsymbol{d}\tag{5-107}$$

最小二乘解和式(5-18)中的 Wiener 解有相同的形式。定义如下基于时间平均的自相关函数估计和基于时间平均的互相关估计

$$\hat{\boldsymbol{R}}=\frac{1}{N}\sum_{n=0}^{N-1}\boldsymbol{x}(n)\boldsymbol{x}^{\mathrm{H}}(n)\tag{5-108}$$

$$\hat{\boldsymbol{c}}=\frac{1}{N}\sum_{n=0}^{N-1}\boldsymbol{x}^{*}(n)d(n)\tag{5-109}$$

易知 $\hat{\boldsymbol{R}}=(\boldsymbol{X}^{\mathrm{H}}\boldsymbol{X})^{*}/N$,$\hat{\boldsymbol{c}}=\boldsymbol{X}^{\mathrm{H}}\boldsymbol{d}/N$,利用共轭对称矩阵的特性,得到最小二乘解的另一种形式

$$\boldsymbol{h}=\hat{\boldsymbol{R}}^{-\mathrm{T}}\hat{\boldsymbol{c}}\tag{5-110}$$

因此,可以认为最小二乘解是利用时间平均代替统计平均的 Wiener 解。将式(5-107)代入式(5-105)可以得到最小二乘解的最优误差为

$$E_{\min}=E_d-\hat{\boldsymbol{c}}^{\mathrm{H}}\hat{\boldsymbol{R}}^{-1}\hat{\boldsymbol{c}}\tag{5-111}$$

可以证明,这和 Wiener 解的形式也是相同的。当采用加权最小二乘法时,误差重写为

$$E=\boldsymbol{e}^{\mathrm{H}}\boldsymbol{e}=(\boldsymbol{d}^{\mathrm{H}}-\boldsymbol{h}^{\mathrm{H}}\boldsymbol{X}^{\mathrm{H}})\boldsymbol{W}(\boldsymbol{d}-\boldsymbol{X}\boldsymbol{h})\tag{5-112}$$

其中,$\boldsymbol{W}$ 是加权矩阵,其作用是体现不同误差分离重要性的差异性。加权最小二乘解的推导可采用相同的方法。

## 5.6 匹配滤波器

信噪比是雷达、声呐探测系统的基本指标，在雷达发展的初期，一般采用信噪比作为衡量雷达接收机抗干扰性能的指标。对于含有噪声的观测信号，接收滤波器的首要任务是降低噪声功率，即提高信噪比。1943 年，North 从最大信噪比准则出发，建立了匹配滤波器理论。简单而言，匹配滤波器就是最大化滤波器输出的信号噪声功率比，并且这里的信号功率一般指信号的瞬时功率。

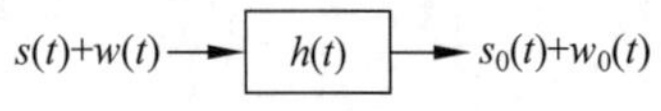

图 5-11 连续时间线性系统

首先以连续时间系统阐述匹配滤波器的含义。这里只考虑实信号，如图 5-11 所示用于降噪的线性系统，输入为

$$x(t)=s(t)+w(t) \tag{5-113}$$

其中，$s(t)$为确定性目标信号，$w(t)$为零均值高斯白噪声，方差记为$\sigma^2$。滤波器是线性系统，它满足迭加原理。因而，可得到滤波器的输出为

$$y(t)=s_0(t)+w_0(t) \tag{5-114}$$

注意到$s_0(t)$是确定性信号，根据线性时不变系统特性，可表示为

$$s_0(t)=\frac{1}{2\pi}\int_{-\infty}^{+\infty} S(\Omega)H(\Omega)\mathrm{e}^{\mathrm{j}\Omega t}\,\mathrm{d}\Omega \tag{5-115}$$

$w_0(t)$是随机信号，根据第 4 章所推导的线性时不变系统特性，$w_0(t)$的功率谱为

$$S_{w_0}(\Omega)=S_w(\Omega)\mid H(\Omega)\mid^2=\sigma^2\mid H(\Omega)\mid^2 \tag{5-116}$$

得到噪声的平均功率为

$$E[w_0^2(t)]=\frac{1}{2\pi}\int_{-\infty}^{+\infty}\sigma^2\mid H(\Omega)\mid^2\mathrm{d}\Omega \tag{5-117}$$

定义在某个时刻滤波器输出端信号的瞬时功率与噪声的平均功率比值为

$$D_{t_0}=\frac{s_0^2(t_0)}{E[w_0^2(t)]} \tag{5-118}$$

把式(5-115)、式(5-117)代入，得到

$$D_{t_0}=\frac{1}{2\pi}\frac{\left|\int_{-\infty}^{+\infty} S(\Omega)H(\Omega)\mathrm{e}^{\mathrm{j}\Omega t_0}\mathrm{d}\Omega\right|^2}{\int_{-\infty}^{+\infty}\sigma^2\mid H(\Omega)\mid^2\mathrm{d}\Omega} \tag{5-119}$$

要求$D_{t_0}$的最大值，相当于求上确界，可利用如下许瓦兹不等式

$$\left|\int_{-\infty}^{+\infty} a(\Omega)b^*(\Omega)\mathrm{d}\Omega\right|^2\leqslant\int_{-\infty}^{+\infty}|a(\Omega)|^2\mathrm{d}\Omega\int_{-\infty}^{+\infty}|b(\Omega)|^2\mathrm{d}\Omega \tag{5-120}$$

其中，$a(\Omega)$，$b(\Omega)$是积分有限的任意函数，上式中等号成立的充分必要条件是

$$a(\Omega)=cb^*(\Omega) \tag{5-121}$$

其中，$c$ 为常数。在式(5-120)中，令

$$a(\Omega)=\sigma\mathrm{e}^{\mathrm{j}\Omega t_0}H(\Omega),\quad b(\Omega)=S(\Omega)/\sigma \tag{5-122}$$

则

$$\left|\int_{-\infty}^{+\infty} S(\Omega)H(\Omega)\mathrm{e}^{\mathrm{j}\Omega t_0}\mathrm{d}\Omega\right|^2\leqslant\int_{-\infty}^{+\infty}\sigma^2|H(\Omega)|^2\mathrm{d}\Omega\int_{-\infty}^{+\infty}(|S(\Omega)|^2/\sigma^2)\mathrm{d}\Omega \tag{5-123}$$

代入式(5-119),得到

$$D_{t_0} \leqslant \frac{1}{2\pi\sigma^2}\int_{-\infty}^{+\infty} |S(\Omega)|^2 \mathrm{d}\Omega \tag{5-124}$$

要使上式成立,只需令

$$H(\Omega) = c\mathrm{e}^{-\mathrm{j}\Omega t_0} S^*(\Omega)/\sigma^2 \tag{5-125}$$

可以看到,这时滤波器是由目标信号完全确定的,因此 $h(t)$ 称为匹配滤波器。接下来考虑离散时间线性系统,见图 5-12。以从时间域推导匹配滤波器表达式的方式进行讨论。假设输入信号为有限长度序列 $s(n)$ $(n=0,1,\cdots,N-1)$,离散时间线性滤波器的单位样值响应为 $h(n)$,$h(n)$ 在区间 $s(n)$ $(n=0,1,\cdots,N-1)$ 上取值,在该区间之外为零,噪声 $w(n)$ 为零均值高斯白噪声,方差为 $\sigma^2$。

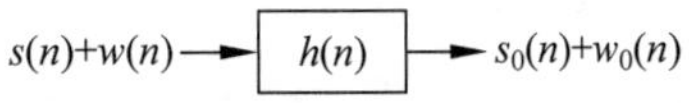


图 5-12 离散时间线性系统示意图

根据离散时间线性系统理论,输出信号 $s_0(n)$ 为

$$s_0(n) = \sum_{k=0}^{N-1} s(k)h(n-k) \tag{5-126}$$

输出噪声信号的平均功率为(参见习题 4.1)

$$E(|w_0[n]|^2) = \sigma^2 \sum_{k=0}^{N-1} |h(k)|^2 \tag{5-127}$$

任意取一时刻,不失一般性,取时刻 $N-1$,瞬时功率为 $|s_0(N-1)|^2$。定义离散时间线性滤波器的输出信噪比为

$$d_0 = \frac{|s_0(N-1)|^2}{E[w_0^2(n)]} \tag{5-128}$$

将式(5-126)和式(5-127)代入式(5-128),得

$$d_0 = \frac{\left|\sum_{k=0}^{N-1} s(k)h(N-1-k)\right|^2}{\sigma^2 \sum_{k=0}^{N-1} h^2(k)} \tag{5-129}$$

令 $\boldsymbol{s} = [s(0) \quad s(1) \quad \cdots \quad s(N-1)]^{\mathrm{T}}$,$\boldsymbol{h} = [h(N-1) \quad h(N-2) \quad \cdots \quad h(0)]^{\mathrm{T}}$,则

$$d_0 = \frac{1}{\sigma^2} \frac{|\boldsymbol{h}^{\mathrm{T}}\boldsymbol{s}|^2}{\boldsymbol{h}^{\mathrm{H}}\boldsymbol{h}} = \frac{1}{\sigma^2} \frac{|(\boldsymbol{h}^*)^{\mathrm{H}}\boldsymbol{s}|^2}{\boldsymbol{h}^{\mathrm{H}}\boldsymbol{h}} \tag{5-130}$$

根据许瓦兹不等式可得

$$|(\boldsymbol{h}^*)^{\mathrm{H}}\boldsymbol{s}|^2 \leqslant ((\boldsymbol{h}^*)^{\mathrm{H}}(\boldsymbol{h}^*))(\boldsymbol{s}^{\mathrm{H}}\boldsymbol{s}) = (\boldsymbol{h}^{\mathrm{H}}\boldsymbol{h})(\boldsymbol{s}^{\mathrm{H}}\boldsymbol{s}) \tag{5-131}$$

当且仅当 $\boldsymbol{h}^* = c\boldsymbol{s}$ 时,式(5-131)等号成立,其中 $c$ 为常数,因此

$$d_0 \leqslant \frac{1}{\sigma^2} \frac{(\boldsymbol{h}^{\mathrm{H}}\boldsymbol{h})(\boldsymbol{s}^{\mathrm{H}}\boldsymbol{s})}{\boldsymbol{h}^{\mathrm{H}}\boldsymbol{h}} = \frac{1}{\sigma^2}(\boldsymbol{s}^{\mathrm{H}}\boldsymbol{s}) \tag{5-132}$$

令 $E = \boldsymbol{s}^{\mathrm{H}}\boldsymbol{s} = \sum_{n=0}^{N-1} |s[n]|^2$ 代表信号的能量,所以

$$d_0 \leqslant \frac{1}{\sigma^2}(\boldsymbol{s}^{\mathrm{H}}\boldsymbol{s}) = \frac{E}{\sigma^2} \tag{5-133}$$

当且仅当 $\boldsymbol{h}^* = c\boldsymbol{s}$ 时式(5-133)等号成立,$c$ 只影响滤波器的放大倍数,可令 $c=1$,所以,当

$$h^*(N-1-n)=s(n),\quad n=0,1,\cdots,N-1 \tag{5-134}$$

时，输出信噪比达到最大，或等价于

$$h(n)=s^*(N-1-n),\quad n=0,1,\cdots,N-1 \tag{5-135}$$

输出的最大信噪比为

$$d_{0\max}=E/\sigma^2 \tag{5-136}$$

**例 5-3** 假定输入信号为

$$s(n)=\begin{cases}1, & 0\leqslant n\leqslant 3\\ 0, & \text{其他}\end{cases} \tag{5-137}$$

求匹配滤波器的单位样值响应和匹配滤波器的输出信号。

**解** 信号长度 $N=4$，则匹配滤波器的单位样值响应为

$$h(n)=s(N-1-n)=\begin{cases}1, & 0\leqslant n\leqslant 3\\ 0, & \text{其他}\end{cases} \tag{5-138}$$

输出信号为

$$s_0(n)=\sum_{k=0}^{N-1}s(k)h(n-k)=\begin{cases}n+1, & 0\leqslant n\leqslant 3\\ 7-n, & 4\leqslant n\leqslant 6\\ 0, & \text{其他}\end{cases} \tag{5-139}$$

输入信号、匹配滤波器的单位样值响应和输出信号的波形如图 5-13 所示。

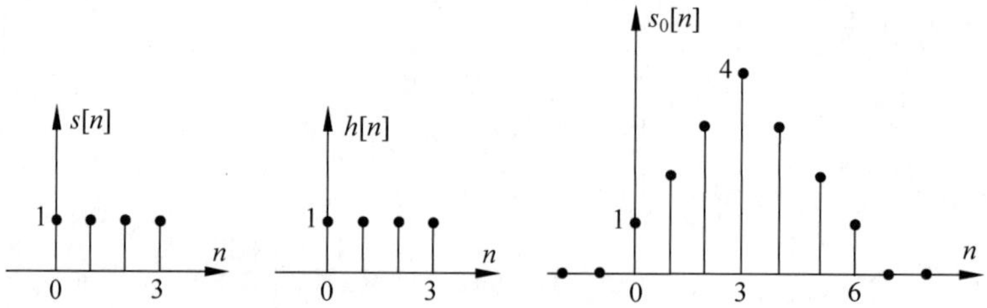


图 5-13 匹配滤波器输出

## 5.7 自适应滤波

### 5.7.1 自适应滤波器的基本概念

Wiener 滤波器、卡尔曼滤波器都是以已知信号和噪声的统计特征为基础，具有固定的滤波器系数。因此，仅当实际输入信号的统计特征与设计滤波器所依据的先验信息一致时，这类滤波器才是最佳的。否则，这类滤波器不能提供最佳性能。在实际中，往往难以预知这些统计特性，故实现不了真正的最佳滤波。在没有任何关于信号和噪声的先验知识的条件下，自适应滤波器利用前一时刻已获得的滤波器参数自动调节现时刻的滤波器参数，以适应信号和噪声未知或随机变化的统计特性，从而实现最优滤波。

自适应信号处理的研究工作始于 20 世纪中叶。美国通用电气公司研究出了简单的自适应滤波器，用以消除混杂在有用信号中的噪声和干扰。Widrow B. 等于 1967 年提出的自适应滤波理论，可使自适应滤波系统的参数自动地调整达到最佳状况，而且在设计时，只需

要很少的或根本不需要任何关于信号与噪声的先验统计知识，这种滤波器的实现差不多像 Wiener 滤波器那样简单，而滤波性能几乎与卡尔曼滤波器一样好。20 世纪 70 年代中期，Widrow B. 等提出自适应滤波器及其算法，发展了最佳滤波设计理论。

自适应信号处理的应用领域包括通信、雷达、声呐、地震学、导航系统、生物医学和工业控制等。自适应滤波器是相对固定滤波器而言的，固定滤波器属于经典滤波器，它滤波的频率是固定的，自适应滤波器滤波的频率则是自动适应输入信号而变化的，所以其适用范围更广。自适应滤波器的一般结构框图如图 5-14 所示，其中 $d(n)$ 为滤波器输出期望信号，$x(n)$ 为滤波器输入信号，$e(n)$ 为滤波器输出和期望信号之间的误差信号。自适应滤波器以当前时刻的滤波器输出为基础，以误差最小化为准则，更新当前时刻的滤波器系数。

自适应滤波器根据应用环境的不同有不同的结构。下面结合实际应用介绍几种自适应滤波器的实现结构。图 5-15 给出了自适应噪声消除的原理图。$S(n)$ 为噪声干扰下的目标信号，$n_0$，$n_1$ 为互不相关的白噪声。自适应噪声消除的目的是将信号 $S(n)$ 从噪声中分离出来，其基本原理是将参考噪声 $n_1$ 经过滤波器处理后接近实际噪声 $n_0$。

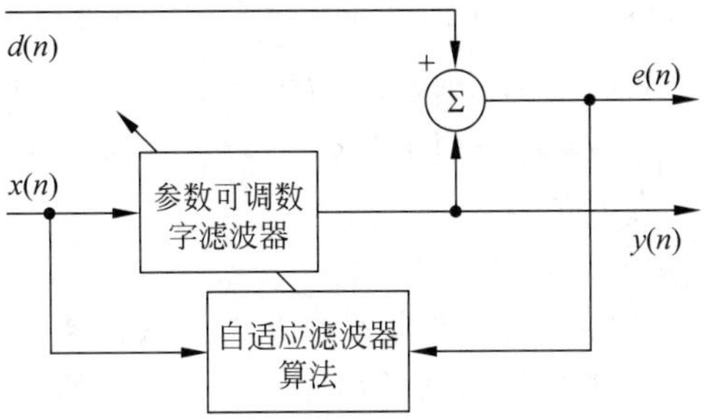


图 5-14 自适应滤波器的结构示意图

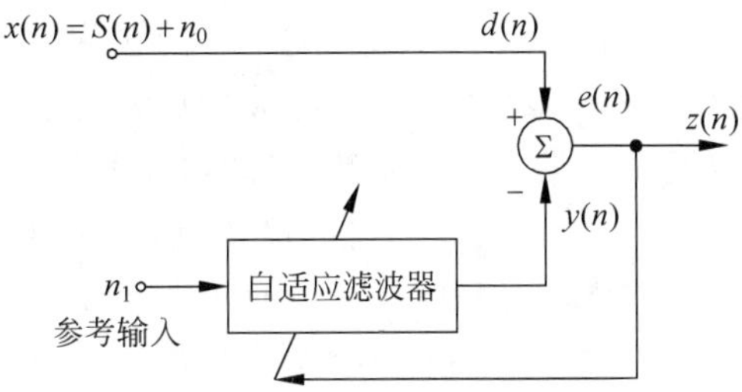


图 5-15 自适应噪声消除原理图

自适应滤波在生物医学信号处理中的一个典型应用是“胎儿心电图自适应干扰清除”，如图 5-16 所示。其中目标信号——胎儿心电信号受到母亲心电信号的干扰，消除这种干扰的一种有效处理方式是将母亲胸部探头得到的心电信号（基本不包含胎儿心电信号）作为参考信号，经过自适应滤波器的滤波后接近胎儿心电信号中的干扰信号。

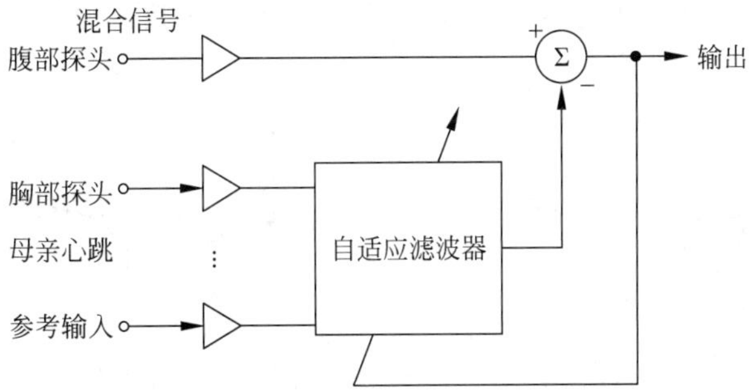


图 5-16 胎儿心电图自适应干扰消除

下面两小节介绍两种经典的自适应滤波算法，为了简化讨论，只考虑实信号。

### 5.7.2 LMS 自适应滤波器

本节介绍 LMS(Least Mean Square,最小均方)自适应滤波器。

考虑阶数为 $N$ 的 FIR 自适应滤波器

$$y(n)=\sum_{k=0}^{N}h(k)x(n-k) \tag{5-140}$$

为了下面推导方便,引入信号的向量描述如下:

$$\begin{aligned}\boldsymbol{h}&=[h(0),h(1),\cdots,h(N)]^{\mathrm{T}}\\ \boldsymbol{x}(n)&=[x(n),x(n-1),\cdots,x(k-N)]^{\mathrm{T}}\end{aligned} \tag{5-141}$$

误差信号为

$$\begin{aligned}e(n)&=d(n)-y(n)\\ &=d(n)-\boldsymbol{h}^{\mathrm{T}}\boldsymbol{x}(n)\end{aligned} \tag{5-142}$$

均方误差为

$$\begin{aligned}\xi&=E(|e(k)|^2)\\ &=E[d^2(k)-2d(k)\boldsymbol{x}^{\mathrm{T}}(k)\boldsymbol{h}+\boldsymbol{h}^{\mathrm{T}}\boldsymbol{x}(k)\boldsymbol{x}^{\mathrm{T}}(k)\boldsymbol{h}]\\ &=E[d^2(k)]+\boldsymbol{h}^{\mathrm{T}}E[\boldsymbol{x}(k)\boldsymbol{x}^{\mathrm{T}}(k)]\boldsymbol{h}^{\mathrm{T}}-2E[d(k)\boldsymbol{x}^{\mathrm{T}}(k)]\boldsymbol{h}\end{aligned} \tag{5-143}$$

记$\boldsymbol{R}_x=E(\boldsymbol{x}(k)\boldsymbol{x}^{\mathrm{T}}(k))$为滤波器输入信号的自相关矩阵,$\boldsymbol{r}_{dx}=E[d(k)\boldsymbol{x}^{\mathrm{T}}(k)]$为输入信号和期望信号的互相关向量,得到均方误差的简洁表达式为

$$\xi=E[|e(k)|^2]=\boldsymbol{h}^{\mathrm{T}}\boldsymbol{R}_x\boldsymbol{h}-2\boldsymbol{r}_{dx}{}^{\mathrm{T}}\boldsymbol{h}+D_d \tag{5-144}$$

当输入信号是广义平稳的随机信号时,由上式可见 $\xi$ 是滤波器系数 $\boldsymbol{h}$ 的二次函数。我们称 $\xi(\boldsymbol{h})$为误差性能函数,因为$\boldsymbol{R}_x$ 是半正定矩阵,误差性能函数的曲面是一个向下凹的抛物面,典型的二维均方误差性能函数如图 5-17 所示。

从图 5-17 可以看到误差性能函数有唯一最小点,通过对滤波器系数求偏导数并令偏导数为零可求出滤波器系数,这也是 Wiener 滤波所采用的方法。在自适应滤波中,我们希望得到一种迭代求解的形式,使得滤波器系数可实时跟踪信号统计特性的变化。由于误差性能函数是二次函数,连续可导并且有唯一全局最小点,因此可以用降低的梯度下降法进行迭代。梯度下降法的示意图如图 5-18 所示,其基本思想是:要达到最优解,不管初始权值如何选择,只要在调整过程中,权值的调整沿 $\xi(h)$的负梯度方向进行,就可以保证最终收敛到最优解。

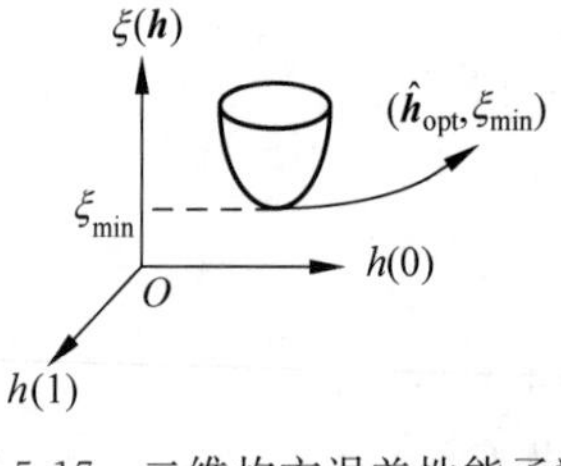


图 5-17 二维均方误差性能函数

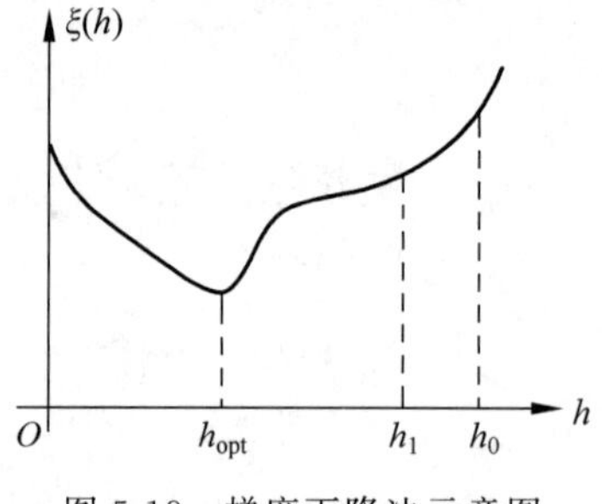


图 5-18 梯度下降法示意图

可见,梯度法可表示为如下的迭代公式:

$$\boldsymbol{h}_{n+1}=\boldsymbol{h}_n+\mu(-\nabla\xi(\boldsymbol{h})|_{\boldsymbol{h}=\boldsymbol{h}_n}) \tag{5-145}$$

这里引入时间 $n$，$\boldsymbol{h}_n$ 表示时刻 $n$ 的滤波器系数（第 $n$ 次迭代求解的结果），$\mu$ 为迭代步长，一般是小于 1 的常数。式(5-145)的梯度为

$$\nabla\xi(\boldsymbol{h})\big|_{\boldsymbol{h}=\boldsymbol{h}_n}=2\boldsymbol{R}_x\boldsymbol{h}_n-2\boldsymbol{r}_{dx} \tag{5-146}$$

式(5-146)需计算自相关矩阵，这种梯度计算方法不能应用于非平稳信号，和自适应滤波的初衷不一致。Widrow 等提出了一种近似的计算梯度的有效方法，其原理是用当前时刻的误差 $|e(n)|^2$ 代替均方误差 $E(|e(n)|^2)$。此时有

$$\hat{\xi}(\boldsymbol{h})=|e(n)|^2 \tag{5-147}$$

$$e(n)=d(n)-\boldsymbol{h}^{\mathrm{T}}\boldsymbol{x}(n) \tag{5-148}$$

$$\nabla\hat{\xi}(\boldsymbol{h})\big|_{\boldsymbol{h}=\boldsymbol{h}_n}=-2e(n)\boldsymbol{x}(n) \tag{5-149}$$

容易证明 $\nabla\hat{\xi}(\boldsymbol{h})\big|_{\boldsymbol{h}=\boldsymbol{h}_n}$ 是 $\nabla\xi(\boldsymbol{h})\big|_{\boldsymbol{h}=\boldsymbol{h}_n}$ 的无偏估计。此时梯度法迭代公式为

$$\boldsymbol{h}_{n+1}=\boldsymbol{h}_n+2\mu e(n)\boldsymbol{x}(n) \tag{5-150}$$

此算法称为 Widrow-Hopf LMS 算法，计算非常简单，并且不涉及信号的统计量，每个时刻的更新迭代只需当前接收信号及期望信号，符合自适应滤波实时更新信号特征的初衷。

LMS 算法的实现步骤如下：

步骤 1：初始化，选择合适的步长 $\mu$，初始化 $\boldsymbol{h}_0$ 的值（一般为零或随机初始化），设 $n=0$；

步骤 2：迭代更新，如式(5-148)和式(5-150)所示：

$$e(n)=d(n)-\boldsymbol{h}_n^{\mathrm{T}}\boldsymbol{x}(n)$$

$$\boldsymbol{h}_{n+1}=\boldsymbol{h}_n+2\mu e(n)\boldsymbol{x}(n)$$

步骤 3：判断是否收敛，如果不收敛，令 $n=n+1$，返回步骤 2，一般如果滤波器在连续两次的更新小于某个门限值则认为算法收敛。

LMS 算法简单，易于软硬件实现，应用非常广泛。从算法流程可以预见 $\mu$ 值的选择对算法有重要影响。$\mu$ 越大，收敛越快，但容易振荡，$\mu$ 值小，收敛慢，但比较平稳。

下面基于式(5-146)分析 $\mu$ 值的选择对算法稳定性的影响。根据式(5-146)把更新算法重写为

$$\boldsymbol{h}_{n+1}=\boldsymbol{h}_n-2\mu(\boldsymbol{R}_x\boldsymbol{h}_n-\boldsymbol{r}_{dx}) \tag{5-151}$$

注意到最优滤波器系数（记为 $\boldsymbol{h}_{\mathrm{opt}}$）满足 Wiener-Holf 方程 $\boldsymbol{R}_x\boldsymbol{h}_{\mathrm{opt}}=\boldsymbol{r}_{dx}$，式(5-151)可改写为

$$\boldsymbol{h}_{n+1}=(\boldsymbol{I}-2\mu\boldsymbol{R}_x)\boldsymbol{h}_n+2\mu\boldsymbol{R}_x\boldsymbol{h}_{\mathrm{opt}} \tag{5-152}$$

其中，$\boldsymbol{I}$ 是大小和 $\boldsymbol{R}_x$ 相等的单位矩阵。令 $\boldsymbol{v}_n=\boldsymbol{h}_n-\boldsymbol{h}_{\mathrm{opt}}$，式(5-152)可写为

$$\boldsymbol{v}_{n+1}=(\boldsymbol{I}-2\mu\boldsymbol{R}_x)\boldsymbol{v}_n \tag{5-153}$$

记 $\boldsymbol{R}_x$ 的特征向量矩阵为 $\boldsymbol{Q}$，得到的特征值分解为

$$\boldsymbol{R}_x=\boldsymbol{Q}\boldsymbol{\Lambda}\boldsymbol{Q}^{-1} \tag{5-154}$$

其中，$\boldsymbol{\Lambda}$ 是包含 $\boldsymbol{R}_x$ 特征值的对角矩阵，由于实随机信号的自相关矩阵是对称矩阵，即 $\boldsymbol{R}_x=\boldsymbol{Q}\boldsymbol{\Lambda}\boldsymbol{Q}^{-1}=\boldsymbol{R}_x^{\mathrm{T}}=\boldsymbol{Q}^{-\mathrm{T}}\boldsymbol{\Lambda}\boldsymbol{Q}^{\mathrm{T}}$，所以

$$\boldsymbol{Q}^{-1}=\boldsymbol{Q}^{\mathrm{T}} \tag{5-155}$$

式(5-153)可重写为

$$\begin{aligned}\boldsymbol{v}_{n+1}&=(\boldsymbol{Q}\boldsymbol{Q}^{-1}-2\mu\boldsymbol{Q}\boldsymbol{\Lambda}\boldsymbol{Q}^{-1})\boldsymbol{v}_n\\&=\boldsymbol{Q}(\boldsymbol{I}-2\mu\boldsymbol{\Lambda})\boldsymbol{Q}^{-1}\boldsymbol{v}_n\end{aligned} \tag{5-156}$$

式(5-156)左乘$\boldsymbol{Q}^{-1}$，并记$\bar{\boldsymbol{v}}_n=\boldsymbol{Q}^{-1}\boldsymbol{v}_n$，得到

$$\bar{\boldsymbol{v}}_{n+1}=(\boldsymbol{I}-2\mu\boldsymbol{\Lambda})\bar{\boldsymbol{v}}_n \tag{5-157}$$

递归应用式(5-157)可得

$$\begin{aligned}\bar{\boldsymbol{v}}_{n+1}&=(\boldsymbol{I}-2\mu\boldsymbol{\Lambda})^2\bar{\boldsymbol{v}}_{n-1}\\&=\begin{bmatrix}(1-2\mu\lambda_1)^n&&&\\&(1-2\mu\lambda_2)^n&&\\&&\ddots&\\&&&(1-2\mu\lambda_{N-1})^n\end{bmatrix}\bar{\boldsymbol{v}}_0\end{aligned} \tag{5-158}$$

要使算法稳定，应有

$$\lim_{n\to\infty}\bar{\boldsymbol{v}}_n=0 \tag{5-159}$$

这时有$\lim\limits_{n\to\infty}\boldsymbol{Q}^{-1}\boldsymbol{v}_n=0$，即

$$\lim_{n\to\infty}\boldsymbol{Q}^{-1}(\boldsymbol{h}_n-\boldsymbol{h}_{\text{opt}})=0 \tag{5-160}$$

即

$$\lim_{n\to\infty}\boldsymbol{h}_n=\boldsymbol{h}_{\text{opt}} \tag{5-161}$$

其收敛到最优解。

要使式(5-159)成立，必须有

$$\lim_{n\to\infty}(I-2\mu\lambda_i)^n=0,\quad i=0,1,2,\cdots,N-1 \tag{5-162}$$

即

$$|1-2\mu\lambda_{\max}|<1 \tag{5-163}$$

所以

$$0<\mu<\frac{1}{\lambda_{\max}} \tag{5-164}$$

式中，$\lambda_{\max}$是$\boldsymbol{R}_x$最大的特征值，这就是梯度法收敛的充分必要条件。一般而言，LMS算法收敛速度取决于$\mu$和$\lambda_{\min}$，$\mu$越大，收敛速度越快，$\lambda_{\min}$越大，收敛速度越快。通常定义$d=\lambda_{\max}/\lambda_{\min}$为谱动态范围，$d$越大，收敛时间越长。

### 5.7.3 RLS自适应滤波

RLS(Recursive Least Squares，递推最小二乘法)自适应滤波器的设计准则是从滤波器开始运行到当前时间，滤波器系数的更新是令总的平方误差达到最小，令$n$表示当前时间，总的平方误差一般定义为

$$\xi(n)=\sum_{j=0}^{n}\lambda^{n-j}|e(j)|^2=\sum_{j=0}^{n}\lambda^{n-j}|d(j)-\boldsymbol{h}_n^{\mathrm{T}}\boldsymbol{x}(j)|^2 \tag{5-165}$$

其中，$e(j)$是瞬时误差，$\lambda(0<\lambda\leqslant 1)$称为遗忘因子，用于降低“旧”数据的影响，提高滤波器的跟踪能力。

最优滤波器系数将使得$\xi(n)$最小，即满足以下方程

$$\frac{\partial\xi(n)}{\partial\boldsymbol{h}_n}=0 \tag{5-166}$$

基于式(5-165)可得到包含最优滤波器系数的方程

$$\boldsymbol{R}(n)\boldsymbol{h}_n=\boldsymbol{c}(n) \tag{5-167}$$

其中

$$\boldsymbol{R}(n)=\sum_{j=0}^{n}\lambda^{n-j}\boldsymbol{x}(j)\boldsymbol{x}^{\mathrm{T}}(j) \tag{5-168}$$

$$\boldsymbol{c}(n)=\sum_{j=0}^{n}\lambda^{n-j}\boldsymbol{x}(j)d(j) \tag{5-169}$$

如果 $\boldsymbol{R}(n)$是满秩矩阵,求解方程(5-167)可得到滤波器系数,相应的解称为最小二乘解。但是直接求解上述方程需要求矩阵的逆矩阵。下面推导求解的迭代形式,首先 $\boldsymbol{R}(n)$的更新可以表示为

$$\boldsymbol{R}(n)=\lambda\boldsymbol{R}(n-1)+\boldsymbol{x}(n)\boldsymbol{x}^{\mathrm{T}}(n) \tag{5-170}$$

$$\boldsymbol{c}(n)=\lambda\boldsymbol{c}(n-1)+\boldsymbol{x}(n)d(n) \tag{5-171}$$

将上述两式代入式(5-167),得到

$$[\boldsymbol{R}(n)-\boldsymbol{x}(n)\boldsymbol{x}^{\mathrm{T}}(n)]\boldsymbol{h}_{n-1}=\boldsymbol{c}(n)-\boldsymbol{x}(n)d(n) \tag{5-172}$$

经过简单计算,得到

$$\boldsymbol{R}(n)\boldsymbol{h}_{n-1}+\boldsymbol{x}(n)[d(n)-\boldsymbol{h}_{n-1}^{\mathrm{T}}\boldsymbol{x}(n)]=\boldsymbol{c}(n) \tag{5-173}$$

注意 $d(n)-\boldsymbol{h}_{n-1}^{\mathrm{T}}\boldsymbol{x}(n)$刚好是应用前一时刻滤波器所造成的误差,记为 $d(n)-\boldsymbol{h}_{n-1}^{\mathrm{T}}\boldsymbol{x}(n)=e(n-1)$并在式(5-173)两边乘以$\boldsymbol{R}^{-1}(n)$,得到

$$\boldsymbol{h}_{n-1}+\boldsymbol{R}^{-1}(n)\boldsymbol{x}(n)e(n-1)=\boldsymbol{R}^{-1}(n)\boldsymbol{c}(n)=\boldsymbol{h}_n \tag{5-174}$$

定义如下自适应增益向量

$$\boldsymbol{g}(n)=\boldsymbol{R}^{-1}(n)\boldsymbol{x}(n) \tag{5-175}$$

最终得到

$$\boldsymbol{h}_n=\boldsymbol{h}_{n-1}+\boldsymbol{g}(n)e(n-1) \tag{5-176}$$

式(5-176)的更新依然涉及矩阵求逆,但其中的求逆可用如下迭代公式求解:

$$(\boldsymbol{A}-\boldsymbol{x}\boldsymbol{x}^{\mathrm{T}})^{-1}=\boldsymbol{A}^{-1}-\frac{\boldsymbol{A}^{-1}\boldsymbol{x}\boldsymbol{x}^{\mathrm{T}}\boldsymbol{A}^{-\mathrm{T}}}{1+\boldsymbol{x}^{\mathrm{T}}\boldsymbol{A}^{-1}\boldsymbol{x}} \tag{5-177}$$

将 $\boldsymbol{R}(n)=\lambda\boldsymbol{R}(n-1)+\boldsymbol{x}(n)\boldsymbol{x}^{\mathrm{T}}(n)$代入式(5-177)得到

$$[\lambda\boldsymbol{R}(n-1)-\boldsymbol{x}(n)\boldsymbol{x}^{\mathrm{T}}(n)]^{-1}=\lambda\boldsymbol{R}^{-1}(n-1)-\frac{\lambda^{-1}\boldsymbol{R}^{-1}(n-1)\boldsymbol{x}(n)\boldsymbol{x}^{\mathrm{T}}(n)\boldsymbol{R}^{-\mathrm{T}}(n-1)\lambda^{-1}}{1+\lambda^{-1}\boldsymbol{x}^{\mathrm{T}}(n)\boldsymbol{R}^{-1}(n-1)\boldsymbol{x}(n)} \tag{5-178}$$

定义

$$\boldsymbol{P}(n)=\boldsymbol{R}^{-1}(n) \tag{5-179}$$

可得到如下迭代更新

$$\boldsymbol{P}(n)=\lambda\boldsymbol{P}(n-1)-\frac{\lambda^{-1}\boldsymbol{P}(n-1)\boldsymbol{x}(n)\boldsymbol{x}^{\mathrm{T}}(n)\boldsymbol{P}^{\mathrm{T}}(n-1)\lambda^{-1}}{1+\lambda^{-1}\boldsymbol{x}^{\mathrm{T}}(n)\boldsymbol{P}(n-1)\boldsymbol{x}(n)} \tag{5-180}$$

最终得到最小二乘解的递归实现,称为递归最小二乘(Recursive Least Square,RLS)算法,具体步骤如下:

步骤 1:初始化,设 $\boldsymbol{R}(-1)=\boldsymbol{I}$,$\boldsymbol{P}(-1)=\boldsymbol{I}$,选择合适的遗忘因子 $\lambda$ 初始化的值(一般为小于 1 但接近 1 的实数),初始化滤波器系数,记为$\boldsymbol{h}_{-1}$,设 $n=0$;

步骤 2：迭代更新，如下式所示：

$$e(n-1)=d(n)-\boldsymbol{h}_{n-1}^{\mathrm{T}}\boldsymbol{x}(n)$$

$$\boldsymbol{P}(n)=\lambda\boldsymbol{P}(n-1)-\frac{\lambda^{-1}\boldsymbol{P}(n-1)\boldsymbol{x}(n)\boldsymbol{x}^{\mathrm{T}}(n)\boldsymbol{P}^{\mathrm{T}}(n-1)\lambda^{-1}}{1+\lambda^{-1}\boldsymbol{x}^{\mathrm{T}}(n)\boldsymbol{P}(n-1)\boldsymbol{x}(n)}$$

$$\boldsymbol{g}(n)=\boldsymbol{P}(n)\boldsymbol{x}(n)$$

$$\boldsymbol{h}_n=\boldsymbol{h}_{n-1}+\boldsymbol{g}(n)e(n-1)$$

步骤 3：判断是否收敛，如果不收敛，令 $n=n+1$，返回步骤 2，收敛判断可以用和 LMS 算法相同的准则。

总之，RLS 算法的计算复杂度高于 LMS 算法，但收敛速度较快。

## 本章习题

1. 设噪声中存在 $L$ 个具有随机相位的复正弦信号

$$x_n=\sum_{i=1}^{L}A_i\mathrm{e}^{\mathrm{j}(\omega_i n+\phi_i)}+v_n$$

式中，$\phi_i, i=1,2,\cdots,L$ 为均匀分布的随机相位，它们是互相独立的；$v_k$ 为零均值与 $\sigma_v^2$ 方差的白噪声，且与 $\phi_i$ 互相独立。

(1) 证明 $E[\mathrm{e}^{\mathrm{j}\phi_i}\mathrm{e}^{-\mathrm{j}\phi_i}]=\delta_{ik},\quad k=1,2,\cdots,L$；

(2) 证明 $x_n$ 的自相关函数

$$r_{xx}(k)=E[x_n x_{n-k}^{*}]=\sigma_v^2\delta(k)+\sum_{i=1}^{L}|A_i|^2\mathrm{e}^{\mathrm{j}\omega_i k};$$

(3) 将 $x_n$ 通过一个传递函数为 $A(z)=a_0+a_1z^{-1}+\cdots+a_Mz^{-M}$ 的滤波器滤波，滤波后的输出为 $y_n$，证明输出功率为

$$P_y=E[y_n^{*}y_n]=a^{\mathrm{H}}R_{xx}a=\sigma_v^2a^{\mathrm{H}}a+\sum_{i=1}^{L}|A_i|^2|A(\omega_i)|^2$$

式中

$$\boldsymbol{a}=[a_0,a_1,\cdots,a_{\mathrm{M}}]^{\mathrm{T}}$$

$$\boldsymbol{R}_{xx}=[r_{xx}(i,j)]=[r_{xx}(i-j)]$$

$$A(\omega_i)=\sum_{m=0}^{M}a_m\mathrm{e}^{-\mathrm{j}\omega_i m}$$

2. 接收信号为 $x(t)=s(t)+v(t)$，$s(t)$、$v(t)$ 均为零均值平稳信号，目标信号自相关函数为 $R_{ss}(\tau)=\mathrm{e}^{-|\tau|}$，噪声的自相关函数为 $R_{vv}(\tau)=\mathrm{e}^{-2|\tau|}$，信号与噪声互不相关，请根据 5.2.2 节的思路导出因果连续 IIR Wiener 滤波器。

3. 设系统模型为 $x_n=0.6x_{n-1}+\omega_n$，观测方程为 $z_n=x_n+v_n$，其中 $\omega_n$ 为方差 $\sigma_\omega^2=0.82$ 的白噪声，$v_n$ 为方差 $\sigma_n^2=1$ 的白噪声，$v_n$ 与 $x_n$ 不相关。试求其阶数为 2 的离散 FIR Wiener 滤波器并计算其均方误差。

4. 利用第 3 题的已知条件，计算因果 IIR Wiener 滤波器和非因果 IIR Wiener 滤波器，计算相应的均方误差并和第 3 题的 FIR 滤波结果进行比较。

5. 非因果 FIR 线性滤波器 $h(n)$ 的输入/输出关系为

$$y(n)=\sum_{k=-L}^{L}h(k)x(n-k)$$

设目标信号为 $d(n)$，误差信号为 $e(n)=d(n)-y(n)$，试推导该非因果 FIR 线性滤波器的 Wiener-Hopf 正则方程。

6. 在以下 AR($p$)模型中

$$x(n)=-\sum_{k=1}^{p}a_k x(n-k)+u(n)$$

$u(n)$是零均值，方差为 $\sigma_u^2$ 的高斯白噪声。证明以下线性预测是线性最优预测并求出预测误差。

$$\hat{x}(n)=-\sum_{k=1}^{p}a_k x(n-k)$$

7. 证明阶数相同的线性前向预测系数和后向预测系数互为共轭。

8. 一维平稳随机信号 $x(n)$ 的系统状态方程和观测方程分别为

$$s(n)=0.5s(n-1)+w(n)$$
$$x(n)=s(n)+v(n)$$

其中，$w(n)$、$v(n)$为白噪声，方差均为 1。$s(n)$、$w(n)$、$v(n)$两两互不相关。试导出相应的卡尔曼迭代滤波公式，分析当 $k\to\infty$ 时，预测参数的收敛值，并和最佳线性预测器进行比较。

9. $x(n)$的标量系统状态方程和观测方程定义为

$$s(n)=as(n-1)+w(n)$$
$$x(n)=s(n)+v(n)$$

写出从 $x(n)$ 恢复出 $s(n)$ 的卡尔曼滤波迭代计算过程，求出等效的系统传输函数(由 $x(n)$ 到 $s(n)$ 的传输函数)。

10. 对第 9 题中的标量状态空间模型，试分析其预测误差随时间增长的变化情况，是否存在随时间增长，预测误差逐渐下降的趋势？

11. 如下时变状态空间模型

$$\boldsymbol{x}_{n+1}=\boldsymbol{F}_n\boldsymbol{x}_n+\boldsymbol{w}_n$$
$$\boldsymbol{y}_{n+1}=\boldsymbol{H}_{n+1}\boldsymbol{x}_{n+1}+\boldsymbol{v}_{n+1}$$

证明存在无观测噪声的等价状态空间模型，如下式所示

$$\boldsymbol{x}'_{n+1}=\boldsymbol{F}'_n\boldsymbol{x}'_n+\boldsymbol{w}'_n$$
$$\boldsymbol{y}_{n+1}=\boldsymbol{H}'_{n+1}\boldsymbol{x}'_{n+1}$$

12. 基于式(5-105)的加权最小二乘滤波误差为

$$E=\boldsymbol{e}^{\mathrm{H}}\boldsymbol{e}=(\boldsymbol{d}^{\mathrm{H}}-\boldsymbol{h}^{\mathrm{H}}\boldsymbol{X}^{\mathrm{H}})\boldsymbol{W}(\boldsymbol{d}-\boldsymbol{X}\boldsymbol{h})$$

试分别针对实数模型和复数模型，推导最佳滤波系数及其对应的误差。

13. 线性滤波器的输入为 $x(t)=s(t)+v(t)$，$v(t)$为高斯白噪声，功率谱密度为 $N_0$，$s(t)$为方波信号，定义如下：

$$s(t)=\begin{cases}A, & 0\leqslant t\leqslant A\\ 0, & \text{其他}\end{cases}$$

设计匹配滤波器并求最大输出信噪比。当采用如下滤波器进行降噪时,输出最大信噪比是多大?要使信噪比尽量大,如何选取参数 $a$?

$$h(t)=\begin{cases}\mathrm{e}^{-at}, & 0\leqslant t\leqslant A\\ 0, & \text{其他}\end{cases}$$

14. 考虑随机信号的匹配滤波问题,假设接收信号模型为

$$x(n)=s(n)+v(n)$$

其中,$s(n)$为平稳随机信号,$w(n)$为平稳噪声,$s(n)$与 $w(n)$相互独立且其自相关矩阵已知,分别记为$\boldsymbol{R}_{ss}$ 和$\boldsymbol{R}_{vv}$。考虑线性因果 FIR 滤波器 $h(n)$,$0\leqslant n\leqslant L$。证明滤波器输出可表示为

$$y(n)=\boldsymbol{h}^{\mathrm{H}}\boldsymbol{x}(n)$$

其中,$\boldsymbol{h}=[h(0),\cdots,h(L)]^{\mathrm{T}}$,$\boldsymbol{x}(n)=[x(n),\cdots,h(n-L)]^{\mathrm{T}}$,证明滤波器输出信号的信噪比可表示为

$$\mathrm{SNR}=\frac{\boldsymbol{h}^{\mathrm{H}}\boldsymbol{R}_{ss}\boldsymbol{h}}{\boldsymbol{h}^{\mathrm{H}}\boldsymbol{R}_{vv}\boldsymbol{h}}$$

15. 利用第 14 题的结论,证明当噪声是白噪声时,使输出信噪比达到最大的匹配滤波器为$\boldsymbol{R}_{ss}$ 最大特征值对应的特征向量。以上结论是否可拓展到有色噪声?

16. 考虑如图 5-19 所示单权自适应线性组合器。设开关 S 是断开的,$E[x^2(n)]=1$,$E[x(n)x(n-1)]=0.5$,$E[d^2(n)]=4$,$E[d(n)x(n)]=-1$,$E[d(n)x(n-1)]=1$,试导出性能函数表达式,并给出性能函数的图形。

17. 如图 5-19 所示,设开关 S 闭合,按第 16 题的要求再做一次。当只有一个权因子时,性能函数表达式表示什么类型的曲线?

18. 考虑如图 5-20 所示自适应噪声对消系统,试:

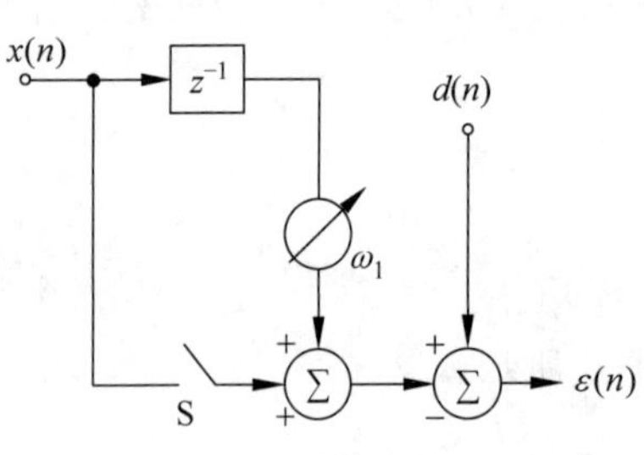

图 5-19 单权自适应线性组合器

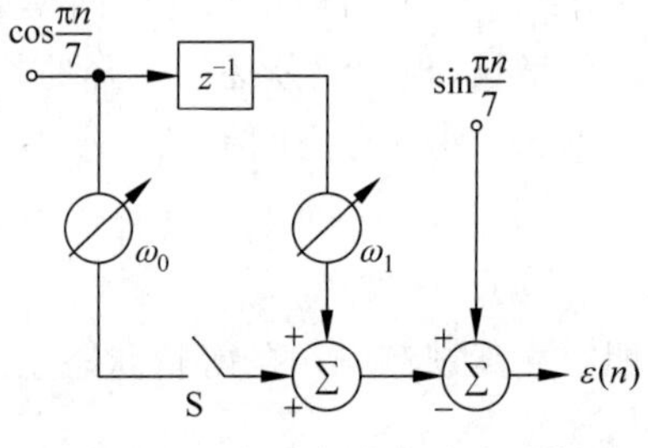

图 5-20 自适应噪声对消系统

(1) 写出性能表面表达式;

(2) 确定自适应增益的范围;

(3) 写出这种情况下的 LMS 算法。

19. 给定如图 5-21 所示系统辨识结构,试给出递归 LMS 算法。

20. 对于如图 5-22 所示逆模拟系统,设对所有 $i\neq n$,有 $s(n)$与 $s(i)$相互独立,且 $R_{ss}(0)=1$,同时设 $n_0(n)$与 $s(n)$是相互独立的白噪声,且 $R_{nn}(0)=P_n$,试推导以下功率谱的表达式:$S_{ss}(z)$、$S_{xx}(z)$、$S_{dd}(z)$、$S_{dx}(z)$。

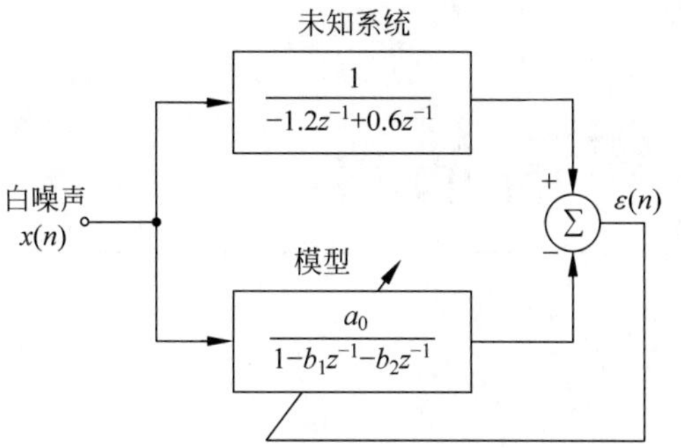


图 5-21　系统辨识结构

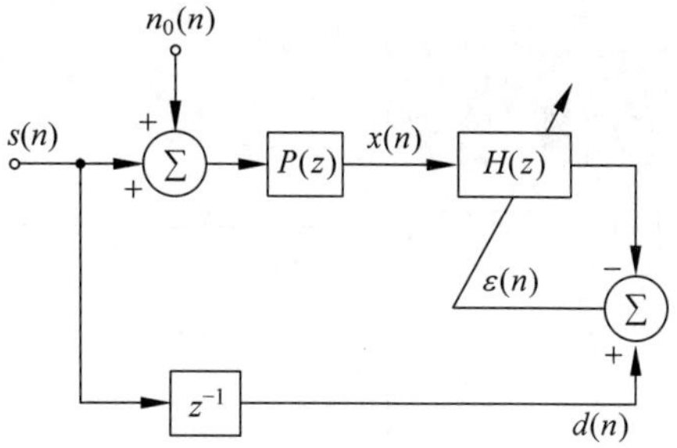


图 5-22　逆模拟系统

21. 信号系统结构如图 5-23 所示，有一部分信号泄漏到参考信道，设 $n_0(n)$是总功率为 $N$ 的白噪声(独立)。试用输入功率谱 $S_{ss}(z)$表示最佳 $W^n(z)$。

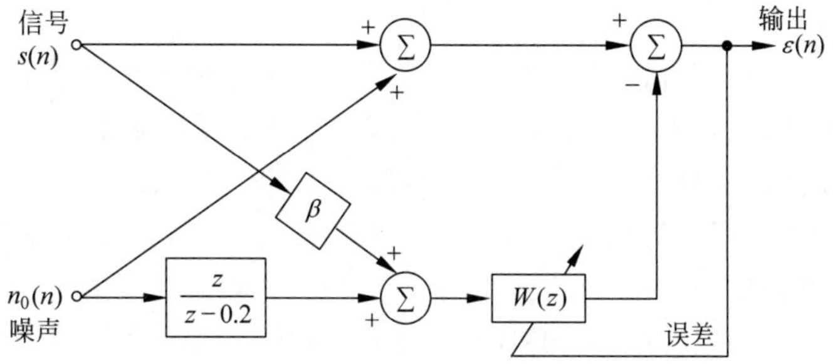


图 5-23　信号系统结构

# 第6章 功率谱估计

CHAPTER 6

## 6.1 概述

信号的频谱分析是研究信号特性的重要手段之一，对于确定性信号，可以用傅里叶变换考察信号的频谱特性，而对于广义平稳随机信号而言，相应的方法是求其功率谱。

功率谱反映了随机信号功率的分布特性，可以揭示信号中隐含的周期性以及靠得很近的谱峰等有用的信息，有很广泛的应用。在雷达信号处理中，回波信号的功率谱提供了运动目标的位置、强度和速度等信息(功率谱的峰值与宽度、高度和位置的关系)；在无源声呐信号处理中，功率谱谱峰的位置给出了鱼雷的方向(方位角)信息；在生物医学工程中，功率谱的峰和波形表示了一些特殊疾病的发作周期；在语音处理中，谱分析用来探测语音语调共振峰；在电子战中，还利用功率谱来对目标进行分类。

功率谱反映了随机信号各频率成分的功率分布情况，是随机信号处理中应用很广的技术。实际应用中的平稳信号通常是有限长的，因此，只能从有限的信号中估计信号的真实功率谱，这就是功率谱估计的问题。寻找可靠与质量优良的功率谱估计方法一直是谱估计研究的主要内容。

谱估计的研究最早可以追溯到19世纪末舒斯特(Schuster)所做的工作。舒斯特对观测数据序列$\{x(n),n=0,1,\cdots,N-1\}$首先提出了周期图(Periodogram)概念，即

$$S(\omega)=\frac{1}{N}\left|x(0)+x(1)\mathrm{e}^{-\mathrm{j}\omega}+x(2)\mathrm{e}^{-\mathrm{j}2\omega}+\cdots+x(N-1)\mathrm{e}^{-\mathrm{j}\omega(N-1)}\right|^{2} \tag{6-1}$$

舒斯特利用式(6-1)寻找数据中的隐周期性。例如，时间序列由角频率$\omega_0$的正弦信号与噪声叠加而成，则周期图在$\omega=\omega_0$处会出现一个峰值。这样，通过计算周期图，在周期图上该角频率处就会出现一个相应的峰值。

维纳于1930年在他的不朽论文《广义谐波分析》中，引进了自相关函数和功率谱的定义，并证明这两个函数互为傅里叶变换(如今称为维纳-辛钦定理)。这项工作建立了使用傅里叶变换方法处理随机信号的理论体系，是傅里叶变换应用上的一个重要里程碑，也是谱分析开拓性工作的一个重要理论基础。

20世纪50年代，莱克曼(Blackman)和图基(Tukey)给出了用维纳相关法从抽样数据序列得到功率谱的实现方法。该方法首先从观测数据估计自相关函数，然后将自相关估计值乘以窗函数，最后对加窗延迟估计值做傅里叶变换得到功率谱估计。这种方法亦简称为

BT 法。BT 法与周期图法一起,构成经典谱估计的两大重要方法,其性能与窗函数的选择密切相关,许多人曾花费很大精力研究较好的窗函数。

BT 法和周期图法所得到的各种功率谱估计都应用了经典的傅里叶分析法,故称为**经典谱估计法**。这两种谱估计法亦称为线性谱估计法,这是因为它们对所得到的数据序列只进行线性运算。BT 法与周期图法本质是一样的,它们都是将有限长的数据段看作为无限长的抽样序列给予开窗截断的结果,BT 法可以看成对周期图法的一种改进。经典谱估计有一个主要弱点,就是会在频域发生"泄漏"现象,即功率谱主瓣内的能量泄漏到旁瓣内。这样,弱信号的主瓣很容易被强信号的旁瓣淹没或畸变,造成谱的模糊和失真。此外,窗函数的选择及观测数据的长度,对谱估计的质量也有很大的影响。这些缺点促使了现代谱估计的产生和发展。

现代谱估计技术主要包括参数模型法、谐波分解法、最大熵谱法等。1967 年伯格(Burg)受到他本人在地震中应用线性预测滤波方法的启发,导出了最大熵谱分析法。1968 年帕曾(Parzen)正式提出了自回归(AR)谱估计法。1971 年范登·博斯(Van Den Bos)证明了最大熵谱分析与 AR 谱估计等效。自此开展了对 AR 谱估计的深入研究及对其他模型法,如滑动平均(MA)模型、自回归滑动平均(ARMA)模型及普罗尼复指数模型(它与 AR 模型在数学上有某些相似之处)等的研究,它们构成了现代谱估计的参量法。与此同时,还出现了现代谱估计的非参量法:1969 年卡彭(Capon)为分析阵列的频率-波数谱估计而提出了最大似然谱估计法,1971 年洛卡斯(Locass)将其推广到时间序列的功率谱估计中。现代谱估计的参量法和非参量法,都是基于非线性运算的,故亦称为非线性谱估计法。非线性谱估计方法具有分辨率高的优点,而且特别适用于短数据序列的谱估计。因此,它一经出现就受到人们的高度重视,并很快应用于各领域。现代谱估计发展非常迅速,各种新理论与新方法不断出现,自 20 世纪 80 年代以来又形成许多新的分支,主要有应用信息论的熵谱估计法、奇异值/特征值分解处理法谱估计、多谱(高阶)估计及多维谱估计等。现代谱估计的发展已成为当今一门不可缺少的新学科与新技术,不仅需要系统总结其已有的理论与方法,还应不断地密切注意日新月异的新发展。

本章将重点介绍经典谱估计方法(周期图法、相关图法)、AR 谱估计方法、谐波分解法等几种基本谱估计方法的原理及算法。

## 6.2 经典谱估计的基本方法

经典谱(功率谱)估计的方法主要有两大类:**周期图法(又称为直接法)**和**相关图法(又称为 BT 法或间接法)**。

### 6.2.1 经典谱估计法一——周期图法

**1. 概念**

19 世纪末(1899 年),舒斯特利用傅里叶变换,对观察数据$\{x(n), n=0,2,\cdots,N-1\}$,首先提出了周期图的概念,定义信号 $x(n)$的周期图为

$$S(\omega)=\frac{1}{N}\left|x(0)+x(1)\mathrm{e}^{-\mathrm{j}\omega}+\cdots+x(N-1)\mathrm{e}^{-\mathrm{j}\omega(N-1)}\right|^2 \tag{6-2}$$

当初舒斯特提出此定义的动机主要是想寻找数据 $x(n)$ 中的"隐周期性",如果信号是周期信号或准周期信号,则在其周期图的相应频率位置会出现明显的谱峰。

根据功率谱的定义

$$S_x(\omega)=\lim_{N\to\infty}E\left[\frac{1}{N}|X(e^{j\omega})|^2\right] \tag{6-3}$$

如果信号是各态历经的,则

$$S_x(\omega)=\lim_{N\to\infty}\frac{1}{N}|X(e^{j\omega})|^2=\lim_{N\to\infty}\frac{1}{N}\left|\sum_{n=0}^{N-1}x(n)e^{-j\omega n}\right|^2 \tag{6-4}$$

在实际中,信号的观察值是有限的,记为 $x(0),x(1),\cdots,x(N-1)$,用这些观察序列对功率谱 $S_x(\omega)$ 进行估计,可得

$$\hat{S}_x(\omega)=\frac{1}{N}|X_N(e^{j\omega})|^2=\frac{1}{N}\left|\sum_{n=0}^{N-1}x(n)e^{-j\omega n}\right|^2 \tag{6-5}$$

我们看到,式(6-5)与式(6-1)是一致的,所以通常称按式(6-1)进行功率谱估计的方法为**周期图法**,也称为**直接法**。

另一方面,利用 $N$ 个有限的观测数据 $x(0),x(1),\cdots,x(N-1)$,可以估计信号的自相关函数为

$$\begin{aligned}\hat{R}(m)&=\frac{1}{N}\sum_{n=0}^{N-1}x(n)x^*(n-m)\\&=\frac{1}{N}\sum_{n=0}^{N-1-m}x(n)x^*(n-m),\quad m\geqslant 0\end{aligned} \tag{6-6}$$

对复信号,自相关函数 $\hat{R}(m)$ 具有共轭对称特性,式(6-6)计算中,可先估计 $m\geqslant 0$ 部分,再根据共轭对称特性求解 $m<0$ 部分。由式(6-6)可看到 $m$ 的最大取值为 $N-1$,因此 $m$ 的取值范围为 $-(N-1)\sim(N-1)$。

利用维纳-辛钦定理,可以得到信号的功率谱为

$$\hat{S}_x(\omega)=\sum_{m=-(N-1)}^{N-1}\hat{R}(m)e^{-j\omega m} \tag{6-7}$$

式(6-7)可看作是周期图的另一种表达式。

不难证明,式(6-7)与式(6-1)其实是等价的,有兴趣的读者可自行推导。

**2. 周期图法谱估计的质量**

1) 估计的偏差

周期图的功率谱估计为

$$\hat{S}_x(\omega)=\sum_{m=-(N-1)}^{N-1}\hat{R}(m)e^{-j\omega m} \tag{6-8}$$

所以 $\hat{S}_x(\omega)$ 的均值

$$E[\hat{S}_x(\omega)]=\sum_{m=-(N-1)}^{N-1}E[\hat{R}(m)]e^{-j\omega m} \tag{6-9}$$

由 3.2.2 节的讨论知

$$E[\hat{R}_x(m)]=\frac{N-|m|}{N}R_x(m) \tag{6-10}$$

所以有

$$E[\hat{S}_x(\omega)]=\sum_{m=-(N-1)}^{N-1}\frac{N-|m|}{N}R_x(m)\mathrm{e}^{-\mathrm{j}\omega m} \tag{6-11}$$

式中，令 $w(m)=\frac{N-|m|}{N}$，该函数其实就是 Bartlett 窗（三角窗）函数，可得

$$E[\hat{S}_x(\omega)]=\sum_{m=-(N-1)}^{N-1}w(m)R_x(m)\mathrm{e}^{-\mathrm{j}\omega m} \tag{6-12}$$

令 $w(m)$ 的傅里叶变换为 $W(\omega)$，由维纳-辛钦定律知相关函数 $R_x(m)$ 的傅里叶变换为 $S_x(\omega)$，根据傅里叶变换的卷积性质，可得

$$E[\hat{S}_x(\omega)]=\frac{1}{2\pi}S_x(\omega)\otimes W(\omega)=\frac{1}{2\pi}\int_{-\pi}^{\pi}S_x(\lambda)W(\omega-\lambda)\mathrm{d}\lambda \tag{6-13}$$

可见功率谱估计的均值是真实功率谱与三角窗傅里叶变换的卷积。因此存在功率谱的“泄漏”问题。

由于三角窗 $w(m)$ 的傅里叶变换为

$$W(\omega)=\sum_{m=-(N-1)}^{N-1}w(m)\mathrm{e}^{-\mathrm{j}\omega m}=\frac{1}{N}\left[\frac{\sin\frac{N}{2}(\omega)}{\sin\frac{\omega}{2}}\right]^2 \tag{6-14}$$

所以，对于周期图谱估计法，根据其估计的偏差性质，可得到如下结论：

(1) 当 $N\to\infty$ 时，$E[\hat{S}_x(\omega)]\to S_x(\omega)$，因此周期图估计是渐近无偏的；

(2) 当 $N$ 有限时，周期图的估计是有偏的，偏差为

$$\mathrm{Bia}(\hat{S}_x(\omega))=\frac{1}{2\pi}\int_{-\pi}^{\pi}S_x(\lambda)W(\omega-\lambda)\mathrm{d}\lambda-S_x(\omega) \tag{6-15}$$

2) 估计的方差

先考查功率谱 $\hat{S}_x(\omega)$ 在两个不同频率 $\omega_1,\omega_2$ 处的协方差，然后令 $\omega_1=\omega_2=\omega$，可得到方差

$$\mathrm{Cov}(\hat{S}_x(\omega_1),\hat{S}_x(\omega_2))=E[(\hat{S}_x(\omega_1)-E(\hat{S}_x(\omega_1)))\cdot(\hat{S}_x(\omega_2)-E(\hat{S}_x(\omega_2)))] \tag{6-16}$$

计算式(6-16)比较复杂。假设 $x(n)$ 是零均值高斯分布的平稳信号，有

$$\begin{aligned}&\mathrm{Cov}(\hat{S}_x(\omega_1),\hat{S}_x(\omega_2))\\&\approx S_x(\omega_1)S_x(\omega_2)\cdot\left[\left(\frac{\sin((\omega_1+\omega_2)N/2)}{N\sin((\omega_1+\omega_2)/2)}\right)^2+\left(\frac{\sin((\omega_1-\omega_2)N/2)}{N\sin((\omega_1-\omega_2)/2)}\right)^2\right]\end{aligned} \tag{6-17}$$

如果信号具有平坦的功率谱密度函数（如白噪声），则式(6-17)的近似关系变成确定关系，对于非高斯信号，式(6-17)的近似度变差，但对协方差性能分析仍有指导意义。由式(6-17)可以看到，当 $\omega_1,\omega_2$ 为 $2\pi/N$ 的整数倍，即 $\omega_1=2\pi k_1/N,\omega_2=2\pi k_2/N$，且 $k_1\neq k_2$ 时，有

$$\mathrm{Cov}(\hat{S}_x(\omega_1),\hat{S}_x(\omega_2))\approx 0 \tag{6-18}$$

式(6-18)表示当频率间隔为 $2\pi/N$ 的整数倍时，周期图估计结果不相关。随着记录长度 $N$ 的增加，这些不相关的估计结果越来越靠近，这时周期图的波动会增加。

令 $\omega_1=\omega_2$ 时，可得到谱估计的方差为

$$\mathrm{Var}(\hat{S}_x(\omega))\approx S_x^2(\omega)\cdot\left[1+\left(\frac{\sin(\omega N)}{N\sin\omega}\right)^2\right] \tag{6-19}$$

当 $N\to\infty$ 时,式(6-19)可简化为

$$\mathrm{Var}(\hat{S}_x(\omega)) \approx \begin{cases} S_x^2(\omega), & 0<\omega<\pi \\ 2S_x^2(\omega), & \omega=0,\pi \end{cases} \tag{6-20}$$

从式(6-20)可以看到,随着 $N$ 的增加,估计的方差变小,但不趋向于零,因此周期图法不是一致估计,并且理想情况下估计的方差与频率点的真实值有关,真实值越大,方差越大,实际应用中真实值大的频率点(如谱峰)往往是感兴趣的点,然而这时周期图估计的误差越大,这是周期图法固有的缺陷。

综上所述,关于周期图谱估计的方差性质,主要有如下结论:

(1) $\hat{S}_x(\omega)$ 不是 $S_x(\omega)$ 的一致估计;

(2) 随着 $N$ 的增大,周期图的谱估计起伏增大;

(3) 当 $N\to\infty$ 时,估计的方差不为 0。对于高斯噪声,估计的方差约为

$$\mathrm{Var}(\hat{S}_x(\omega)) \approx S_x^2(\omega), \quad \omega \neq 0,\pi \tag{6-21}$$

改善周期图法功率谱估计协方差性能的一种简单方法是对观测信号加窗,再使用周期图法,如式(6-22)、式(6-23)所示,其中 $u(n)$ 为窗函数,常用的窗函数包括汉明窗、汉宁窗等。与窗函数相乘等价于在频率域与窗函数频谱卷积,从而达到频谱平滑的目的,降低功率谱估计的起伏。窗函数的一个副作用是使得谱线展宽,这也是频域卷积的后果。图 6-1 给出了一个例子,其中观测信号模型为 $x(n)=\sin(0.4\pi n)+v(n)$,$v(n)$ 是方差为 1 的高斯白噪声,观测信号长度为 256。可以看到窗函数对估计结果实现一定程度的平滑,同时也展宽了谱峰,这将影响功率谱估计的分辨率。

$$y(n)=x(n)\cdot u(n) \tag{6-22}$$

$$\hat{S}_x(\omega)=\sum_{m=-(N-1)}^{N-1}\hat{R}_y(m)\mathrm{e}^{-\mathrm{j}\omega m} \tag{6-23}$$

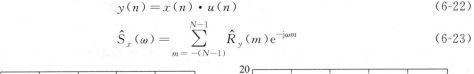

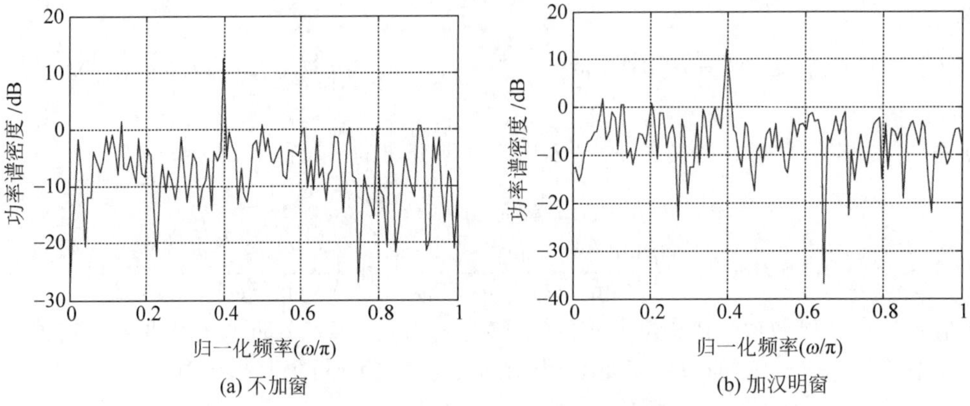


图 6-1 加窗函数和不加窗函数周期图法谱估计的比较

**3. 谱估计的分辨率**

**定义 6-1**:功率谱估计的频域分辨率(简称分辨率)是指估计值 $\hat{S}_x(\omega)$ 保证真实谱 $S_x(\omega)$ 中两个靠得很近的谱峰仍然能被分辨出来的能力。

由式(6-12)可知,谱估计的均值实际上是其真实谱(理论值)与三角窗函数的卷积,因此,谱估计值不可能完全反映真实谱的实际情况。由于实际工作中,谱峰的信息比较重要,

我们希望谱估计能基本上保持谱峰的信息。因此,功率谱估计的分辨率以其能分辨相邻两个谱峰的能力来衡量。

由于 $E[\hat{S}_x(\omega)]=S_x(\omega)\otimes W(\omega)/2\pi$,根据卷积的性质可知,谱估计的分辨率主要取决于窗函数的主瓣宽度(频谱图上功率下降 6dB 的位置点对应的频谱宽度),主瓣越宽,分辨率越低。对于周期图功率谱估计,数据窗 $d(n)$ 为长度为 $N$ 矩形窗,$W(\omega)$ 为长度为 $2N$ 三角窗,其主瓣宽度约为 $0.89\dfrac{2\pi}{N}$,其谱估计的分辨率为

$$\mathrm{Res}\{S(\omega)\}=0.89\frac{2\pi}{N} \tag{6-24}$$

由此可见,要使分辨率提高,则要使 $N$ 增加,但 $N$ 的增加会使 $\hat{S}(\omega)$ 的起伏加剧,这是周期图法的一个矛盾和弱点。

值得指出的是,式(6-24)只是理论上分析周期图谱估计分辨率的一个近似值,实际工作中,$N$ 的取值有可能要比按该式计算出的值大才能保证有良好的分辨率。

### 6.2.2 经典谱估计法二——相关图法

**1. 相关图法**

相关图法在 1958 年由 Blackman 和 Tukey 首先提出,其基本思想是通过改善对相关函数的估计方法,对周期图进行平滑处理以改善周期图谱估计的方差性能。

前面已知,利用 $N$ 个有限的观测数据 $x(0),x(1),\cdots,x(N-1)$ 估计相关函数的计算公式为

$$\hat{R}(m)=\frac{1}{N}\sum_{n=0}^{N-1-|m|}x(n)x^*(n-m) \tag{6-25}$$

由式(6-25)可知,当 $m$ 接近 $N$ 时,按此公式估计出的自相关函数的偏差较大,例如,根据式(6-25),当 $m=N-1$ 时,有

$$\hat{R}(N-1)=\frac{1}{N}x(N-1)x^*(0) \tag{6-26}$$

此时,$\hat{R}(N-1)$ 的估计值只是两个数的计算,这显然不合理,$N$ 越大,此问题越突出。这也是周期图方差性能不好的一个主要原因。为解决这一问题,Blackman 及 Tukey 提出了一种改进的计算周期图的方法,称为**相关图法**(BT 法或间接法),此方法的具体步骤如下:

(1) 给出观察序列 $x(0),x(1),\cdots,x(N-1)$,估计出自相关函数

$$\hat{R}(m)=\frac{1}{N}\sum_{n=0}^{N-1-m}x(n)x^*(n-m),\quad 0\leqslant m\leqslant N-1$$

$$\hat{R}(m)=\hat{R}^*(-m),\quad m\leqslant 0 \tag{6-27}$$

(2) 对自相关函数在 $(-M,M)$ 内做傅里叶变换,得到功率谱

$$\hat{S}_x(\omega)=\sum_{m=-M}^{M}\hat{R}(m)w(m)\mathrm{e}^{-\mathrm{j}\omega m} \tag{6-28}$$

在式(6-28)中,一般取 $|m|\leqslant N-1$,$w(m)$ 为一个窗函数,通常可取矩形窗。如前所述,该窗函数的选择会影响到谱估计的分辨率。

当 $M$ 较小时,式(6-28)计算量较小,在未有 FFT 前,其运算速度比周期图法要快,被广

泛采用。

BT 法的主要缺点如下:

(1) 当 $M\to N$ 时,$\hat{R}(m)$的方差很大,功率谱估计效率也自然大大下降。实际应用中,一般取 $M=N/5$。

(2) 用 $\hat{R}(m)$计算式(6-28)并不能保证 $\hat{S}(\omega)$一定为正值,从而有可能失去功率谱的物理意义。

根据维纳-辛钦定理,不难证明,当 $M=N-1$ 时,BT 法的功率谱与周期图的功率谱是一致的。

**2. 相关图法估计质量**

当 $M=N-1$ 时,BT 法与周期图法估计出的功率谱是相同的,因此其谱估计质量同前所述。

当 $M<N-1$ 时,BT 法的谱估计质量与周期图法不同,主要有如下结论:

(1) BT 法的偏差大于周期图法,在窗函数满足一定的条件下,它是渐近无偏的;

(2) BT 法的方差小于周期图法的方差;

(3) BT 法的分辨率比周期图法低,与窗函数的选择有关。

### 6.2.3 经典谱估计方法的改进

**1. 经典谱估计性能分析**

为了分析周期图方差性能不好的原因,我们回到第 2 章关于自相关函数和功率谱的原始定义。一个平稳的随机信号 $x(n)$,其自相关函数和功率谱分别定义为

$$R(m)=E[x(n)x^*(n-m)] \tag{6-29}$$

$$\hat{S}_x(\omega)=\sum_{m=-\infty}^{\infty}R(m)\mathrm{e}^{-\mathrm{j}\omega m} \tag{6-30}$$

当然,实际应用中求不出总集意义上的自相关函数和功率谱,因而假定 $x(n)$是各态遍历的,取一个样本函数 $x(n)$,有

$$R(m)=\lim_{N\to\infty}\frac{1}{2N+1}\sum_{n=-N}^{N}x(n)x^*(n-m) \tag{6-31}$$

及

$$S_x(\omega)=\lim_{N\to\infty}E\left[\frac{1}{2N+1}\left|\sum_{n=-N}^{N}x(n)\mathrm{e}^{-\mathrm{j}\omega n}\right|^2\right] \tag{6-32}$$

由式(6-31)及式(6-32)可以看到,尽管自相关函数可以利用时间平均代替总集平均,但功率谱必须利用总集平均计算。这是因为对随机过程的每一次实现 $x(n)$,其傅里叶变换仍是一个随机过程,在每一个频率 $\omega$ 处,它都是一个随机变量,因此,求均值是必要的。这也就是说,对 $R(m)$做傅里叶变换后,$S_x(\omega)$并不具有各态遍历性。因此,真实谱 $S_x(\omega)$应在总集定义上求出。另外,如果没有求平均值运算,式(6-32)的求极限运算也不会在任意的统计意义上收敛。而周期图谱估计

$$\hat{S}_x(\omega)=\frac{1}{N}\left|\sum_{n=0}^{N-1}x(n)\mathrm{e}^{-\mathrm{j}\omega n}\right|^2 \tag{6-33}$$

与式(6-32)相比,既无求均值运算,也无求极限运算,它只能看作是对真实谱 $S_x(\omega)$做均值运算时的一个样本。缺少了统计平均,当然也就产生了方差。这就是周期图方差性能不好的原因。

为了改进周期图的估计性能，常用的方法有两种：一是平滑；二是平均。所谓平滑就是用适当的窗函数对谱进行平滑处理。所谓平均就是对同一信号作多次周期图估计再平均，也就是在一定程度上弥补上述所缺的求均值运算。平滑的方法在6.2.2节BT法中已做了介绍。本节将介绍两种对周期图进行平均的方法。

**2. Bartlett 法谱估计**

Bartlett 法谱估计的主要目标是使方差性能得到改善。其基本原理是，将长度为 $N$ 的数据分为 $L$ 段，每段的长度为 $M$，对每段数据用周期法进行谱估计，然后平均得到原数据的功率谱。

设数据为 $x(n), n=0,1,2,\cdots,N-1$，对 $x(n)$ 分段得到

$$x_M^i(n)=x(n+(i-1)M), \quad i=1,2,\cdots,L, n=0,1,\cdots,M-1 \tag{6-34}$$

第 $i$ 段的功率谱

$$S^i(\omega)=\frac{1}{M}\left|\sum_{n=0}^{M-1} x_M^i(n)\mathrm{e}^{-\mathrm{j}\omega n}\right|^2 \tag{6-35}$$

平均后得 $x(n)$ 的功率谱为

$$S_x(\omega)=\frac{1}{L}\sum_{i=1}^{L} S^i(\omega)=\frac{1}{ML}\sum_{i=1}^{L}\left|\sum_{n=0}^{M-1} x_m^i(n)\mathrm{e}^{-\mathrm{j}\omega n}\right|^2 \tag{6-36}$$

下面简要定性地说明其方差性能的改善原理。设 $L$ 个同均值 $m_x$ 和方差 $\sigma^2$ 的相互独立的随机变量 $x_1, x_2, \cdots, x_L$，设新的随机变量 $X=\frac{1}{L}\sum_{i=1}^{L} X_i$，可知 $X$ 的均值为 $m_x$，$X$ 的方差为 $\frac{\sigma^2}{L}$。可见求平均后，方差减小了 $L$ 倍。

对于 Bartlett 法，关于其估计的性能，主要有如下一些结论：

(1) 估计的均值为

$$E[\hat{S}_x(\omega)]=\frac{1}{2\pi}S_x(\omega)\otimes W(\omega) \tag{6-37}$$

式中 $W(\omega)$ 是长度为 $M$ 的三角窗的傅里叶变换。

(2) 估计的方差约为

$$\mathrm{Var}(\hat{S}_x(\omega)) \approx \frac{1}{M}S_x(\omega)^2 \tag{6-38}$$

(3) 值估计的分辨率为

$$\mathrm{Res}\{S_x(\omega)\}=0.89\,\frac{2\pi}{M}=0.89L\,\frac{2\pi}{N} \tag{6-39}$$

当 $N\to\infty$ 时，$W(\omega)$ 是带尺度因子的冲激函数。由式(6-37)可以证明，Bartlett 法谱估计是无偏估计。

由式(6-38)及式(6-39)可见，由于 $M \ll N$，所以 Bartlett 法谱估计的分辨率比周期图法要低，但方差小得多。可见，Bartlett 法方差性能的改善是以牺牲分辨率为代价的。

**3. Welch 法谱估计**

Welch 法谱估计是对 Bartlett 法谱估计的改进，在保持 Bartlett 法谱估计的方差性能的同时，改善其分辨率。Welch 法谱估计是目前经典谱估计方法中使用较多的一种方法。其基本思路如下：

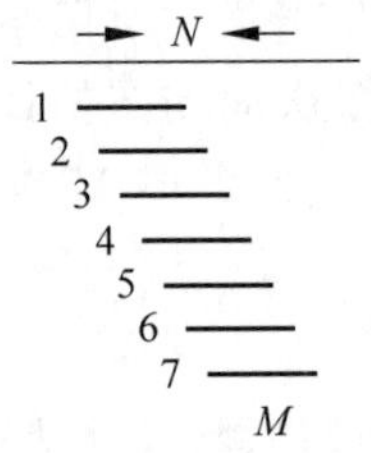


图 6-2 Welch 法谱估计示意图

(1) 对长度为 $N$ 的数据 $x(n)$ 分段时，允许每一段均有部分的重叠(一般可重叠 50%)，如图 6-2 所示。

(2) 每一段的数据用一个合适的窗函数进行平滑处理(通常用汉宁窗或汉明窗函数)。此方法又称为加权交叠平均法。

对于 Welch 法谱估计的性能，主要有如下一些结论：

(1) 估计的均值为

$$E[\hat{S}_x(\omega)]=\frac{1}{2\pi MU}S_x(\omega)\otimes W(\omega) \tag{6-40}$$

式中，$U=\sum_n w(n)$，$W(\omega)$ 是窗函数 $w(n)$ 的傅里叶变换。

(2) 估计的方差约为

$$\mathrm{Var}(\hat{S}_x(\omega))\approx\frac{9L}{16N}S_x(\omega)^2 \tag{6-41}$$

(3) 估计的分辨率为(当窗函数为矩形窗且重叠 50%时)

$$\mathrm{Res}\{S_x(\omega)\}=1.28\,\frac{2\pi}{M} \tag{6-42}$$

下面以两个例子进一步了解周期图法估计功率谱。

**例 6-1** 利用周期图法估计方差为 1 的白噪声的功率谱。

**解** 按题意，该白噪声的功率谱为

$$S_x(\omega)=1 \tag{6-43}$$

其估计的均值为

$$E[\hat{S}_x(\omega)]=1 \tag{6-44}$$

其估计的方差为

$$\mathrm{Var}(\hat{S}_x(\omega))\approx S_x(\omega)^2=1 \tag{6-45}$$

可见，尽管周期图谱估计的均值与理论值是一致的，但谱估计的方差仍然很大(为一常数)。图 6-3 是用计算机模拟的白噪声的功率谱估计结果。

由图 6-3 可知：数据点的长度 $N$ 对方差性能影响较大，当 $N$ 较小时，周期图的起伏不大，方差较小，当 $N$ 较大时(图 6-3(c))，方差较大；对 128 个周期图的平均结果显示(图 6-3(d))，周期图的均值与理论值是一致的。

**例 6-2** 有一随机信号为

$$x(n)=6\sin(0.4\pi n+\varphi)+5\sin(0.35\pi n+\varphi)+u(n) \tag{6-46}$$

式中，$u(n)$ 是均值为 1 的高斯白噪声，$\varphi$ 为均匀分布的随机相位。利用周期图法来估计其功率谱，试说明要分辨出该信号中的两个频率点，数据长度至少应取多少？

**解** 由式(6-24)可知，周期图的分辨率大致为

$$\mathrm{Res}\{S_x(\omega)\}=0.89\,\frac{2\pi}{N} \tag{6-47}$$

题中该随机信号相邻两个频率点$(0.35\pi,0.4\pi)$的距离为 $0.05\pi$，因此，为保证该两个频率点(在功率谱上对应两个谱峰)能分辨出来，应有

$$0.89\,\frac{2\pi}{N}\leqslant 0.05\pi \tag{6-48}$$

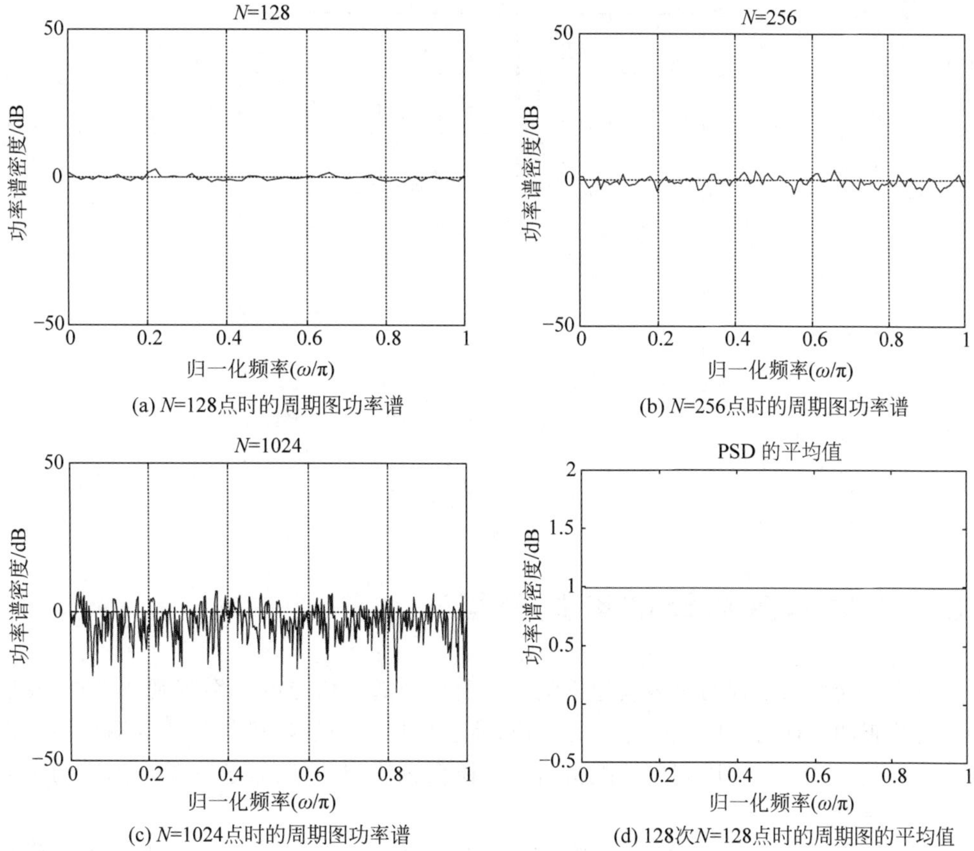


(a) $N$=128点时的周期图功率谱

(b) $N$=256点时的周期图功率谱

(c) $N$=1024点时的周期图功率谱

(d) 128次$N$=128点时的周期图的平均值

图 6-3 计算机模拟白噪声的功率谱估计结果

所以有

$$N \geqslant 36 \tag{6-49}$$

图 6-4 给出了当 $N=40$、64、128 时的功率谱，由图中看到，尽管理论上 $N=40$ 时应该能分辨出这两个频率点，但分辨率并不理想；随着 $N$ 值增大，分辨率提高，但功率谱的方差也变大。

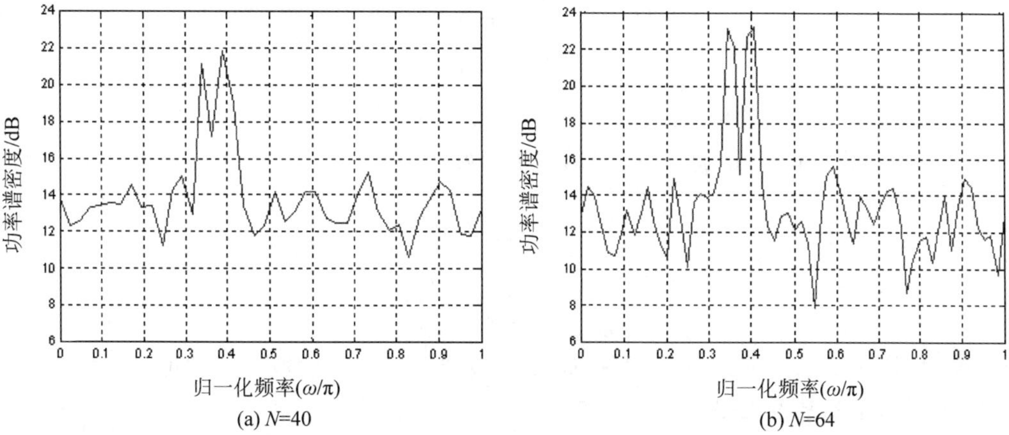


(a) $N$=40

(b) $N$=64

图 6-4 不同 $N$ 值的功率谱

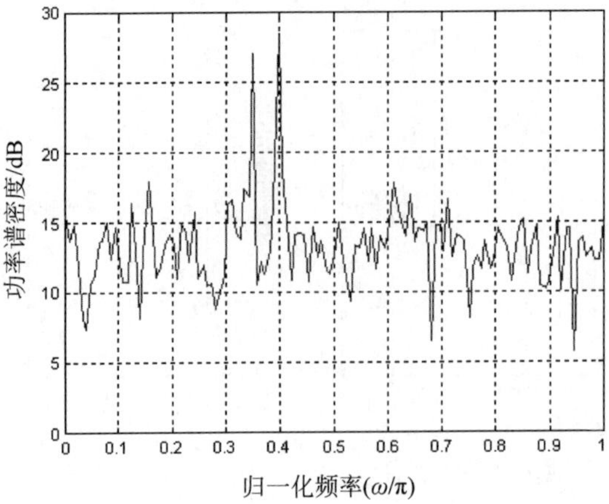


(c) $N$=128

图 6-4 （续）

## 6.3 功率谱估计的参数模型法

本节介绍功率谱估计的参数模型方法。给出一个随机信号的一系列观测数据，我们希望能从这些观测数据对该随机信号进行建模，然后根据已知的随机信号的观测值估计模型的参数，当模型确定后，可以利用该随机信号的模型直接求功率谱，这就是功率谱的参数模型法的基本思路。

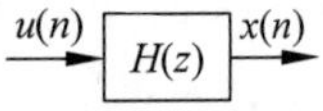


图 6-5 $x(n)$的参数模型

从第 4 章离散随机信号的线性模型可知，一个离散随机信号可用 AR 模型，MA 模型或 ARMA 模型表示，即随机信号 $x(n)$可看作一个白噪声 $u(n)$经过一个线性系统而得到的输出，如图 6-5 所示。

对$(p,q)$阶 ARMA 模型

$$\sum_{k=0}^{p}\phi_k x(n-k)=\sum_{k=0}^{q}\gamma_k u(n-k),\quad \phi_0=\gamma_0=1 \tag{6-50a}$$

$$H(z)=\frac{1+\sum\limits_{i=1}^{q}\gamma_i z^{-i}}{1+\sum\limits_{i=1}^{p}\varphi_i z^{-i}} \tag{6-50b}$$

对 AR、MA 可写出相应的传递函数 $H(z)$。在式(6-50)中，如果 $H(z)$的参数 $\varphi_i$、$\gamma_i$ 确定，则 $x(n)$的模型也就确定了，此时 $x(n)$的功率谱为

$$S_x(\omega)=\left|\frac{1+\sum\limits_{i=1}^{q}\gamma_i \mathrm{e}^{-\mathrm{j}\omega i}}{1+\sum\limits_{i=1}^{p}\varphi_i \mathrm{e}^{-\mathrm{j}\omega i}}\right|^2\cdot\sigma^2 \tag{6-51}$$

所以，要估计 $x(n)$的功率谱，只需知道 $H(z)$的参数 $\varphi_i$、$\gamma_i$ 及阶数 $p$、$q$ 即可，这就是功率谱估计参数模型法的基本思路。

AR 模型及 MA 模型的功率谱同理可给出。

参数模型谱估计的关键在于：

(1) 选择合适的模型描述给定的观测数据；

(2) 选择合适的模型阶数；

(3) 选择合适的方法估计模型的参数。

对 ARMA 模型及 MA 模型的参数估计需要求解非线性方程组，而对 AR 模型的参数估计只需求解线性方程组，并且有快速算法，因此应用较广泛，我们将做重点介绍。

由于 AR 模型是一个全极点模型，AR 模型谱估计容易反映谱的峰值，具有锐峰而无深谷的谱；而 MA 模型是全零点模型，MA 谱估计容易反映谱中的谷值，MA 具有深谷而无锐峰的谱；ARMA 模型则同时能反映谱中的谷值、峰值。

### 6.3.1 AR 谱估计的相关函数法

对 $p$ 阶的 AR 模型

$$x(n)=-\sum_{i=1}^{p}a_i x(n-i)+u(n) \tag{6-52}$$

前面在第 4 章已推出，其自相关函数满足如下 Yule-Walker 方程：

$$R_x(m)=\begin{cases}-\sum_{i=1}^{p}a_i R_x(m-i), & m\geqslant 1\\ -\sum_{i=1}^{p}a_i R_x(m-i)+\sigma^2, & m=0\end{cases} \tag{6-53}$$

取 $m=0,1,2,\cdots,p$ ，可得到如下矩阵方程：

$$\begin{bmatrix}R_x(0) & R_x(1) & \cdots & R_x(p)\\ R_x(-1) & R_x(0) & \cdots & R_x(p-1)\\ \vdots & \vdots & \ddots & \vdots\\ R_x(-p) & R_x(-p+1) & \cdots & R_x(0)\end{bmatrix}\begin{bmatrix}1\\ a_1\\ \vdots\\ a_p\end{bmatrix}=\begin{bmatrix}\sigma^2\\ 0\\ \vdots\\ 0\end{bmatrix} \tag{6-54}$$

在实际计算中，已知长度为 $N$ 的序列 $x(n)$，可以估计其自相关函数 $\hat{R}_x(m)$，再利用矩阵方程组(6-54)，直接求出参数 $a_1,a_2,\cdots,a_p$ 及 $\sigma^2$，于是可求出 $x(n)$ 功率谱的估计值。

综上所述，基本的 AR 谱估计计算方法如下：

(1) 根据待估计信号的观测数据，估计出该信号的自相关函数；

(2) 对信号的 AR 模型，选择恰当的模型阶数 $p$；

(3) 利用 Yule-Walker 线性方程组(6-54)求解该信号的 AR 模型参数 $a_1,a_2,\cdots,a_p$ 及 $\sigma^2$；

(4) 根据下式计算信号的功率谱

$$S_x(\omega)=\left|\frac{1}{1+\sum_{i=1}^{p}a_i \mathrm{e}^{-\mathrm{j}\omega i}}\right|^2\cdot\sigma^2 \tag{6-55}$$

将式(6-54)记为

$$\boldsymbol{R}\cdot\boldsymbol{a}=\begin{bmatrix}\sigma^2\\0\end{bmatrix}\tag{6-56}$$

式中 $\boldsymbol{R}$ 为自相关矩阵。$\boldsymbol{R}$ 是共轭对称矩阵，而且其对角线的元素相同，平行于主对角线的元素也相等，这类矩阵称为 Toeplitz 矩阵。

这种利用自相关矩阵求解 AR 模型参数，从而进行功率谱估计的方法，称为自相关函数法。此方法的缺点是计算量大，由式(6-56)计算模型参数需要计算自相关矩阵的逆，其复杂度约为 $O(p^3)$。上述方法还有一个缺陷是必须预先确定模型阶数 $p$，选择一个合适的模型阶数并不是一个容易解决的问题，针对这些缺陷，Norman Levinson 和 James Durbin 利用 Toeplitz 矩阵的性质，提出了一种快速的递推算法，在 6.3.2 节做详细介绍。

## 6.3.2 Levinson-Durbin 算法

Levinson-Durbin 算法是一个递推算法，其基本思路是利用低阶的 AR 模型参数直接计算高阶的 AR 模型参数。

首先假设为信号建立阶数为 $p$ 的 AR 模型，模型参数记为 $a_{p,1},a_{p,2},\cdots,a_{p,p}$，下面讨论如何从 $p$ 阶模型系数计算 $p+1$ 阶模型系数 $a_{p+1,1},a_{p+1,2},\cdots,a_{p+1,p+1}$。先考虑较为简单的实信号，基于(6-54)所示的 Yule-Walker 方程，利用实信号自相关函数的对称性，经简单整理可得

$$\begin{bmatrix}R_x(0)&R_x(1)&\cdots&R_x(p)\\R_x(1)&R_x(0)&\cdots&R_x(p-1)\\\vdots&\vdots&\ddots&\vdots\\R_x(p)&R_x(p-1)&\cdots&R_x(0)\end{bmatrix}\begin{bmatrix}1\\a_{p,1}\\\vdots\\a_{p,p}\end{bmatrix}=\begin{bmatrix}\sigma_p^2\\0\\\vdots\\0\end{bmatrix}\tag{6-57}$$

将式(6-57)的自相关矩阵扩展一列，得到如下的等价描述：

$$\begin{bmatrix}R(0)&R(1)&\cdots&R(p)&R(p+1)\\R(1)&R(0)&\cdots&R(p-1)&R(p)\\\vdots&\vdots&\ddots&\vdots&\vdots\\R(p)&R(p-1)&\cdots&R(0)&R(1)\\&&&&\end{bmatrix}\begin{bmatrix}1\\a_{p,1}\\\vdots\\a_{p,p}\\0\end{bmatrix}=\begin{bmatrix}\sigma_p^2\\0\\\vdots\\0\\ \end{bmatrix}\tag{6-58}$$

将式(6-58)中自相关矩阵在最下面扩展一行，得到

$$\begin{bmatrix}R(0)&R(1)&\cdots&R(p)&R(p+1)\\R(1)&R(0)&\cdots&R(p-1)&R(p)\\\vdots&\vdots&\ddots&\vdots&\vdots\\R(p)&R(p-1)&\cdots&R(0)&R(1)\\R(p+1)&R(p)&\cdots&R(1)&R(0)\end{bmatrix}\begin{bmatrix}1\\a_{p,1}\\\vdots\\a_{p,p}\\0\end{bmatrix}=\begin{bmatrix}\sigma_p^2\\0\\\vdots\\0\\\Delta_{p+1}\end{bmatrix}\tag{6-59}$$

其中

$$\Delta_{p+1}=R(p+1)+\sum_{i=1}^{p}a_{p,i}R(p+1-i)\tag{6-60}$$

因为这个方程组的系数矩阵是对称的和 Toeplitz 的(各主对角线元素相等，各平行主对角线

元素相等)，所以首先颠倒方程的次序，再颠倒变量的次序，就得如下的方程组：

$$\begin{bmatrix} R(0) & R(1) & \cdots & R(p) & R(p+1) \\ R(1) & R(0) & \cdots & R(p-1) & R(p) \\ \vdots & \vdots & \ddots & \vdots & \vdots \\ R(p) & R(p-1) & \cdots & R(0) & R(1) \\ R(p+1) & R(p) & \cdots & R(1) & R(0) \end{bmatrix} \begin{bmatrix} 0 \\ a_{p,p} \\ \vdots \\ a_{p,1} \\ 1 \end{bmatrix} = \begin{bmatrix} \Delta_{p+1} \\ 0 \\ \vdots \\ 0 \\ \sigma_p^2 \end{bmatrix} \tag{6-61}$$

引入系数 $K_{p+1}$，即

$$K_{p+1} = -\frac{\Delta_{p+1}}{\sigma_p^2} = -\left[R(p+1) + \sum_{i=1}^{p} a_{p,i} R(p+1-i)\right] \Big/ \sigma_p^2 \tag{6-62}$$

将式(6-59)和式(6-61)组合起来，有

$$\begin{aligned} &\begin{bmatrix} R(0) & R(1) & \cdots & R(p) & R(p+1) \\ R(1) & R(0) & \cdots & R(p-1) & R(p) \\ \vdots & \vdots & \ddots & \vdots & \vdots \\ R(p) & R(p-1) & \cdots & R(0) & R(1) \\ R(p+1) & R(p) & \cdots & R(1) & R(0) \end{bmatrix} \left\{ \begin{bmatrix} 1 \\ a_{p,1} \\ \vdots \\ a_{p,p} \\ 0 \end{bmatrix} + K_{p+1} \begin{bmatrix} 0 \\ a_{p,p} \\ \vdots \\ a_{p,1} \\ 1 \end{bmatrix} \right\} \\ &= \left\{ \begin{bmatrix} \sigma_p^2 \\ 0 \\ \vdots \\ 0 \\ \Delta_{p+1} \end{bmatrix} + K_{p+1} \begin{bmatrix} \Delta_{p+1} \\ 0 \\ \vdots \\ 0 \\ \sigma_p^2 \end{bmatrix} \right\} = \begin{bmatrix} \sigma_p^2 + K_{p+1}\Delta_{p+1} \\ 0 \\ \vdots \\ 0 \\ 0 \end{bmatrix} \end{aligned} \tag{6-63}$$

另一方面，对于 $p+1$ 阶的 Yule-Walker 方程

$$\begin{bmatrix} R(0) & R(1) & \cdots & R(p) & R(p+1) \\ R(1) & R(0) & \cdots & R(p-1) & R(p) \\ \vdots & \vdots & \ddots & \vdots & \vdots \\ R(p) & R(p-1) & \cdots & R(0) & R(1) \\ R(p+1) & R(p) & \cdots & R(1) & R(0) \end{bmatrix} \begin{bmatrix} 1 \\ a_{p+1,1} \\ \vdots \\ a_{p+1,p} \\ a_{p+1,p+1} \end{bmatrix} = \begin{bmatrix} \sigma_{p+1}^2 \\ 0 \\ \vdots \\ 0 \\ 0 \end{bmatrix} \tag{6-64}$$

比较式(6-63)和式(6-64)，就得到下列的求解 AR 模型系数的 Levinson-Durbin 算法

$$\left.\begin{aligned} &a_{p+1,k} = a_{p,k} + K_{p+1} a_{p,p+1-k}, 1 \leqslant k \leqslant p \\ &a_{p+1,p+1} = K_{p+1} \\ &\sigma_{p+1}^2 = \sigma_p^2 + K_{p+1}\Delta_{p+1} = (1 - K_{p+1}^2)\sigma_p^2 \\ &K_{p+1} = -\frac{\Delta_{p+1}}{\sigma_p^2} = -\left[R(p+1) + \sum_{k=1}^{p} a_{p,k} R(p+1-k)\right] \Big/ \sigma_p^2 \end{aligned}\right\} \tag{6-65}$$

特别地，对于一阶 AR 模型，可建立如下 Yule-Walker 方程：

$$\begin{bmatrix} R_x(0) & R_x(1) \\ R_x(1) & R_x(0) \end{bmatrix} \begin{bmatrix} 1 \\ a_{1,1} \end{bmatrix} = \begin{bmatrix} \sigma_1^2 \\ 0 \end{bmatrix} \tag{6-66}$$

并直接计算出如下模型系数：

$$a_{1,1}=-\frac{R_x(1)}{R_x(0)}$$

$$\sigma_1^2=R_x(0)-\frac{R_x^2(1)}{R_x(0)}=R_x(0)(1-a_{1,1}^2) \tag{6-67}$$

然后可在一阶模型的基础上递推计算出各阶的模型系数。一阶模型的计算非常简便，在一阶模型的基础上计算其他各阶模型参数，比直接矩阵求逆高效很多。如果令零阶初始值为 $\sigma_0^2=R_x(0)$，则式(6-67)中的一阶参数也可以基于式(6-65)从零阶递推计算。

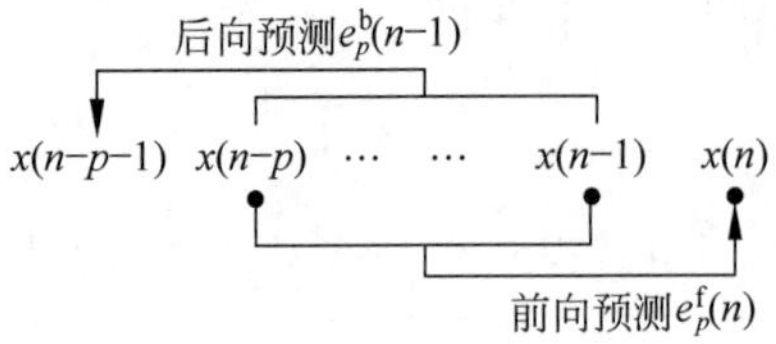


图 6-6 用 $p$ 阶前向预测和后向预测来更新 $p+1$ 阶预测

由前面的讨论可知，AR 模型与线性预测模型的参数是一致的，因此，式(6-63)可以看成前向预测和后向预测的组合，如图 6-6 所示，接下来利用线性预测模型推导 Levinson-Durbin 算法。

根据式(5-55)的前向线性预测方程，得到

$$\begin{bmatrix} R_x(0) & R_x(-1) & \cdots & R_x(-p) \\ R_x(1) & R_x(0) & \cdots & R_x(-p+1) \\ \vdots & \vdots & \ddots & \vdots \\ R_x(p) & R_x(p-1) & \cdots & R_x(0) \end{bmatrix} \begin{bmatrix} 1 \\ a_{p,1} \\ \vdots \\ a_{p,p} \end{bmatrix} = \begin{bmatrix} \varepsilon_p \\ 0 \\ \vdots \\ 0 \end{bmatrix} \tag{6-68}$$

其中

$$\varepsilon_p=R(0)+\sum_{i=1}^{p}a_{p,i}R(-i)=R(0)+\sum_{i=1}^{p}a_{p,i}R^*(i)=\rho_p^* \tag{6-69}$$

其中，$\rho_p$ 为式(5-56)所示的预测误差，注意到预测误差必为实数，有 $\rho_p^*=\rho_p$。将式(6-69)中自相关矩阵进行列扩展和行扩展，得到

$$\begin{bmatrix} R(0) & R(-1) & \cdots & R(-p) & R(-p-1) \\ R(1) & R(0) & \cdots & R(-p+1) & R(-p) \\ \vdots & \vdots & \ddots & \vdots & \vdots \\ R(p) & R(p-1) & \cdots & R(0) & R(-1) \\ R(p+1) & R(p) & \cdots & R(1) & R(0) \end{bmatrix} \begin{bmatrix} 1 \\ a_{p,1} \\ \vdots \\ a_{p,p} \\ 0 \end{bmatrix} = \begin{bmatrix} \rho_p \\ 0 \\ \vdots \\ 0 \\ \Delta_{p+1} \end{bmatrix} \tag{6-70}$$

其中，$\Delta_{p+1}$ 的定义和式(6-60)一致。基于类似的过程，由式(5-62)的后向预测方程可得

$$\begin{bmatrix} R_x(0) & R_x(1) & \cdots & R_x(p) \\ R_x(-1) & R_x(0) & \cdots & R_x(p-1) \\ \vdots & \vdots & \ddots & \vdots \\ R_x(-p) & R_x(-p+1) & \cdots & R_x(0) \end{bmatrix} \begin{bmatrix} 1 \\ a_{p,1}^b \\ \vdots \\ a_{p,p}^b \end{bmatrix} = \begin{bmatrix} \rho_p \\ 0 \\ \vdots \\ 0 \end{bmatrix} \tag{6-71}$$

将式(6-71)中自相关矩阵进行行扩展和列扩展，得到

$$\begin{bmatrix} R(0) & R(1) & \cdots & R(p) & R(p+1) \\ R(-1) & R(0) & \cdots & R(p-1) & R(p) \\ \vdots & \vdots & \ddots & \vdots & \vdots \\ R(p) & R(-p+1) & \cdots & R(0) & R(1) \\ R(-p-1) & R(-p) & \cdots & R(-1) & R(0) \end{bmatrix} \begin{bmatrix} 1 \\ a_{p,1}^b \\ \vdots \\ a_{p,p}^b \\ 0 \end{bmatrix} = \begin{bmatrix} \rho_p \\ 0 \\ \vdots \\ 0 \\ \Delta_{p+1}^* \end{bmatrix} \tag{6-72}$$

式中 $\Delta_{p+1}^*$ 的计算用到了复随机信号自相关函数的共轭对称性 $R(m)=R^*(-m)$ 和前向、后向预测器系数的关系 $a_k^f=[a_k^b]^*$。将式(6-72)自相关矩阵的行、列做逆序操作，得到等价表示为

$$\begin{bmatrix} R(0) & R(-1) & \cdots & R(-p) & R(-p-1) \\ R(1) & R(0) & \cdots & R(-p+1) & R(-p) \\ \vdots & \vdots & \ddots & \vdots & \vdots \\ R(p) & R(p-1) & \cdots & R(0) & R(-1) \\ R(p+1) & R(p) & \cdots & R(1) & R(0) \end{bmatrix} \begin{bmatrix} 0 \\ a_{p,p}^* \\ \vdots \\ a_{p,1}^* \\ 1 \end{bmatrix} = \begin{bmatrix} \Delta_{p+1}^* \\ 0 \\ \vdots \\ 0 \\ \rho_p \end{bmatrix} \tag{6-73}$$

将式(6-72)和式(6-73)按式(6-63)的方式组合，可以得到由 $p$ 阶线性预测到 $p+1$ 阶线性预测的递推关系。式(6-65)递推算法中系数 $K_{p+1}$ 的计算是算法的关键，从式(6-65)可以看到计算 $K_{p+1}$ 需要预先估计自相关函数。在第 3 章的分析中已经看到基于时间平均的自相关估计是实际自相关函数与三角窗函数的相乘，性能并不好。基于线性预测进行递推的好处是可以避免估计自相关函数，下面简述其思想。根据线性预测的正交性原理，容易验证式(6-60)中

$$\Delta_{p+1}=E\{e_p^{\mathrm{f}}(n)[e_p^{\mathrm{b}}(n-1)]^*\} \tag{6-74}$$

于是

$$K_{p+1}=-\frac{\Delta_{p+1}}{\rho_p}=-\frac{E\{e_p^{\mathrm{f}}(n)[e_p^{\mathrm{b}}(n-1)]^*\}}{E[|e_p^{\mathrm{f}}(n)|^2]} \tag{6-75}$$

式(6-75)涉及统计量的计算，在实际应用中，一般用时间均值来代替，Burg 等提出用以下算法来实现 $K_{p+1}$ 的估计：

$$\hat{K}_{p+1}=\frac{-2\sum\limits_{n=p+1}^{N-1}e_p^{\mathrm{f}}(n)[e_p^{\mathrm{b}}(n-1)]^*}{\sum\limits_{n=p+1}^{N-1}|e_p^{\mathrm{f}}(n)|^2+\sum\limits_{n=p+1}^{N-1}|e_p^{\mathrm{b}}(n-1)|^2} \tag{6-76}$$

Itakura 等提出以下的估计式：

$$\hat{K}_{p+1}=-\frac{\sum\limits_{n=p+1}^{N-1}e_p^{\mathrm{f}}(n)\cdot[e_p^{\mathrm{b}}(n-1)]^*}{\sqrt{\sum\limits_{n=p+1}^{N-1}|e_p^{\mathrm{f}}(n)|^2\cdot\sum\limits_{n=p+1}^{N-1}|e_p^{\mathrm{b}}(n-1)|^2}} \tag{6-77}$$

可以看到式(6-76)和式(6-77)的区别在于分母的平均是算术平均还是几何平均。

至此，我们完成了基于线性预测由低阶模型向高阶模型迭代计算的过程。而各阶的最佳预测滤波器系数，即是相应的 AR 模型的参数，并且相关推导基于复随机信号。综上所述，利用 Levinson-Durbin 算法进行功率谱估计的一般步骤如下：

(1) 给出观察数据 $x(n), n=0,1,\cdots,N-1$，根据实际情况选择合适的模型阶数 $p$。

(2) 初始化

$$\rho_0=R(0)=E\{x^2(n)\}$$

$$K_0=0$$

(3) 采用 Levinson-Durbin 算法进行迭代计算

从 $m=0$ 到 $p-1$ 计算 $K_{m+1}$。公式如下：

$$a_{m+1,k}=a_{m,k}+K_{m+1}a_{m,m+1-k}^{*},\quad 1\leqslant k\leqslant m$$
$$a_{m+1,m+1}=K_{m+1}$$
$$\rho_{m+1}=(1-|K_{m+1}|^{2})\rho_{m} \tag{6-78}$$

(4) $x(n)$的功率谱为

$$\hat{S}_{x}(\omega)=\frac{\rho_{p}^{2}}{\left|1+\sum_{k=1}^{p}a_{p,k}\mathrm{e}^{-\mathrm{j}\omega k}\right|^{2}} \tag{6-79}$$

从 Levinson-Durbin 递推公式(6-78)可以看出，阶数从 $m$ 增加到 $m+1$ 时，需要 $2m+3$ 次乘除法和 $2m+1$ 次加减法，或者说运算量为 $O(m)$。因此阶数从 $m=1$ 到 $p$ 的所有递推的运算量的数量级为 $1+2+\cdots+p=p(p+1)/2$，即 $O(p^{2})$。对比高斯消元法和传统的矩阵分析的 Cholesky 分解法求解式(6-56)所要求的 $O(p^{3})$ 运算量，可以看出 Levinson-Durbin 算法极大地改善了运算复杂度。

式(6-75)中的 $K_{p+1}$ 在线性预测中起着重要作用，称为**反射系数**。由于 $\rho_{p}\geqslant 0$，所以根据式(6-78)有

$$1-|K_{p}|^{2}\geqslant 0 \tag{6-80}$$

可知

$$|K_{p}|\leqslant 1 \tag{6-81}$$

因此，在实际应用中，当 $|K_{p}|$ 很小时，递推算法就应该停止。根据 $|K_{p}|\leqslant 1$ 的特点，由式(6-78)可知

$$\rho_{p}\leqslant\rho_{p-1}\leqslant\cdots\leqslant\rho_{1}\leqslant\rho_{0} \tag{6-82}$$

这说明，利用 Levinson-Durbin 算法求解线性预测系数，随着模型阶数的增加，预测误差率逐渐减小，因此，从最小均方误差准则的意义上来看，该算法是收敛的。

由于 Levinson-Durbin 算法的递推性，利用 Levinson-Durbin 算法进行参数功率谱估计有利于选择 AR 模型的合适阶数。

### 6.3.3 AR 谱估计的性质

**1. AR 谱估计的基本性质**

这里对 AR 谱估计的一些性质做一些总结性介绍：

1) AR 谱比经典谱平滑

由于 AR 谱估计模型是一个有理分式，因此其估计出的功率谱要比经典谱的平滑。

2) AR 谱的分辨率

经典谱的分辨率为 $\frac{2\pi k}{N}$，AR 谱估计的分辨率比经典谱要高。

3) AR 谱的匹配性质

随着阶数 $p$ 的增加，AR 谱与真实谱也越接近，因此理论上总可以用一个阶数足够大的 AR 模型估计谱，以达到任意精度，AR 谱呈现真实谱的上、下波动，而且反映谱峰的性能比较好。

4）AR 谱的方差

AR 谱的方差理论分析很困难，相对地讲，其方差反比于 $N$ 和信噪比。

5）AR 模型的稳定性

可以证明，如果自相关矩阵是正定的，则由 Yule-Walker 方程求出的 AR 模型是稳定的。

6）AR 谱估计的不足

（1）与信号的信噪比关系较大，信噪比低，则方差大，分辨率低；

（2）如果信号 $x(n)$ 是含噪声的正弦信号，其谱峰易受 $x(n)$ 初相位的影响，并且可能出现"谱线分裂"的现象；

（3）谱的质量受 $p$ 的影响大，$p$ 取值小，则过于平滑，精度不够，$p$ 太大，则可能会产生虚假的谱峰。

**2. AR 模型阶数的选择**

AR 谱模型阶数的选择十分重要，常用的有三个准则：

1）最终预测误差准则（FPE）

使下式最小来确定阶数 $k$；

$$\mathrm{FPE}(k)=\frac{N+k}{N-k}\hat{\rho}_k \tag{6-83}$$

2）AIC（Akaike Information Criterion，赤池信息准则）信息论准则

使式（6-84）最小来确定阶数 $k$；

$$\mathrm{AIC}(k)=N\ln\hat{\rho}_x+2k \tag{6-84}$$

3）CAT（Criterion of Autoregressive Transfer-functions，自回归转换函数准则）

使式（6-85）最小来确定阶数 $k$；

$$\mathrm{CAT}(k)=\frac{1}{N}\sum_{i=1}^{k}\frac{1}{\hat{\rho}_i}-\frac{1}{\hat{\rho}_k} \tag{6-85}$$

下面以一个例子加深对模型谱估计的认识。

**例 6-3** 一个 4 阶的 AR 模型为

$$\begin{aligned}x(n)=&2.7377x(n-1)-2.9403x(n-2)+2.1697x(n-3)-\\&0.9606x(n-4)+u(n)\end{aligned}$$

该信号的功率谱分布图如图 6-7(a)所示。利用 4 阶及 3 阶的 Burg 算法估计出的功率谱如图 6-7(b)及(c)所示；图 6-7(d)是经典谱估计的结果。由图 6-7 可知，4 阶的 Burg 算法很好地估计出了信号的真实功率谱，而 3 阶的 Burg 算法未能完整地反映该信号的两个谱峰，因此，模型阶数的选择对谱估计有较大的影响。而经典的周期图谱估计得到的功率谱起伏很大，由此可见，AR 谱估计比经典谱估计方法在方差性能上有很大的改进。

### 6.3.4 MA 谱估计与 ARMA 谱估计

**1. MA 模型及其正则方程**

给出随机信号的 MA 模型

$$x(n)=u(n)+\sum_{k=1}^{q}b_k u(n-k) \tag{6-86}$$

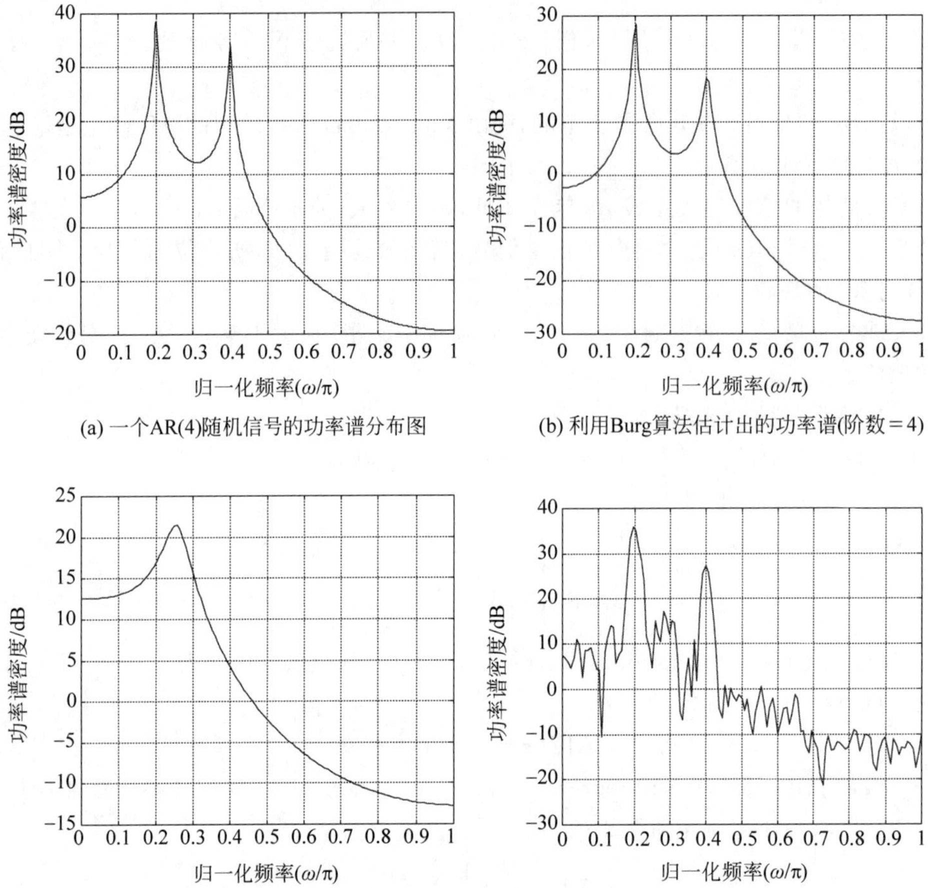


(a) 一个AR(4)随机信号的功率谱分布图

(b) 利用Burg算法估计出的功率谱(阶数＝4)

(c) 利用Burg算法估计出的功率谱(阶数＝3)

(d) 经典谱估计的结果

图 6-7　例 6-3 的图

传递函数为

$$H(z)=1+\sum_{k=1}^{q}b_k z^{-k} \tag{6-87}$$

信号的功率谱为

$$S(\omega)=\sigma^2\left|1+\sum_{k=1}^{q}b_k \mathrm{e}^{-\mathrm{j}\omega k}\right|^2 \tag{6-88}$$

由第 4 章可知，MA 模型的相关函数满足以下方程：

$$R_x(m)=E[x(n)x^*(n-m)]=\begin{cases}\sum\limits_{k=0}^{q}b_k b_{k-m}^*\sigma^2, & |m|=0,1,\cdots,q\\ 0, & |m|>q\end{cases} \tag{6-89}$$

式中已假定 $b_0=1$。式(6-89)是关于模型参数的非线性方程，由于自相关函数难以直接求解模型参数，MA($q$)模型系数的求解要比 AR 模型困难得多。

由于 MA($q$)模型是一个全零点的模型，共有 $q$ 个零点，因此，其功率谱不易体现信号中的峰值，分辨率较低。考查式(6-89)，可以看出 $R_x(m)$是 MA 系数 $b_0,b_1,\cdots,b_q$ 的卷积，所

以，$R_x(m)$的取值范围是从$-q$至$q$，这样，式(6-88)的功率谱

$$S(\omega)=\sigma^2\left|B(\omega)\right|^2=\sigma^2\sum_{m=-q}^{q}R_x(m)\mathrm{e}^{-\mathrm{j}\omega m} \tag{6-90}$$

又等效于经典谱估计中的自相关函数法(BT法)，当自相关函数$\hat{R}_x(m)$的长度也是从$-q$至$q$时，有

$$\hat{S}_{\mathrm{BT}}(\omega)=\sum_{m=-q}^{q}\hat{R}_x(m)\mathrm{e}^{-\mathrm{j}\omega m} \tag{6-91}$$

因此，从谱估计的角度来看，MA模型谱估计等效于经典谱估计中的自相关函数法，谱估计的分辨率较低。若单纯为了对一段有限长数据$x_N(n)$做谱估计，就没有必要求解MA模型。但MA模型在系统分析与识别中有其自己的应用，在ARMA谱估计中也要遇到，因此讨论MA系数的求解也是必要的。

目前提出有关MA参数的求解方法大体有三种：一是谱分解法，二是用高阶的AR模型来近似MA模型，三是最大似然估计法(或最小二乘法)。其中较有效的是第二种。现对该方法做简要的介绍。

**2. MA模型参数求解方法**

由Wold分解定理，可以对$x(n)$建立一个无穷阶的AR模型，即

$$H_\infty(z)=\frac{1}{A_\infty(z)}=\frac{1}{1+\sum_{k=1}^{\infty}a_k z^{-k}} \tag{6-92}$$

那么可以用它表示一个$q$阶的MA模型，即

$$H_\infty(z)=H_q(z)=1+\sum_{k=1}^{q}b_k z^{-k}=B(z) \tag{6-93}$$

于是有

$$A_\infty(z)B(z)=1 \tag{6-94}$$

将式(6-94)两边取$z$逆变换，左边应是$a_k$和$b_k$的卷积

$$a_k+\sum_{m=1}^{q}b_m a_{k-m}=\delta(k) \tag{6-95}$$

式中$a_0=1$，当$k<0$时，$a_k=0$。

在实际工作中，我们只建立一个有限的AR模型，如$p$阶，$p\gg q$，其AR模型的系数为$\hat{a}_1,\hat{a}_2,\cdots,\hat{a}_p$，用这一组参数近似MA模型，反映在式(6-95)，必有近似误差，即

$$e_k=\hat{a}_k+\sum_{m=1}^{q}b_m\hat{a}_{k-m} \tag{6-96}$$

若$\hat{a}_k=a_k,k=1,2,\cdots,p$，那么$e_0=1$，当$k$不等于零时，$e_k=0$。实际上，$\hat{a}_k$由有限长数据计算出，它只是对$a_k$的近似，故$e_k$不可能为零，这样，令

$$\hat{\rho}_{\mathrm{MA}}=\sum_k\left|e_k\right|^2 \tag{6-97}$$

相对$b_1,b_2,\cdots,b_q$为最小，可求出使$\hat{\rho}_{\mathrm{MA}}$为最小的MA参数。

实际上，式(6-96)是$q$阶的线性预测器，此处是用$\hat{a}_1,\hat{a}_2,\cdots,\hat{a}_p$代替了数据$x(n)$，而$b_1,b_2,\cdots,b_q$相当于待求的线性预测器的系数。因此，用6.3.3节讨论的AR模型系数求

解的任一方法,都可以求出 $b_1,b_2,\cdots,b_q$。

具体地说,MA 模型参数求解的步骤如下:

(1) 由 $N$ 点数据 $x(n),n=0,1,\cdots,N-1$,建立一个 $p$ 阶的 AR 模型,$p\gg q$,可用 6.3.3 节的任一种方法求出 $p$ 阶 AR 系数 $\hat{a}_1,\hat{a}_2,\cdots,\hat{a}_p$;

(2) 利用 $\hat{a}_1,\hat{a}_2,\cdots,\hat{a}_p$ 建立式(6-96)的线性预测,此式等效于一个 $q$ 阶的 AR 模型,再一次利用 AR 系数的求解方法,得到 $b_1,b_2,\cdots,b_q$;

(3) 计算功率谱:$S(\mathrm{e}^{\mathrm{j}\omega})=\sigma^2\left|1+\sum\limits_{k=1}^{q}b_k\mathrm{e}^{-\mathrm{j}\omega k}\right|^2$。

由此可以看出,求出 MA 参数,需要求两次 AR 系数。一旦 MA 参数求出,将其代入式(6-88),可实现 MA 谱估计。

AR 模型阶次判断 AIC 准则也可用于 MA($q$)阶次的判断

$$\mathrm{AIC}(q)=N\ln(\hat{\rho}_{\mathrm{MA}})+2q \tag{6-98}$$

当 $q$ 由 1 增加时,使 AIC($q$)为最小的阶次可作为候选的阶次。

**3. ARMA 谱估计**

现简要介绍 ARMA($p,q$)模型参数 $a_1,a_2,\cdots,a_p$ 及 $b_1,b_2,\cdots,b_q$ 的求解方法。考虑实信号,式(4-80)给出 ARMA($p,q$)模型的 Yule-Walker 方程为

$$R_x(m)=\begin{cases}-\sum\limits_{k=1}^{p}a_kR_x(m-k)+\sigma^2\sum\limits_{k=m}^{q}h_{k-m}b_k, & m=0,1,\cdots,q\\ -\sum\limits_{k=1}^{p}a_kR_x(m-k), & m>q\end{cases} \tag{6-99}$$

由于式中模型冲激响应 $h_k$ 是 ARMA 模型系数 $a_k$ 和 $b_k$ 的函数,所以式(6-99)的第一个方程是非线性方程。但是,当 $m>q$ 时,有

$$\begin{bmatrix}R_x(q) & R_x(q-1) & \cdots & R_x(q-p+1)\\ R_x(q+1) & R_x(q) & \cdots & R_x(q-p+2)\\ \vdots & \vdots & \ddots & \vdots\\ R_x(q+p-1) & R_x(q+p-2) & \cdots & R_x(q)\end{bmatrix}\begin{bmatrix}a_1\\ a_2\\ \vdots\\ a_p\end{bmatrix}$$

$$=-\begin{bmatrix}R_x(q+1)\\ R_x(q+2)\\ \vdots\\ R_x(q+p)\end{bmatrix} \tag{6-100}$$

这是一个线性方程组,共有 $p$ 个方程,可用来首先计算 AR 部分的系数。一旦 $a_1,a_2,\cdots,a_p$ 求出,将它们代入第一个方程(6-99),再设法求解 MA 部分的系数,这是一种分开求解两部分系数的方法。

## 6.4 特征分解法谱估计

### 6.4.1 Pisarenko 谐波分解与相关矩阵的特征分解

特征分解谱估计主要是针对白噪声的复正弦信号的功率谱估计问题。可以得到比 AR

模型法更高的分辨率和更准确的谱估计，尤其在信噪比低时此优点更为明显。假设信号 $x(n)$ 是由 $M$ 个复正弦信号加白噪声组成的，即

$$x(n)=\sum_{i=1}^{M}A_i e^{j(\omega_i n+\varphi_i)}+u(n)=c(n)+u(n) \tag{6-101}$$

式中 $\varphi_i$ 是 $[-\pi,\pi]$ 内均匀分布的零均值随机变量。$u(n)$ 为白噪声，$A_i$、$\omega_i$ 为常数，不难算出 $c(n)$ 的自相关函数为

$$\begin{aligned}R_c(m)&=E[c(n)c^*(n-m)]\\&=\sum_{i=1}^{M}\frac{1}{2\pi}\int_{-\pi}^{\pi}A_i\exp\{j(\omega_i n+\varphi_i)\}\cdot A_i^*\exp\{-j[\omega_i(n-m)+\varphi_i]\}d\varphi_i\\&=\sum_{i=1}^{M}|A_i|^2\frac{1}{2\pi}\int_{-\pi}^{\pi}\exp[j(\omega_i m)]d\varphi_i\\&=\sum_{i=1}^{M}|A_i|^2\exp\{j\omega_i m\}\end{aligned} \tag{6-102}$$

如果 $c(n)$ 与 $u(n)$ 是互不相关的，则 $x(n)$ 的自相关函数为

$$R_x(m)=\sum_{i=1}^{M}|A_i|^2\exp\{j\omega_i m\}+\rho_u\delta(m),\quad m=0,1,\cdots \tag{6-103}$$

式(6-103)中 $\rho_u$ 是白噪声的功率。

对 $R_x(m)$ 进行傅里叶变换可得 $x(n)$ 的功率谱

$$S_x(\omega)=\sum_{i=1}^{M}2\pi|A_i|^2\delta(\omega-\omega_i)+\rho_u \tag{6-104}$$

由此可知，特征分解谱估计的基本原理是：对于复正弦信号，如果能估计出其频率 $\omega_i(i=1,2,\cdots,M)$ 及幅度 $A_i$，则可按式(6-104)估计功率谱。

取 $m=0,1,\cdots,p$，构造 $x(n)$ 的相关矩阵为

$$\boldsymbol{R}_p=\begin{bmatrix}R(0) & R^*(1) & R^*(2) & \cdots & R^*(p)\\ R(1) & R(0) & R^*(1) & \cdots & R^*(p-1)\\ R(2) & R(1) & R(0) & \cdots & R^*(p-2)\\ \vdots & \vdots & \vdots & \ddots & \vdots\\ R(p) & R(p-1) & R(p-2) & \cdots & R(0)\end{bmatrix} \tag{6-105}$$

式中，$R^*(m)$ 是 $R(m)$ 的共轭函数。定义信号向量

$$\boldsymbol{e}_i=[1,\exp(j\omega_i),\exp(j2\omega_i),\cdots,\exp(j\omega_i p)]^T,\quad i=1,2,\cdots,M \tag{6-106}$$

则相关矩阵 $\boldsymbol{R}_p$ 可写为

$$\boldsymbol{R}_p=\sum_{i=1}^{M}|A_i|^2\boldsymbol{e}_i\boldsymbol{e}_i^H+\rho_u\boldsymbol{I} \tag{6-107}$$

式中，$\boldsymbol{I}$ 为 $p+1$ 阶单位矩阵，$\boldsymbol{e}_i^H$ 是 $\boldsymbol{e}_i$ 的共轭转置。记

$$\boldsymbol{S}_p=\sum_{i=1}^{M}|A_i|^2\boldsymbol{e}_i\boldsymbol{e}_i^H,\quad \boldsymbol{W}_p=\rho_w\boldsymbol{I} \tag{6-108}$$

则

$$\boldsymbol{R}_p=\boldsymbol{S}_p+\boldsymbol{W}_p \tag{6-109}$$

为了对式(6-109)进行分析,先来介绍线性代数中的两个概念。

(1) 奇异的概念:如果矩阵(方阵)$\boldsymbol{A}$ 的行列式 $\det(\boldsymbol{A})=0$,称此矩阵是奇异的,否则为非奇异的。

(2) 正定的概念:对矩阵(方阵)$\boldsymbol{A}$,令 $f(\boldsymbol{x})=\boldsymbol{x}^{\mathrm{H}}\boldsymbol{A}\boldsymbol{x}$,如果对任意不全为零的 $\boldsymbol{x}=(x_1,x_2,\cdots,x_n)$,有 $f(\boldsymbol{x})>0$,则称 $\boldsymbol{A}$ 是正定的。

对正定矩阵 $\boldsymbol{A}$,有如下性质:

① $\det(\boldsymbol{A})>0$;

② $\boldsymbol{A}$ 的特征值全大于零。

现在回到式(6-109),令 $\alpha_i=\exp(\mathrm{j}\omega_i)$,定义

$$\boldsymbol{E}=[\boldsymbol{e}_1\quad \boldsymbol{e}_2\quad \cdots\quad \boldsymbol{e}_M]=\begin{bmatrix}1 & 1 & \cdots & 1\\ \alpha_1 & \alpha_2 & \cdots & \alpha_M\\ \vdots & \vdots & \ddots & \vdots\\ \alpha_1^p & \alpha_2^p & \cdots & \alpha_M^p\end{bmatrix}\tag{6-110}$$

$$\boldsymbol{S}_p=\boldsymbol{E}\begin{bmatrix}|A_1|^2 & & \\ & \ddots & \\ & & |A_M|^2\end{bmatrix}\boldsymbol{E}^{\mathrm{H}}\tag{6-111}$$

当 $\omega_i\neq\omega_j(i\neq j)$,$\boldsymbol{E}$ 是范德蒙矩阵,是满秩矩阵,秩为 $M$。根据矩阵相乘秩的性质,$\boldsymbol{S}_p$ 的秩最大为 $M$,若 $p\geqslant M$,则$\boldsymbol{S}_p$ 是奇异的,若 $p<M$,则$\boldsymbol{S}_p$ 是正定的。

由于噪声的存在,$\boldsymbol{R}_p$ 的秩仍为 $p+1$。

将$\boldsymbol{S}_p$ 进行特征分解,有

$$\boldsymbol{S}_p=\sum_{i=1}^{p+1}\lambda_i\boldsymbol{v}_i\boldsymbol{v}_i^{\mathrm{H}}\tag{6-112}$$

这里 $\lambda_i$ 是特征值,$\boldsymbol{v}_i$ 是相应的特征向量,且

$$\boldsymbol{v}_i\boldsymbol{v}_j^{\mathrm{H}}=\begin{cases}1, & i=j\\ 0, & i\neq j\end{cases}\tag{6-113}$$

由于$\boldsymbol{S}_p$ 的秩为 $M$(这里设 $M<p$),则$\boldsymbol{S}_p$ 的特征值有 $M$ 个不为零,其余 $p+1-M$ 个为零。不妨将$\boldsymbol{S}_p$ 的特征值 $\lambda_i$ 从大到小排序,$\lambda_1\geqslant\lambda_2\geqslant\lambda_3\geqslant\cdots\geqslant\lambda_m\geqslant\cdots\geqslant\lambda_{p+1}$,有

$$\boldsymbol{S}_p=\sum_{i=1}^{M}\lambda_i\boldsymbol{v}_i\boldsymbol{v}_i^{\mathrm{H}}\tag{6-114}$$

同时单位矩阵可表示为 $\boldsymbol{I}=\sum_{i=1}^{p+1}\boldsymbol{v}_i\boldsymbol{v}_i^{\mathrm{H}}$,所以有

$$\begin{aligned}\boldsymbol{R}_p&=\boldsymbol{S}_p+\boldsymbol{R}_u\\&=\sum_{i=1}^{M}\lambda_i\boldsymbol{v}_i\boldsymbol{v}_i^{\mathrm{H}}+\sum_{i=1}^{p+1}\rho_u\boldsymbol{v}_i\boldsymbol{v}_i^{\mathrm{H}}\\&=\sum_{i=1}^{M}(\lambda_i+\rho_u)\boldsymbol{v}_i\boldsymbol{v}_i^{\mathrm{H}}+\sum_{i=M+1}^{p+1}\rho_u\boldsymbol{v}_i\boldsymbol{v}_i^{\mathrm{H}}\end{aligned}\tag{6-115}$$

此式即为相关矩阵的特征分解表达式。

可见相关矩阵$\boldsymbol{R}_p$ 的特征向量又可分为两个子空间：由特征向量 $\boldsymbol{v}_1, \boldsymbol{v}_2, \cdots, \boldsymbol{v}_M$ 张成的信号子空间和由特征向量 $\boldsymbol{v}_{M+1}, \boldsymbol{v}_{M+2}, \cdots, \boldsymbol{v}_{M+p}$ 张成的噪声子空间。信号子空间的特征值为 $\lambda_1+\rho_u, \lambda_2+\rho_u, \cdots, \lambda_M+\rho_u$，噪声子空间的特征值为 $\rho_u$。下面将在此两个子空间对信号进行谱估计并讨论。

## 6.4.2 子空间法功率谱估计

**1. 基于信号子空间的频率估计及功率谱估计**

对式(6-115)，如果舍弃特征向量 $\boldsymbol{v}_{M+1}, \cdots, \boldsymbol{v}_{p+1}$，仅保留信号空间，那么将用秩为 $M$ 的相关矩阵 $\hat{\boldsymbol{R}}_M$

$$\hat{\boldsymbol{R}}_M = \sum_{i=1}^{M} (\lambda_i + \rho_u) \boldsymbol{v}_i \boldsymbol{v}_i^{\mathrm{H}} \tag{6-116}$$

来近似 $\hat{\boldsymbol{R}}_p$，这样大大提高了信号 $x(n)$的信噪比。基于矩阵$\hat{\boldsymbol{R}}(m)$，再用以前所讲的任何一种方法估计的功率谱，将得到好的频率估计和功率谱估计。

**2. 基于噪声子空间的频率谱估计——Pisarenko 谐波分解法**

在上面的讨论中，若 $p=M$，则$\boldsymbol{R}_p$ 只有一个噪声特征向量 $\boldsymbol{v}_{M+1}$，它对应的特征值为 $\rho_u$，且 $\rho_u$ 也是$\boldsymbol{R}_p$ 的最小特征值。该特征向量 $\boldsymbol{v}_{M+1}$ 与信号向量$\boldsymbol{e}_i$ 是正交的，即$\boldsymbol{e}_i^{\mathrm{H}} \cdot \boldsymbol{v}_{M+1}=0$。

**证明** 根据特征向量的正交性，得到

$$\boldsymbol{S}_p \boldsymbol{v}_{M+1} = 0 \tag{6-117}$$

令

$$\boldsymbol{A} = \begin{bmatrix} |A_1|^2 & & & \\ & |A_2|^2 & & \\ & & \ddots & \\ & & & |A_M|^2 \end{bmatrix} \tag{6-118}$$

有

$$\boldsymbol{S}_p = \boldsymbol{E}\boldsymbol{A}\boldsymbol{E}^{\mathrm{H}} \tag{6-119}$$

所以

$$\boldsymbol{S}_p \boldsymbol{v}_{M+1} = \boldsymbol{E}\boldsymbol{A}\boldsymbol{E}^{\mathrm{H}} \boldsymbol{v}_{M+1} = 0 \tag{6-120}$$

式(6-120)左乘 $\boldsymbol{v}_{M+1}^{\mathrm{H}}$，有

$$\boldsymbol{v}_{M+1}^{\mathrm{H}} \boldsymbol{E}\boldsymbol{A}\boldsymbol{E}^{\mathrm{H}} \boldsymbol{v}_{M+1} = 0 \tag{6-121}$$

即

$$(\boldsymbol{E}^{\mathrm{H}} \boldsymbol{v}_{M+1})^{\mathrm{H}} \boldsymbol{A} (\boldsymbol{E}^{\mathrm{H}} \boldsymbol{v}_{M+1}) = 0 \tag{6-122}$$

由于 $\boldsymbol{A}$ 是正定的，所以有

$$\boldsymbol{E}^{\mathrm{H}} \boldsymbol{v}_{M+1} = 0 \tag{6-123}$$

即

$$\boldsymbol{e}_i^{\mathrm{H}} \boldsymbol{v}_{M+1} = 0 \tag{6-124}$$

对 $\forall\, i=1,2,\cdots,M$ 都成立，由此得证。

式(6-124)可改写为

$$\boldsymbol{e}_i^{\mathrm{H}}\boldsymbol{v}_{M+1}=\sum_{k=0}^{M}\boldsymbol{v}_{M+1}(k)\exp(-\mathrm{j}\omega_i k)=0 \tag{6-125}$$

令 $z=\mathrm{e}^{\mathrm{j}\omega}$，则

$$\sum_{k=1}^{M}\boldsymbol{v}_{M+1}(k)z^{-k}=0 \tag{6-126}$$

式(6-126)可视为 $z$ 的 $M$ 次多项式，共有 $M$ 个根将在单位圆上，解此多项式的根，可将信号频率 $\omega_i(i=1,2,\cdots,M)$ 估计出来，这正是 Pisarenko 谐波分解谱估计的理论基础，其具体算法如下：

(1) 对信号

$$x(n)=\sum_{k=1}^{M}A_k\exp(\mathrm{j}\omega_k n+\mathrm{j}\varphi_k)+u(n) \tag{6-127}$$

按式

$$R(m)=E[x(n)x^*(n-m)] \tag{6-128}$$

求出自相关函数(或按以前的方法估计自相关函数) $\hat{\boldsymbol{R}}(m)$，$m=0,1,\cdots,M$，形成自相关函数矩阵$\boldsymbol{R}_p$(这里 $p=M$)。

(2) 对$\boldsymbol{R}_p$ 进行特征分解，得 $\lambda_1,\lambda_2,\cdots,\lambda_{p+1}$ 特征值和相应的特征向量，对 $\lambda_1,\lambda_2,\cdots,\lambda_{p+1}$ 从大到小排序，选最小的特征值 $\lambda_{p+1}$ 对应的特征向量 $\boldsymbol{v}_{p+1}$。

(3) 将 $\boldsymbol{v}_{p+1}=\boldsymbol{v}_{M+1}=(\boldsymbol{v}_{M+1}(1),\boldsymbol{v}_{M+1}(2),\cdots,\boldsymbol{v}_{M+1}(M))$ 代入式$\sum\limits_{k=1}^{M}\boldsymbol{v}_{M+1}z^{-k}=0$ 中，求此多项式的根，得到信号的频率估计值 $\omega_1,\omega_2,\cdots,\omega_M$。

(4) 令 $\alpha_i=\exp(\mathrm{j}\omega_i)$，则有

$$\begin{bmatrix}\mathrm{e}^{\mathrm{j}\omega_1} & \mathrm{e}^{\mathrm{j}\omega_2} & \cdots & \mathrm{e}^{\mathrm{j}\omega_M}\\ \mathrm{e}^{\mathrm{j}2\omega_1} & \mathrm{e}^{\mathrm{j}2\omega_2} & \cdots & \mathrm{e}^{\mathrm{j}2\omega_M}\\ \vdots & \vdots & \ddots & \vdots\\ \mathrm{e}^{\mathrm{j}M\omega_1} & \mathrm{e}^{\mathrm{j}M\omega_m} & \cdots & \mathrm{e}^{\mathrm{j}M\omega_M}\end{bmatrix}\begin{bmatrix}|A_1|^2\\ |A_2|^2\\ \vdots\\ |A_M|^2\end{bmatrix}=\begin{bmatrix}R(1)\\ R(2)\\ \vdots\\ R(M)\end{bmatrix} \tag{6-129}$$

解方程组可求出$|A_1|^2,|A_2|^2,\cdots,|A_M|^2$。

(5) 由 $\boldsymbol{R}(0)=\sum\limits_{i=1}^{M}|A_i|^2+\rho_u$，可得 $\rho_u=\boldsymbol{R}(0)-\sum\limits_{i=1}^{M}|A_i|^2$。

(6) 将参数$|A_1|^2,|A_2|^2,\cdots,|A_M|^2,\omega_1,\omega_2,\cdots,\omega_M$ 及 $\rho_u$ 代入式(6-104)，可求出功率谱。

**3. MUSIC 谱估计**

在 $M<p$ 的情况下，若再使用式(6-126)，则求出的 $V(z)$将有$(p-M)$个多余的零点，称为“寄生零点(spurious zeros)”。由这些寄生零点所对应的频率 $\omega_{M+1},\cdots,\omega_p$ 将产生虚假的正弦信号。因此，当 $M<p$ 时，不宜再使用式(6-126)计算。为解决这一问题，人们提出了在 $M<p$ 这一更为普遍情况下正弦信号参数估计的方法，即多信号分类法(Multiple Signal Classification，MUSIC)。该方法的思路是：由于信号向量$\boldsymbol{e}_i$ 和噪声空间的各个向量 $\boldsymbol{v}_{M+1},\boldsymbol{v}_{M+2},\cdots,\boldsymbol{v}_{p+1}$ 都是正交的，因此，和它们的线性组合也是正交的，即

$$\boldsymbol{e}_i^{\mathrm{H}}\left(\sum_{k=M+1}^{p+1} a_k \boldsymbol{v}_k\right)=0, \quad i=1,2,\cdots,M \tag{6-130}$$

可以将$\boldsymbol{e}_i$ 看成是关于$\omega$ 的函数,令

$$\boldsymbol{e}(\omega)=[1,\mathrm{e}^{\mathrm{j}\omega},\cdots,\mathrm{e}^{\mathrm{j}\omega M}]^{\mathrm{T}} \tag{6-131}$$

则 $\boldsymbol{e}(\omega_i)=\boldsymbol{e}_i$,由式(6-130),有

$$\sum_{k=M+1}^{p+1}|a_k|^2|\boldsymbol{e}^{\mathrm{H}}(\omega)\boldsymbol{v}_k|^2=\boldsymbol{e}^{\mathrm{H}}(\omega)\left[\sum_{k=M+1}^{p+1}|a_k|^2\boldsymbol{v}_k\boldsymbol{v}_k^{\mathrm{H}}\right]\boldsymbol{e}(\omega) \tag{6-132}$$

在 $\omega=\omega_i$ 处应为零,那么

$$\hat{P}_x(\omega)=\frac{1}{\sum_{k=M+1}^{p+1}|a_k|^2|\boldsymbol{e}^{\mathrm{H}}(\omega)\boldsymbol{v}_k|^2} \tag{6-133}$$

在 $\omega=\omega_i$ 处,应是无限大,但由于 $\boldsymbol{v}_k$ 是相关阵分解出的,而相关阵是估计出来的,因此必有误差,所以 $\hat{P}_x(\omega_i)$为有限值,但呈现尖的峰值,其峰值对应的频率即是正弦信号的频率。由此方法又可得到信号 $x(n)$的功率谱估计。其功率谱(或频率)的分辨率要好于 AR 模型。

若令 $a_k=1,k=M+1,\cdots,p+1$,所得估计即为 MUSIC 估计,即

$$\hat{P}_{\mathrm{MUSIC}}(\omega)=\frac{1}{\boldsymbol{e}^{\mathrm{H}}(\omega)\left(\sum_{k=M+1}^{p+1}\boldsymbol{v}_k\boldsymbol{v}_k^{\mathrm{H}}\right)\boldsymbol{e}(\omega)} \tag{6-134}$$

若令$|a_k|^2=1/\lambda_k,k=M+1,\cdots,p+1$,则所得功率谱称特征向量(Eigenvector,EV)估计,即

$$\hat{P}_{\mathrm{EV}}(\omega)=\frac{1}{\boldsymbol{e}^{\mathrm{H}}(\omega)\left(\sum_{k=M+1}^{p+1}\frac{1}{\lambda_k}\boldsymbol{v}_k\boldsymbol{v}_k^{\mathrm{H}}\right)\boldsymbol{e}(\omega)} \tag{6-135}$$

这种方法的分辨率通常要好于 AR 模型的自相关法。

**4. ESPRIT 谱估计**

MUSIC 谱估计算法能实现较好的估计性能,但需要进行全频谱搜索,复杂度较高。一种改进的思路是由观测数据直接算出频率点的估计值。ESPRIT(Estimation of Signal Parameters by Rotational Invariance Technology)谱估计算法挖掘信号中的旋转不变特征从一个新的角度提出解决问题的思路。

定义观测向量及噪声向量为

$$\boldsymbol{x}_n=[x(n) \quad x(n+1) \quad \cdots \quad x(n+p)]^{\mathrm{T}}, \quad \boldsymbol{u}_n=[u(n) \quad u(n+1) \quad \cdots \quad u(n+p)]^{\mathrm{T}} \tag{6-136}$$

式(6-101)中的信号模型可以重写为

$$\boldsymbol{x}_n=\boldsymbol{E}\cdot\mathrm{diag}\{A_1\mathrm{e}^{\mathrm{j}\varphi_1},\cdots,A_M\mathrm{e}^{\mathrm{j}\varphi_M}\}+\boldsymbol{u}_n \tag{6-137}$$

其中,$\mathrm{diag}\{a_1,\cdots,a_M\}$表示由元素$\{a_1,\cdots,a_M\}$构成的对角矩阵,则观测信号的自相关矩阵为如下形式

$$\boldsymbol{R}_p=E[\boldsymbol{x}_n\boldsymbol{x}_n^{\mathrm{H}}]=\boldsymbol{E}\boldsymbol{A}\boldsymbol{E}^{\mathrm{H}}+\rho_u\boldsymbol{I} \tag{6-138}$$

其中,$\boldsymbol{A}$ 的定义由式(6-118)给出,另一方面,根据式(6-115),由自相关矩阵经过特征值分解后,可表示为

$$\boldsymbol{R}_p=\sum_{i=1}^{M}(\lambda_i+\rho_u)\boldsymbol{v}_i\boldsymbol{v}_i^{\mathrm{H}}+\sum_{i=M+1}^{p+1}\rho_u\boldsymbol{v}_i\boldsymbol{v}_i^{\mathrm{H}} \tag{6-139}$$

$$=[\boldsymbol{V}_s\mid\boldsymbol{V}_n]\begin{bmatrix}\lambda_1+\rho_u & & & & & \\ & \ddots & & & & \\ & & \lambda_M+\rho_u & & & \\ & & & \rho_u & & \\ & & & & \ddots & \\ & & & & & \rho_u\end{bmatrix}[\boldsymbol{V}_s\mid\boldsymbol{V}_n]^{\mathrm{H}} \tag{6-140}$$

在$\boldsymbol{V}_s$有$M$列，分别是$\boldsymbol{R}_p$最大$M$个特征值对应的特征向量，在$\boldsymbol{V}_n$有$p+1-M$列，分别是$\boldsymbol{R}_p$最小$p+1-M$个特征值对应的特征向量处。$\boldsymbol{V}_s$的张成即为信号子空间，$\boldsymbol{V}_n$的张成即为噪声子空间，由特征向量的特征可知信号子空间与噪声子空间正交，即$\boldsymbol{V}_s^{\mathrm{H}}\boldsymbol{V}_n=0$。同时由上面的分析可以看到$\boldsymbol{E}$也和噪声子空间有正交性，于是，$\boldsymbol{E}$与$\boldsymbol{V}_s$张成相同的子空间，$\boldsymbol{E}$与$\boldsymbol{V}_s$存在以下关系：

$$\boldsymbol{E}=\boldsymbol{V}_s\boldsymbol{T} \tag{6-141}$$

其中，$\boldsymbol{T}$是$M\times M$满秩矩阵。ESPRIT 算法的关键是发现了矩阵$\boldsymbol{E}$的列存在旋转不变性。将$\boldsymbol{E}$进行如下的分解：

$$\boldsymbol{E}=\begin{bmatrix}\boldsymbol{E}_1\\ \alpha_1^p \ \cdots\ \alpha_M^p\end{bmatrix}=\begin{bmatrix}1\ \cdots\ 1\\ \boldsymbol{E}_2\end{bmatrix} \tag{6-142}$$

其中，$\boldsymbol{E}_1$包含$\boldsymbol{E}$的前$p$行，$\boldsymbol{E}_2$包含$\boldsymbol{E}$的后$p$行。$\boldsymbol{E}_1$和$\boldsymbol{E}_2$存在如下关系：

$$\boldsymbol{E}_2=\boldsymbol{E}_1\cdot\mathrm{diag}\{\alpha_1,\cdots,\alpha_M\} \tag{6-143}$$

因为$\{\alpha_1,\cdots,\alpha_M\}$可以看成旋转因子，式(6-143)表示$\boldsymbol{E}_1$，$\boldsymbol{E}_2$列与列之间的关系可以用一个旋转因子描述，这种关系称为旋转不变性。基于式(6-141)，可得

$$\begin{cases}\boldsymbol{E}_1=\boldsymbol{V}_1\boldsymbol{T}\\ \boldsymbol{E}_2=\boldsymbol{V}_2\boldsymbol{T}\end{cases} \tag{6-144}$$

其中，$\boldsymbol{V}_1$包含$\boldsymbol{V}$的前$p$行，$\boldsymbol{V}_2$包含$\boldsymbol{V}$的后$p$行。注意到$\boldsymbol{V}_1$、$\boldsymbol{V}_2$大小相同，假设它们都是满秩矩阵，则它们之间的关系可表示为

$$\boldsymbol{V}_2=\boldsymbol{V}_1\boldsymbol{\Phi} \tag{6-145}$$

其中，$\boldsymbol{\Phi}$是$M\times M$满秩矩阵，并且可由$\boldsymbol{V}_1$、$\boldsymbol{V}_2$计算得到

$$\boldsymbol{\Phi}=(\boldsymbol{V}_1^{\mathrm{H}}\boldsymbol{V}_1)^{-1}\boldsymbol{V}_1^{\mathrm{H}}\boldsymbol{V}_2 \tag{6-146}$$

$\boldsymbol{V}_1=\boldsymbol{E}_1\boldsymbol{T}^{-1}$，$\boldsymbol{V}_2=\boldsymbol{E}_2\boldsymbol{T}^{-1}$代入式(6-146)，得到

$$\begin{aligned}\boldsymbol{\Phi}&=\boldsymbol{T}\cdot(\boldsymbol{E}_1^{\mathrm{H}}\boldsymbol{E}_1)^{-1}\boldsymbol{E}_1^{\mathrm{H}}\boldsymbol{E}_2\cdot\boldsymbol{T}^{-1}\\ &=\boldsymbol{T}\cdot\mathrm{diag}\{\alpha_1,\cdots,\alpha_M\}\cdot\boldsymbol{T}^{-1}\end{aligned} \tag{6-147}$$

式(6-147)表示$\{\alpha_1,\cdots,\alpha_M\}$刚好就是$\boldsymbol{\Phi}$的特征值，实际应用中可先由观测信号估计自相关矩阵，对自相关矩阵进行特征值分解并分离出信号子空间，由信号子空间抽取$\boldsymbol{V}_1$、$\boldsymbol{V}_2$并计算矩阵$\boldsymbol{\Phi}$，对$\boldsymbol{\Phi}$求解特征值分解得到$\{\alpha_1,\cdots,\alpha_M\}$的估计，再由$\{\alpha_1,\cdots,\alpha_M\}$的估计结果计算频率。

(1) 对信号模型

$$x(n)=\sum_{k=1}^{M}\boldsymbol{A}_k\exp(\mathrm{j}\omega_k n+\mathrm{j}\varphi_k)+u(n) \tag{6-148}$$

按$\boldsymbol{x}_n=[x(n)\quad x(n+1)\quad \cdots\quad x(n+p)]^{\mathrm{T}}$构造信号向量,用下式估计自相关矩阵

$$\hat{\boldsymbol{R}}_p=\frac{1}{N}\sum_{n=0}^{N-1}\boldsymbol{x}_n\boldsymbol{x}_n^{\mathrm{H}} \tag{6-149}$$

(2) 求$\hat{\boldsymbol{R}}(m)$的特征值分解,得$\lambda_1,\lambda_2,\cdots,\lambda_{p+1}$个特征值和相应的特征向量,对$\lambda_1,\lambda_2,\cdots,\lambda_{p+1}$从大到小排序,最大$M$个特征值对应的特征向量构成$\boldsymbol{V}_s$的估计,由$\hat{\boldsymbol{V}}_s$抽取$\hat{\boldsymbol{V}}_1$、$\hat{\boldsymbol{V}}_2$。

(3) 利用式(6-146)计算$\hat{\boldsymbol{\Phi}}$,求$\hat{\boldsymbol{\Phi}}$的特征值分解,得到的特征值作为$\{\alpha_1,\cdots,\alpha_M\}$的估计。

(4) 由$\alpha_i=\exp(\mathrm{j}\omega_i)$计算$\{\omega_i\}_{i=1}^{M}$的估计。

## 本章习题

1. 证明白噪声的周期图功率谱估计是无偏的。

2. 考虑随机信号$x(t)=a\cos(\Omega t+\theta)$,其中$a$为常数,$\theta$在$(0,2\pi)$上均匀分布,$\Omega$是随机变量,其概率密度$f(\Omega)$为偶函数,证明$x(t)$的功率谱密度为$\pi a^2 f(\Omega)$。

3. 求一稳定系统,使其在单位谱密度白噪声激励下的输出自相关函数为$R_Y(m)=(0.5)^{|m|}+(-0.5)^{|m|},\quad m=0,\pm1,\pm2,\cdots$。

4. 求功率谱密度为$S_X(\omega)=\dfrac{1.09+0.6\cos\omega}{1.16+0.8\cos\omega}$的白化滤波器。

5. 设有零均值平稳序列$\{x(n),n=0,1,\cdots,N-1\}$,将其分为$K$段,每段有$M=N/K$点数据,各段的周期图为$I_M^{(i)}(\omega),i=1,2,\cdots,K$。平均周期图为$\hat{P}_{ss}(\omega)=\dfrac{1}{K}\sum\limits_{i=1}^{K}I_M^{(i)}(\omega)$。试证明:如果当$m>M$时,$r_{ss}(m)$很小,因而各周期图可认为是彼此独立的,则$E[\hat{P}_{ss}(\omega)]=\sum\limits_{s=-\infty}^{\infty}r_{ss}(s)\omega(s)\mathrm{e}^{-\mathrm{j}\omega s}$。其中,$\omega(s)=\begin{cases}1-\dfrac{|s|}{M}, & |s|\leqslant M-1\\ 0, & |s|>M-1\end{cases}$,这一结果说明了什么?

6. 对于确定信号$\{x(n)\}$,也可以使用线性预测,$N$阶线性预测定义为$\hat{x}(n)=\sum\limits_{k=1}^{N}a_k x(n-k)$,预测误差能量为$\sum\limits_n\varepsilon^2(n)=\sum\limits_n[x(n)-\hat{x}(n)]^2$。试证明,若$-\infty\leqslant n\leqslant\infty$,则最小二乘估计$\{a_i\}$满足Yule-Walker方程,但其中$r(m)\overset{\det}{=}\sum\limits_{n=-\infty}^{\infty}x(n)x(n-m)$,且$r(m)=r(-m)$。

7. 试证明对AR($p$)模型,$p$阶线性预测和无穷阶线性预测有相同的误差。这一结论说明实际应用中使用更复杂的模型并不一定会带来更精确的估计。

8. 根据线性预测的正交性原理,证明式(6-74)成立。

$$\Delta_{p+1}=E\{e_p^{\mathrm{f}}(n)[e_p^{\mathrm{b}}(n-1)]^*\}$$

9. 用二阶 AR 模型谱估计器对一纯正弦波信号做谱估计，求得的谱峰位置在归一化频率为 $f=0.167$ 处，试求 AR 模型参数。

10. 设自相关函数 $r_{ss}(k)=\rho^k$，$k=0,1,2,3$，信号模型为 AR(3)模型，分别用 Yule-Walker 方程直接求解和用 Levinson 递推求解模型参数，结果是否一样？

11. 设 $N=5$ 的数据记录为 $x_0=1, x_1=2, x_2=3, x_3=4, x_4=5$，AR 模型的阶数 $p=3$，试用 Burg 法求 AR 模型参量及 $x_4$ 的预测值 $\hat{x}_4$。

12. 二维频率估计问题模型如下：

$$x_{m,n}(k)=\sum_{i=1}^{L} s_i(k)\mathrm{e}^{\mathrm{j}(\omega_i n+\mu_i m)}+v_{m,n}(k)$$

其中 $v_{m,n}(k)$ 为零均值高斯白噪声且与 $s_i(k)$ 不相关，$n=1,2,\cdots,N$，$m=1,2,\cdots,M$，定义向量

$$\boldsymbol{x}(k)=[x_{1,1}(k),\cdots,x_{1,N}(k),x_{2,1}(k),\cdots,x_{2,N}(k),\cdots,x_{M,1}(k),\cdots,x_{M,N}(k)]^{\mathrm{T}}$$

及其自相关矩阵为 $\boldsymbol{R}_{xx}=E[\boldsymbol{x}(k)\boldsymbol{x}^{\mathrm{H}}(k)]$，求其自相关矩阵的表达式。

# 附录 A APPENDIX A 随机信号处理的 MATLAB 仿真实例

## A.1 最大似然估计与 CRB

考虑如下的单频频率估计问题：

$$x(n)=\cos(2\pi f_0 n)+u(n) \tag{A-1}$$

其中，$f_0$ 为待估计参数，$u(n)$是高斯白噪声，方差为 $\sigma_u^2$。假设有 $N$ 个样本，记为 $x(0),\cdots,x(N-1)$。产生该信号的代码如下：

```
%%%%%%%%%%%%%%%%%%%%%% 产生所需的信号模型 %%%%%%%%%%%%%%%%%%%%%%%%%%%%%%%%
s0 = cos( 2 * pi * f * (0:N - 1));
s = awgn(s0,SNR,'measured');
```

这里利用高斯白噪声信道 awgn()实现加噪效果，SNR 为信噪比，具体定义为

$$\mathrm{SNR(dB)}=10\lg\frac{E_s}{\sigma_u^2} \tag{A-2}$$

其中，$E_s$ 是目标信号能量。接下来考虑最大似然估计算法的 MATLAB 代码。样本的对数联合似然函数为

$$\ln p(x(0),\cdots,x(N-1)\mid f_0)=-\frac{N}{2}\ln(2\pi\sigma_u^2)-\frac{1}{2\sigma_u^2}\sum_{n=0}^{N-1}(x(n)-\cos(2\pi f_0 n))^2 \tag{A-3}$$

最大似然估计问题可转换为单变量无约束最小化问题，即

$$\begin{aligned}&\min_{f_0} C(f_0)\\ &C(f_0)=\sum_{n=0}^{N-1}(x(n)-\cos(2\pi f_0 n))^2\end{aligned} \tag{A-4}$$

该最小化问题可以用 MATLAB 函数 fminunc()求解。默认采用拟牛顿法求解，对初始值设置比较敏感。对频率估计问题，一般对接收信号做离散傅里叶变换，取幅度最大的频点作为频率估计的初始值，具体代码如下：

```
%%%%%%%%%%%%%%%%%%%%%%%% 无约束最小化问题求解 %%%%%%%%%%%%%%%%%%%%%%%%%%%%%
S = fft(s,M);                        % 求解离散傅里叶变换
[vtmp ind] = sort(abs(S(1:M/2)));    % 根据绝对值进行排序
est_f0 = (ind(end) - 1)/M;           % 取最大绝对值的频点计算归一化频率
```

```
est_f = fminunc(@(x)sum((s - cos( 2 * pi * x * (0:N - 1))) .^2)', est_f0);
                                          % 利用 fminunc 函数求解最优值
```

其中,$M$ 表示离散傅里叶变换的长度,要求 $M \geqslant N$。离散傅里叶变换得到归一化频谱 $f \in [0,1]$,根据周期性,其中 $f \in [0.5,1]$频段等价于负频率频段 $f \in [-0.5,0]$,对实信号可只考虑正频率频段。因此以上代码在搜索初始频点时只考虑正频率频段 $f \in [0,0.5]$。

下面分析 CRB 的理论计算,记对数联合似然函数为 $\ln p(x|f_0)$,得到

$$\frac{\partial \ln p(x \mid f_0)}{\partial f_0} = -\frac{2\pi}{\sigma_u^2}\sum_{n=0}^{N-1} n\left(x(n)\sin(2\pi f_0 n) - \frac{1}{2}\sin(4\pi f_0 n)\right) \tag{A-5}$$

$$\frac{\partial^2 \ln p(x \mid f_0)}{\partial f_0^2} = -\frac{(2\pi)^2}{\sigma_u^2}\sum_{n=0}^{N-1} n^2[x(n)\cos(2\pi f_0 n) - \cos(4\pi f_0 n)] \tag{A-6}$$

基于加性高斯白噪声的特性,有

$$\begin{aligned} E\left[\frac{\partial^2 \ln p(x \mid f_0)}{\partial f_0^2}\right] &= -\frac{(2\pi)^2}{\sigma_u^2}\sum_{n=0}^{N-1} n^2[\cos^2(2\pi f_0 n) - \cos(4\pi f_0 n)] \\ &= -\frac{(2\pi)^2}{2\sigma_u^2}\sum_{n=0}^{N-1} n^2[1 - 2\cos(4\pi f_0 n)] \\ &= -\frac{(2\pi)^2}{2\sigma_u^2} \cdot \frac{n(n+1)(2n+1)}{6} \end{aligned} \tag{A-7}$$

得到频率估计的 CRB 为

$$\mathrm{CRB} = \frac{2\sigma_u^2}{(2\pi)^2} \cdot \frac{6}{n(n+1)(2n+1)} \tag{A-8}$$

从给定的信噪比(以 dB 为单位)和样本数量出发计算 CRB 的 MATLAB 代码如下:

```
%%%%%%%%%%%%%%%%%%%%%%%%%%%%%% CRB 计算 %%%%%%%%%%%%%%%%%%%%%%%%%%%%%%%
sn_ratio = (10.^(snr/10));                  % 由对数信噪比定义计算自然信噪比
P_noise = 0.5./sn_ratio;                    % 计算噪声功率,其中 0.5 为信号功率
CRB = P_noise. * 12./(N. * (N+1). * (2 * N+1)) * (1/(2 * pi))^2;      % 基于式(A-8)
```

仿真中根据多次试验的结果计算均方误差,并与 CRB 进行比较,得到均方误差随信噪比和样本数量的变化情况,如图 A-1 及图 A-2 所示,其中也给出不同离散傅里叶变换长度

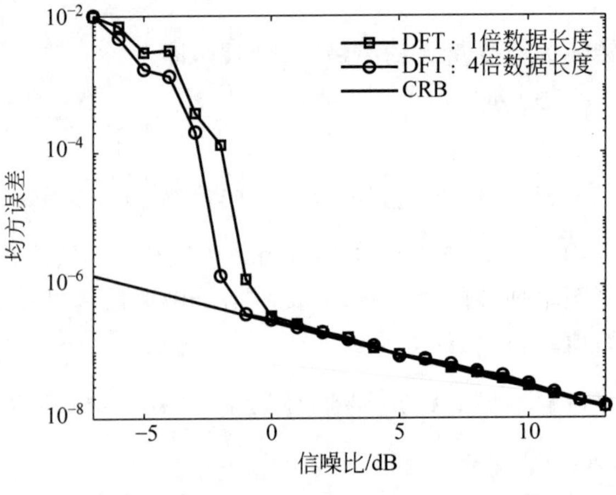


图 A-1 仿真结果——均方误差及 CRB 随信噪比的变化情况(样本点数为 64)

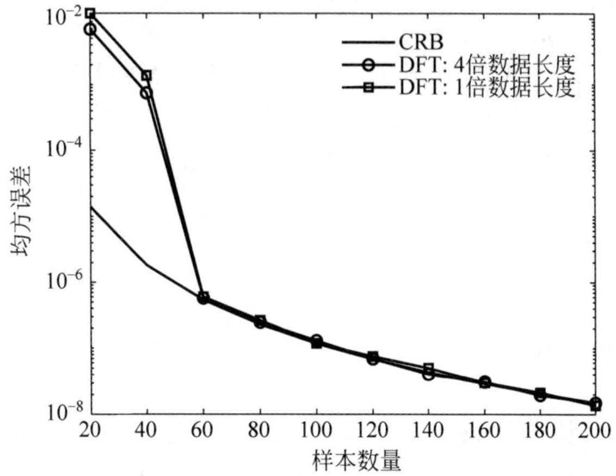


图 A-2 仿真结果——均方误差及 CRB 随样本数量的变化情况(信噪比为 0dB)

对性能的影响,可以看到较大的傅里叶变换长度有较好的性能,这是因为这时频率域的分辨率较高,有助于得到更准确的初始值。同时可以看到在较高信噪比和样本数量较多的场景,最大似然算法达到 CRB,但在低信噪比的情况下和 CRB 有较大差距,并且存在较明显的突变点,这一现象称为最大似然方法的拐点,如何优化估计算法在极低信噪比的情况下的性能目前仍然是学术界的一个公开问题。

实现最大似然频率估计算法和 CRB 理论计算的完整代码如下:

```
%%%%%%%%%%%%%%%%%% 单频频率估计的最大似然方法及 CRB 计算 %%%%%%%%%%%%%%%%%%
clear
MC = 500                                % 仿真中独立试验的次数
N = 64                                  % 样本数量
M = N * 4;                              % 离散傅里叶变换的长度
f = 0.2;
s0 = cos(2 * pi * f * (0:N - 1));       % 单频信号

% 最大似然算法
for mc = 1:MC
    for noi = 1:21
        SNR = noi - 8;                  % 期望的信噪比数值
        s = awgn(s0,SNR,'measured');    % 加噪声后的信号
        S = fft(s,M);
        [vtmp ind] = sort(abs(S(1:M/2)));

        est_f0 = (ind(end) - 1)/M;
        est_f = fminunc(@(x)sum((s - cos( 2 * pi * x * (0:N - 1))) .^2)', est_f0);
        err1(mc,noi) = (f - est_f)^2;
    end
end
% CRB 计算
snr = - 7:13;
N = 64;
```

```
sn_ratio = (10.^(snr/10));
P_noise = 0.5./sn_ratio;
CRB = P_noise. * 12./(N. * (N + 1). * (2 * N + 1)) * (1/(2 * pi))^2;

% 可视化输出
semilogy(snr,CRB);
hold on
semilogy(snr,mean(err1));
```

## A.2 Wiener 滤波

考查 Wiener 滤波在降噪滤波方面的 MATLAB 仿真,考虑第 5 章例 5-2 的问题。

**问题**:已知 $x(n)=s(n)+w(n)$,其中信号 $s(n)$是 AR(1)过程:$s(n)=0.8s(n-1)+u(n)$,$u(n)$是 $N(0,\ 0.36)$的白噪声,$w(n)$是 $N(0,\ 1)$,设计因果 FIR 和 IIR Wiener 滤波器估计 $s(n)$。

上述问题中 $s(n)$可以认为是具体取值未知,但统计模型(均值、自相关)已知的平稳信号,在传输过程中受到噪声干扰,现在需要在接收端设计一个滤波器消除噪声影响。仿真的第一步是产生 AR(1)模型信号。代码如下:

```
%%%%%%%%%%%%%%%%%%%%%%%%% 产生 AR(1)模型信号 %%%%%%%%%%%%%%%%%%%%%%%%%%
u_n = (randi(2,[1,N]) * 2 - 3) * sqrt(sigma_u);
s_n = filter(1,[1 -a],u_n);
```

AR(1)模型信号可以看成白噪声 $u(n)$激励线性系统的输出。注意白噪声是从统计特征出发的定义,可以有不同的概率分布,这里用简单的$\{-1,+1\}$等概分布。经计算可得 $s(n)$、$w(n)$、$x(n)$的自相关函数为

$$R_w(m)=\delta(m) \tag{A-9}$$

$$R_s(m)=\frac{1}{1-a^2}a^{|m|} \quad (a=0.8) \tag{A-10}$$

$$R_x(m)=R_s(m)+R_w(m) \tag{A-11}$$

考虑二阶 FIR Wiener 滤波器。根据式(5-18),该 Wiener 滤波器可以用式(A-12)计算。

$$\begin{bmatrix} h(0) \\ h(1) \\ h(2) \end{bmatrix} = \begin{bmatrix} R_x(0) & R_x(1) & R_x(2) \\ R_x(1) & R_x(0) & R_x(1) \\ R_x(2) & R_x(1) & R_x(0) \end{bmatrix}^{-1} \begin{bmatrix} R_s(0) \\ R_s(1) \\ R_s(2) \end{bmatrix} \tag{A-12}$$

具体代码如下,其中用 MATLAB 函数 filter()实现滤波。

```
%%%%%%%%%%%%%%%%%%%%%%%%%% FIR 维纳滤波器 %%%%%%%%%%%%%%%%%%%%%%%%%%%
h_m = inv(Rx) * Rs_m';
y_n = filter(h_m,1, x_n);
```

对因果 IIR 滤波器,直接使用第 5 章式(5-47)的结果。图 A-3、图 A-4 分别给出了 FIR Wiener 滤波器和 IIR Wiener 滤波器的滤波效果。可以看到干扰明显的点,如图 A-3 圈内部分,滤波器有良好的去噪效果,并且总体而言 IIR Wiener 滤波器优于 FIR Wiener 滤波

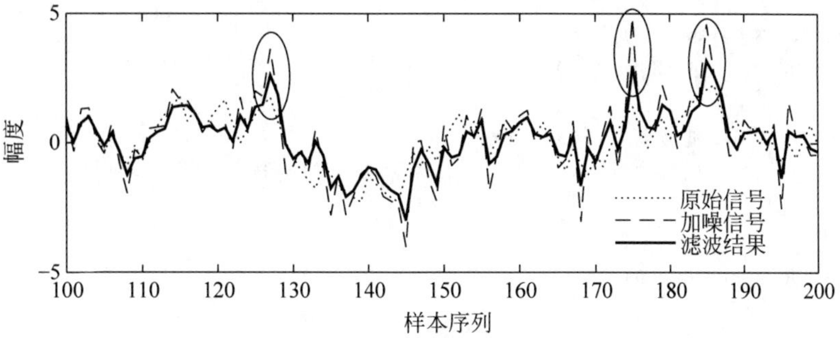


图 A-3　因果 FIR Wiener 滤波器的降噪滤波效果

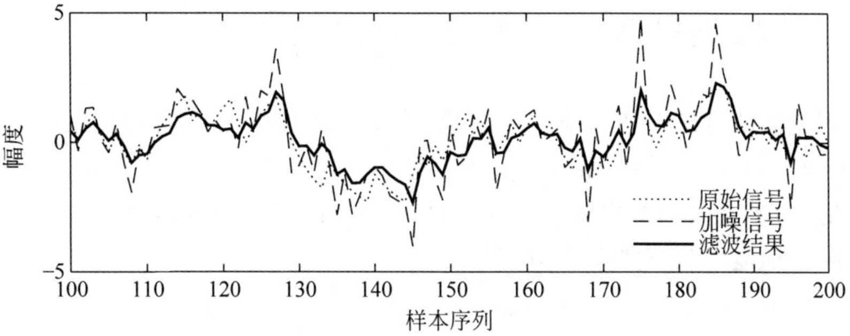


图 A-4　因果 IIR Wiener 滤波器的降噪滤波效果

器。两种滤波器的完整实现代码如下。

```
%%%%%%%%%%%%%%%%%%%%%%%%%%%%%%%% 维纳滤波器 %%%%%%%%%%%%%%%%%%%%%%%%%%%%%%%%
Clear
N = 200;
a = 0.8;
sigma_u = 0.36;
u_n = (randi(2,[1,N]) * 2 - 3) * sqrt(sigma_u);
s_n = filter(1,[1 - a],u_n);
sigma_w = 1;
w_n = randn(1,N) * sqrt(sigma_w);

x_n = s_n + w_n;                            % 获得信号样本

%%%%%% FIR 维纳滤波器 %%%%%%%%%
L = 3;                                      % 定义滤波器长度
Rs_m = (1/(1 - a^2)) * a.^(0:L - 1);        % s(n)自相关函数
Rw_m = sigma_w * [1, zeros(1,L - 1)];       % w(n)自相关函数
Rx_m = Rs_m + Rw_m;                         % x(n)自相关函数
Rx = toeplitz(Rx_m,Rx_m);
h_m = inv(Rx) * Rs_m';                      % FIR Wiener 滤波器系数计算

y_n = filter(h_m,1, x_n);                   % FIR Wiener 滤波器输出
% 可视化输出
plot(100:200,s_n(100:200),':')
```

```
hold on
plot(100:200,x_n(100:200),'--')
plot(100:200,y_n(100:200),'-')

%%%%%% IIR Wiener 滤波器 %%%%%%%%%
y_n2 = filter(0.375,[1, - 0.5], x_n); % IIR Wiener 滤波器输出

% 可视化输出
plot(100:200,s_n(100:200),':')
hold on
plot(100:200,x_n(100:200),'--')
plot(100:200,y_n2(100:200),'-')
```

## A.3 卡尔曼滤波

采用卡尔曼滤波处理上述降噪滤波问题，首先考察标量卡尔曼滤波问题。

**问题**：已知 $x(n)=s(n)+w(n)$，其中信号 $s(n)$ 是 AR(1)过程：$s(n)=0.8s(n-1)+u(n)$，$u(n)$ 是 $N(0,\ 0.36)$ 的白噪声，$w(n)$ 是 $N(0,\ 1)$，设计卡尔曼滤波器估计 $s(n)$。

首先把问题描述为状态空间模型，即

$$\begin{aligned} s(n) &= a \cdot s(n-1)+u(n) \\ x(n) &= s(n)+w(n) \end{aligned} \tag{A-13}$$

迭代计算中需要设置状态空间初始值和预测误差的初始值，记为 $\hat{s}_0$、$C_0$。这里采用 MATLAB 仿真环境的计数方式，认为有效样本的计数从 1 开始。从初始值出发，每个时刻点 $n=1,2,\cdots$ 的迭代计算公式如下：

(1) 预测

$$\hat{s}_{n|n-1}=a\hat{s}_{n-1} \tag{A-14}$$

(2) 预测误差更新

$$C_{n|n-1}=a^2C_{n-1}+\sigma_u^2 \tag{A-15}$$

(3) 计算卡尔曼增益

$$K_n=C_{n|n-1}/(C_{n|n-1}+\sigma_w^2) \tag{A-16}$$

(4) 更新状态估计

$$\hat{s}_n=\hat{s}_{n|n-1}+K_n(x_n-\hat{s}_{n|n-1}) \tag{A-17}$$

(5) 更新预测误差的协方差估计

$$C_n=(1-K_n)C_{n|n-1} \tag{A-18}$$

对应的核心代码如下，其中 s0、C0 为初始值，因为卡尔曼是迭代优化的过程，对初始值不敏感，实现过程中可以简单用 0、1 或随机数初始化。

```
%%%%%%%%%%%%%%%%%%%%% 标量卡尔曼滤波的迭代计算 %%%%%%%%%%%%%%%%%%%%%%%%%%%%%%
s_Pred = a * s0;
C_Pred = a^2 * C0 + sigma_u;
K(n) = C_Pred/(sigma_w + C_Pred);
s1(n) = s_Pred + K(n) * (x_n(n) - s_Pred);
C1 = (1 - K(n)) * C_Pred;
```

图 A-5 给出标量卡尔曼降噪滤波的滤波效果，可以看到在噪声较明显的尖锐突变点有显著的降噪性能。

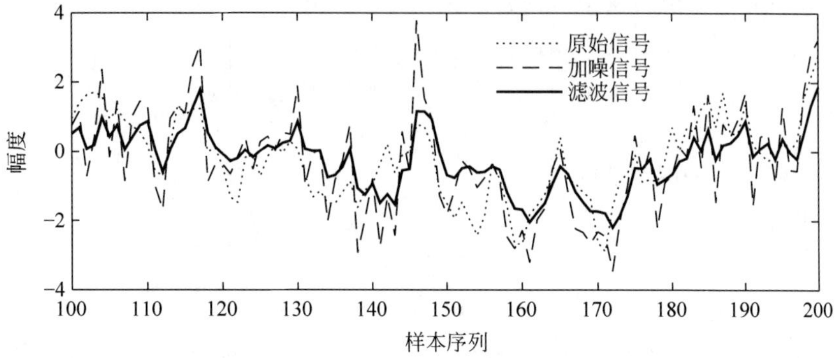


图 A-5 标量卡尔曼降噪滤波的滤波效果

对应的完整代码如下。

```
%%%%%%%%%%%%%%%%%%%%%%%%% 标量卡尔曼滤波 %%%%%%%%%%%%%%%%%%%%%%%%%%%%%%
clear
N = 200;                                    % 定义样本数量
a = 0.8;                                    % 定义模型系数
sigma_u = 0.36;                             % u(n)方差
u_n = randn(1,N) * sqrt(sigma_u);           % 符合 - 1, + 1 等概分布的零均值过程
s_n = filter(1,[1 - a],u_n);                % 产生 AR(1)模型信号
sigma_w = 1;                                % w(n)方差
w_n = randn(1,N) * sqrt(sigma_w);           % 高斯白噪声
x_n = s_n + w_n;                            % 观测信号模型

s0 = 0;                                     % 状态估计初始值
C0 = 1;                                     % 预测误差初始值

for n = 1:N                                 % 从有效样本开始迭代计算
    s_Pred = a * s0;                        % 预测
    C_Pred = a^2 * C0 + sigma_u;            % 预测误差更新
    K(n) = C_Pred/(sigma_w + C_Pred);       % 卡尔曼增益
    s1(n) = s_Pred + K(n) * (x_n(n) - s_Pred); % 更新状态预测
    C1 = (1 - K(n)) * C_Pred;               % 更新预测误差
    s0 = s1(n);                             % 把当前结果作为下一次
    C0 = C1;                                % 迭代计算的初始值
end
% 可视化展示
plot(100:200,s_n(100:200),'k:')
hold on
plot(100:200,x_n(100:200),'k -- ')
plot(100:200,s1(100:200),'k - ')
```

接下来将上述的标量卡尔曼滤波拓展到矢量卡尔曼滤波，考虑 AR(2)模型信号如下的降噪滤波问题。

**问题**：已知 $x(n)=s(n)+w(n)$，其中信号 $s(n)$是 AR(2)过程：$s(n)=0.8s(n-1)-$

$0.5s(n-2)+u(n)$,$u(n)$是$N(0,\ 0.36)$的白噪声,$w(n)$是$N(0,\ 0.6)$,设计卡尔曼滤波器估计$s(n)$。

将问题转换为状态空间模型,得到

$$\begin{bmatrix} s(n) \\ s(n-1) \end{bmatrix} = \begin{bmatrix} a_1 & a_2 \\ 1 & 0 \end{bmatrix} \cdot \begin{bmatrix} s(n-1) \\ s(n-2) \end{bmatrix} + \begin{bmatrix} 1 \\ 0 \end{bmatrix} u(n)$$
$$\begin{bmatrix} x(n) \\ x(n-1) \end{bmatrix} = \begin{bmatrix} 1 & 0 \\ 0 & 1 \end{bmatrix} \begin{bmatrix} s(n) \\ s(n-1) \end{bmatrix} + \begin{bmatrix} w(n) \\ w(n-1) \end{bmatrix} \tag{A-19}$$

用矢量的形式描述为

$$\boldsymbol{s}_n = \boldsymbol{A}\boldsymbol{s}_{n-1} + \boldsymbol{g}u_n$$
$$\boldsymbol{x}_n = \boldsymbol{s}_n + \boldsymbol{w}_n \tag{A-20}$$

利用标量卡尔曼算法类似的策略初始化$s(-1)$,得到完整的矢量初始化状态为$\hat{\boldsymbol{s}}_0 = [s(0), s(-1)]^{\mathrm{T}}$。预测误差协方差矩阵一般用单位矩阵初始化,记为$\boldsymbol{C}_0 = \boldsymbol{I}_{2\times 2}$。每个时刻点$n=1,2,\cdots$的迭代计算如下:

(1) 预测

$$\hat{\boldsymbol{s}}_{n|n-1} = \boldsymbol{A}\hat{\boldsymbol{s}}_{n-1} \tag{A-21}$$

(2) 预测误差表示为$\boldsymbol{e}_{n|n-1} = \boldsymbol{s}_n - \hat{\boldsymbol{s}}_{n|n-1} = \boldsymbol{A}(\boldsymbol{s}_{n-1} - \hat{\boldsymbol{s}}_{n-1}) + \boldsymbol{g}u_n = \boldsymbol{A}\boldsymbol{e}_{n-1} + \boldsymbol{g}u_n$,因为噪声符合零均值独立同分布,状态预测的误差协方差矩阵为

$$\boldsymbol{C}_{n|n-1} = \boldsymbol{A}\boldsymbol{C}_{n-1}\boldsymbol{A}^{\mathrm{T}} + \sigma_u^2 \boldsymbol{g}\boldsymbol{g}^{\mathrm{T}} \tag{A-22}$$

(3) 计算卡尔曼增益

$$\boldsymbol{K}_n = \boldsymbol{C}_{n|n-1}(\boldsymbol{C}_{n|n-1} + \sigma_w^2 \boldsymbol{I}) \tag{A-23}$$

(4) 更新状态估计

$$\hat{\boldsymbol{s}}_n = \hat{\boldsymbol{s}}_{n|n-1} + \boldsymbol{K}_n(\boldsymbol{x}_n - \hat{\boldsymbol{s}}_{n|n-1}) \tag{A-24}$$

(5) 更新预测误差的协方差矩阵

$$\boldsymbol{C}_n = (\boldsymbol{I} - \boldsymbol{K}_n)\boldsymbol{C}_{n1|n-1} \tag{A-25}$$

图 A-6 给出矢量卡尔曼降噪滤波的滤波效果,特别要指出的是,虽然卡尔曼滤波需要知道噪声的方差,但算法本身对噪声方差估计的准确度不敏感。图 A-7 给出一个例子,其中假设对加性噪声的估计出现误差。可以看到即使在噪声方差估计出现明显偏差时,仍有良好的滤波降噪效果。

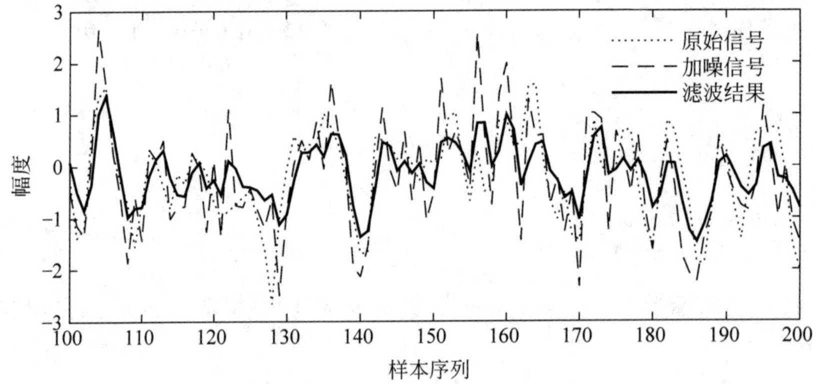


图 A-6 矢量卡尔曼降噪滤波的滤波效果

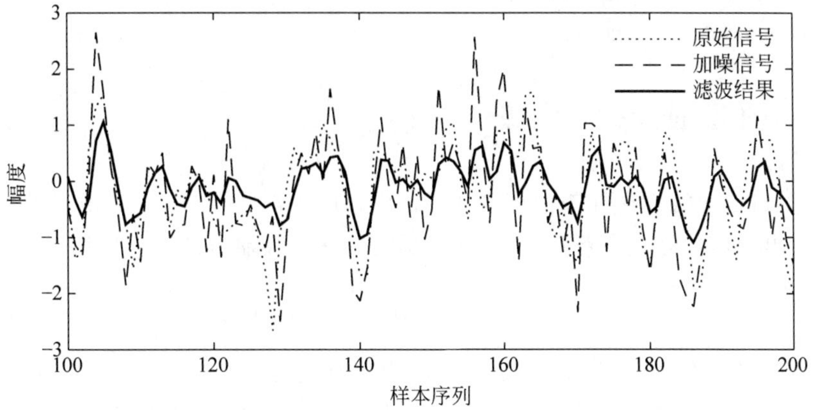


图 A-7 噪声方差估计不准确($\hat{\sigma}_w^2=1.2$)时矢量卡尔曼降噪滤波的滤波效果

代码如下：

```
%%%%%%%%%%%%%%%%%%%%%%%%%%%%%矢量卡尔曼滤波%%%%%%%%%%%%%%%%%%%%%%%%%%%%%%%%%
clear
N = 200;                                      % 定义样本数量
a = [0.8, -0.5];                              % AR(2)模型参数
sigma_u = 0.36;
u_n = randn(1,N) * sqrt(sigma_u);
s_n = filter(1,[1 -a],u_n);                   % 产生 AR(2)模型信号
sigma_w = 0.6;
w_n = randn(1,N) * sqrt(sigma_w);
x_n = s_n + w_n;                              % 产生观测样本

A = [a(1), a(2); 1, 0];                       % 状态空间参数矩阵
G = [1; 0];                                   % 状态空间参数矩阵

s0 = [x_n(1); rand];                          % 状态空间初始值
C0 = eye(2);                                  % 预测误差协方差矩阵初始值

for n = 2:N
    x1 = [x_n(n);x_n(n-1)];                   % 提取样本矢量
    s_Pred = A * s0;                          % 状态空间预测
    C_Pred = A * C0 * A' + sigma_u * G * G';  % 更新预测误差协方差
    K = inv(sigma_w * eye(2) + C_Pred) * C_Pred;  % 卡尔曼增益
    s1 = s_Pred + K * (x_n(n) - s_Pred);      % 更新状态估计
    est_s(n) = s1(end);
    C1 = (1-K) * C_Pred;                      % 更新协方差矩阵
    s0 = s1;
    C0 = C1;
end
% 可视化输出
plot(100:200,s_n(100:200),'k:')
hold on
```

```
plot(100:200,x_n(100:200),'k--')
plot(100:200,est_s(100:200),'k-')
```

## A.4 自适应信道均衡

这里考察自适应滤波在抑制信道多径干扰中的应用，在无线通信中，由于发射信号的存在，信号源发出的信号经过多条路径，以不同延时到达接收端，接收信号可表示为

$$x(n)=\sum_{l=0}^{L}h(l)s(n-l)+v(n) \tag{A-26}$$

其中，信号 $s(n)$表示发送信号，$h(n)$表示信道冲激响应，其中 $L$ 是信道多径数量。$v(n)$代表信道加性噪声。信道均衡器的作用是从 $x(n)$恢复 $s(n)$，一般采用 FIR 结构，令 $w(n)$表示均衡器，均衡器的输出可表示为

$$\hat{s}(n)=\sum_{k=0}^{K-1}w^*(k)x(n-k) \tag{A-27}$$

其中，$K$ 表示均衡器长度。通信系统中发送信号 $s(n)$一般是经过星座图映射后的复数信号，因此均衡器也是复信号。基于式(A-27)，把时刻 $n$ 的均衡器输出及其对应的误差表示为

$$\hat{s}(n)=\boldsymbol{w}^{\mathrm{H}}\boldsymbol{x}_n \tag{A-28}$$

$$e(n)=s(n)-\hat{s}(n)=s(n)-\boldsymbol{w}^{\mathrm{H}}\boldsymbol{x}_n \tag{A-29}$$

首先考虑将第 5 章的实数 LMS 算法扩展到复数 LMS 算法。根据 LMS 算法原则，梯度的方向基于瞬时误差，定义目标函数 $J(\boldsymbol{w})=|e(n)|^2=e(n)e^*(n)$。均衡器的更新可以将实部、虚部分开进行。

$$\boldsymbol{w}_{n+1}^{\mathrm{RE}}=\boldsymbol{w}_n^{\mathrm{RE}}-\mu\frac{\partial J(\boldsymbol{w}_n)}{\partial \boldsymbol{w}_n^{\mathrm{RE}}} \tag{A-30}$$

$$\boldsymbol{w}_{n+1}^{\mathrm{IM}}=\boldsymbol{w}_n^{\mathrm{IM}}-\mu\frac{\partial J(\boldsymbol{w}_n)}{\partial \boldsymbol{w}_n^{\mathrm{IM}}} \tag{A-31}$$

其中，$\mu$ 为步长。$\boldsymbol{w}_n^{\mathrm{RE}}$，$\boldsymbol{w}_n^{\mathrm{IM}}$ 分别表示第 $n$ 时刻均衡器的实部和虚部。根据式(3-98)复变函数导数的定义，实部、虚部的更新可以结合如下表达式。

$$\boldsymbol{w}_{n+1}=\boldsymbol{w}_n-2\mu\frac{\partial J(\boldsymbol{w}_n)}{\partial \boldsymbol{w}_n^*} \tag{A-32}$$

根据式(3-105)，易得$\partial J(\boldsymbol{w}_n)/\partial \boldsymbol{w}_n^*=-e^*(n)x(n)$，得到最终的迭代公式为

$$\boldsymbol{w}_{n+1}=\boldsymbol{w}_n+2\mu e^*(n)x(n) \tag{A-33}$$

对应的迭代更新代码如下所示。modData(k)是发送端的已调制信号，接收端在自适应均衡器的迭代计算中需要已知部分发送信号作为训练序列。在训练序列结束后，接收端可以用后续恢复出来的符号序列补充训练序列，这种做法称为判决反馈。在代码实现中，去掉常数 2，将其结合到步长设置中。

```
%%%%%%%%%%%%%%%%%%%%%%%%%%%%%% LMS 迭代算法 %%%%%%%%%%%%%%%%%%%%%%%%%%%%%%
    e = modData(k) - W' * X;
    W = W + u * e' * X;
```

接下来考虑复数 RLS 算法的实现。和式(5-167)类似，基于复数信号的自相关矩阵、互相互函数定义，易知在第 $n$ 时刻均衡器 $\boldsymbol{w}_n$ 是以下线性方程的解。

$$\boldsymbol{R}_n \boldsymbol{w}_n = \boldsymbol{c}_n \tag{A-34}$$

其中

$$\boldsymbol{R}_n = \sum_{j=0}^{n} \lambda^{n-j} \boldsymbol{x}_j \boldsymbol{x}_j^{\mathrm{H}} \tag{A-35}$$

$$\boldsymbol{c}_n = \sum_{j=0}^{n} \lambda^{n-j} \boldsymbol{s}^*(n) \boldsymbol{x}_j \tag{A-36}$$

和式(5-145)～式(5-149)的推导相似，得到复数 RLS 递推公式为

$$\boldsymbol{w}_n = \boldsymbol{w}_{n-1} + e^*(n) \boldsymbol{R}_n^{-1} \boldsymbol{x}_n \tag{A-37}$$

对于复数矩阵，式(5-152)的迭代计算公式仍然适用(其中矩阵转置操作需用共轭转置代替)，定义 $\boldsymbol{P}_n = \boldsymbol{R}_n^{-1}$，可得到如下迭代计算公式

$$\boldsymbol{P}_n = \lambda \boldsymbol{P}_{n-1} - \frac{\lambda^{-1} \boldsymbol{P}_{n-1} \boldsymbol{x}_n \boldsymbol{x}_n^{\mathrm{H}} \boldsymbol{P}_{n-1}^{\mathrm{H}} \lambda^{-1}}{1 + \lambda^{-1} \boldsymbol{x}_n^{\mathrm{H}} \boldsymbol{P}_{n-1} \boldsymbol{x}_n} \tag{A-38}$$

对应的迭代更新代码如下所示。其中，v 表示遗忘因子。

```
%%%%%%%%%%%%%%%%%%%%%%%%%%%% RLS 迭代算法 %%%%%%%%%%%%%%%%%%%%%%%%%%%%%
    e = modData(k) - W_rls' * X;
    P = v * P - (1/v * P * X * X' * P' * 1/v)/(1 + 1/v * X' * P * X);
    W_rls = W_rls + e' * P * X;
```

图 A-8 给出了迭代步长分别为 0.001、0.002 时，LMS 自适应均衡器输出误差的收敛曲线，可以看到步长较小时，收敛速度较慢，但稳态误差较低。步长变大后，收敛速度变快，但稳态误差变大。图 A-9 给出了不同遗忘因子下 RLS 算法的收敛曲线，可以看到遗忘因子较大时，收敛速度较慢，但稳态误差较低。遗忘因子变小后，收敛速度变快，但稳态误差变大。比较 LMS 算法和 RLS 算法，可以看到 RLS 算法的收敛速度显著快于 LMS 算法。两

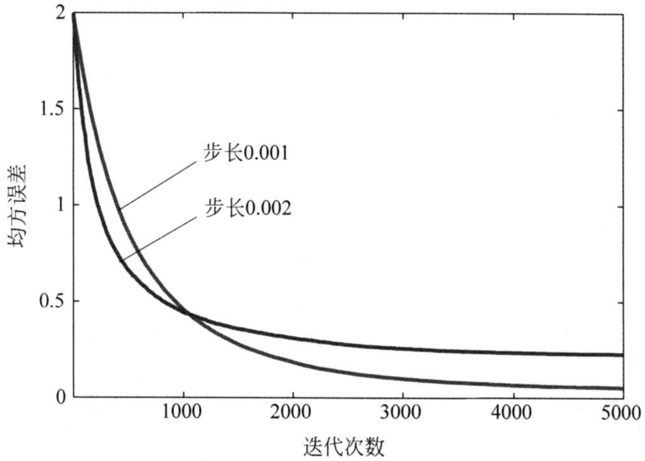


图 A-8 LMS 算法在不同迭代步长下的收敛曲线

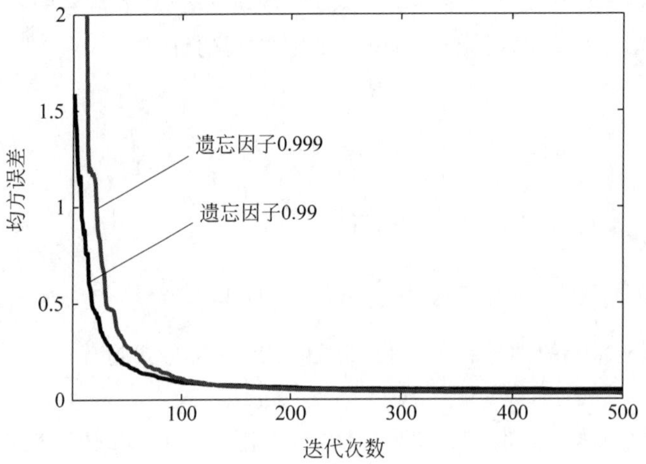


图 A-9 RLS算法在不同遗忘因子下的收敛曲线

种算法的 MATLAB 代码如下。

```
%%%%%%%%%%%%%%%%%%%%%%%%%% LMS/RLS 迭代算法 %%%%%%%%%%%%%%%%%%%%%%%%%%
clear
c = [ -1-1i 1-1i 1+1i -1+1i ];                      % 定义符号调制星座图
M = length(c);                                       % 星座图点数
L = 5000;
data = randi([0 M-1],L,1);                           % 产生用于调制的 M 进制序列

modData = genqammod(data,c);                         % 调制

rayChan = comm.RayleighChannel('SampleRate',100000,'MaximumDopplerShift',0,...
    'PathDelays',[0 1.0e-5 3.0e-5],'AveragePathGains',[0, -4, -100]);
                                                     % 产生瑞利信道模型
y = step(rayChan,modData);                           % 调制信号经过瑞利多径信道
rxSig = awgn(y,20,'measured');                       % 叠加信道加性噪声

% LMS 算法初始化
N = 6;                                               % 均衡器长度
u = 0.001;                                           % 步长
W = zeros(N,1);                                      % 均衡器初始值

% LMS 算法迭代
for k = N:1:L
    X = rxSig(k:-1:k-N+1);                           % 取样本矢量
    e = modData(k) - W' * X;                         % 计算误差信号
    W = W + u * e' * X;                              % 均衡器系数更新

    output = filter(W',[1],rxSig);                   % 计算均衡器输出
    tem = output - modData;                          % 均衡器输出于期望信号的误差信号
    mse(k) = tem' * tem/length(tem);                 % 计算平均误差
end
plot(mse(N:end));                                    % 画收敛曲线
```

```
hold on

% RLS 算法初始化
v = 0.9999;                                   % 遗忘因子
W_rls = ones(N,1);                            % 均衡器初始值
P = eye(N);                                   % 误差协方差矩阵初始值

% RLS 迭代
for k = N:1:L
    X = rxSig(k: - 1:k - N + 1);              % 取样本矢量
    e = modData(k) - W_rls' * X;              % 计算误差信号
    P = (1/v) * P - (1/v * P * X * X' * P' * 1/v)/(1 + 1/v * X' * P * X);
    W_rls = W_rls + e' * P * X/(v + X' * P * X);    % 均衡器系数更新

    output = filter(W_rls',[1],rxSig);        % 计算均衡器输出
    tem = output - modData;                   % 均衡器输出于期望信号的误差信号
    mse2(k) = tem' * tem/length(tem);         % 计算平均误差
end
plot(mse2(N:end));                            % 画收敛曲线
```

## A.5 功率谱估计

考虑如下复数多频频率信号：

$$x(n)=\sum_{k=1}^{K}A_k\mathrm{e}^{\mathrm{j}(2\pi f_k+\varphi_k)}+w(n) \tag{A-39}$$

其中，$K$ 表示信号数量，$A_k$、$f_k$、$\varphi_k$ 分别表示第 $k$ 个信号的幅度、频率和相位，$w(n)$为复高斯白噪声。

这里考虑三种不同功率谱估计方法：AR 模型、MUSIC 和 ESPRIT。这些方法都以自相关矩阵为基础，首先必须从观测样本估计自相关矩阵，令 $N$ 表示样本数量，一个矢量样本记为$\boldsymbol{x}_n=[x(n),x(n+1),x(n+L-1)]^{\mathrm{T}}$，则自相关矩阵可用下式计算。

$$\boldsymbol{R}_x=\frac{1}{N-L}\sum_{n=0}^{N-L+1}\boldsymbol{x}_n\boldsymbol{x}_n^{\mathrm{H}} \tag{A-40}$$

上式在构造矢量样本时按时间递增的顺序，和第 2 章在定义自相关矩阵的时间顺序相反。特别要指出的是，两种构造方式也是可行的，但要保证在处理同一个问题时使用统一的构造方式。基于式(6-54)，可以看到在方程里面还有输入的白噪声方差，实际上这一参数不需要事先估计，可以直接用 1 代替，在计算出模型参数后再进行归一化，即

$$\boldsymbol{a}=\boldsymbol{R}_x^{-1}[1\ 0\ \cdots\ 0]^{\mathrm{T}} \tag{A-41}$$

$$\boldsymbol{a}=\boldsymbol{a}/a(1) \tag{A-42}$$

对应的 MATLAB 代码如下所示，其中，$M$ 表示 AR 模型的阶数，要事先确定，并保证 $M\leqslant L$。在估计到模型参数后可构造式(6-55)所示的目标函数。

```
%%%%%%%%%%%%%%%%%%%%%%%%%%% AR 模型法功率谱估计 %%%%%%%%%%%%%%%%%%%%%%%%%
        vtmp = inv(Rxx(1:M + 1,1:M + 1)) * [1, zeros(1,M)]';
        aa = vtmp/vtmp(1);
```

MUSIC 法的核心步骤是对自相关矩阵进行特征值分解，然后提取其中的噪声子空间。MATLAB 函数 eig()可实现特征值分解，并返回特征值和对应的特征矢量。MUSIC 法一般假设信号的数量已知，因此 $K$ 个最大特征值对应的特征矢量构成信号子空间，其他特征矢量构成噪声子空间，具体代码如下。

```
%%%%%%%%%%%%%%%%%%%%%%%%%% MUSIC 功率谱估计 %%%%%%%%%%%%%%%%%%%%%%%%%%
    [V,D] = eig(Rxx);
    Un = V(:,1:L-M); % 特征值按升序排列,前面的特征矢量对应噪声子空间
```

ESPRIT 法基于信号子空间，按式(6-144)～式(6-147)计算，具体代码如下：

```
%%%%%%%%%%%%%%%%%%%%%%%%%% ESPRIT 功率谱估计 %%%%%%%%%%%%%%%%%%%%%%%%%%
    Us = V(:,L-M+1:L); % 提取信号子空间
    Us_1 = Us(1:L-1,:);
    Us_2 = Us(2:L,:);
    vtmp = eig(inv(Us_1' * Us_1) * Us_1' * Us_2);
    Fre_Est3 = angle(vtmp)/2/pi;
```

对比三种方法，可以看到 AR 模型法和 MUSIC 法是计算出整个频谱的估计结果，而 ESPRIT 法是在已知频率信号数量的前提下直接估计的频率值。图 A-10～图 A-12 给出三种不同方法在 100 个样本、信噪比为 5dB 下 100 次独立试验的结果。完整实现代码如下。

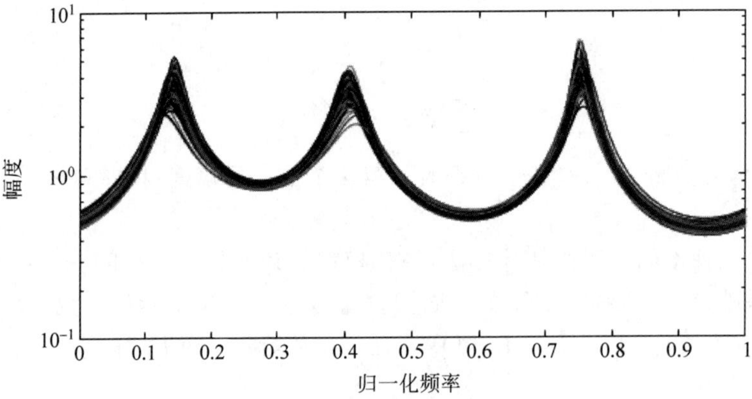


图 A-10　AR 功率谱估计 100 次独立试验的结果

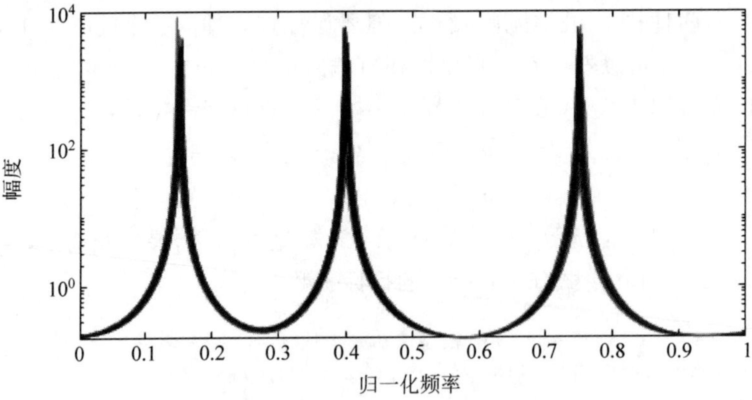


图 A-11　MUSIC 功率谱估计 100 次独立试验的结果

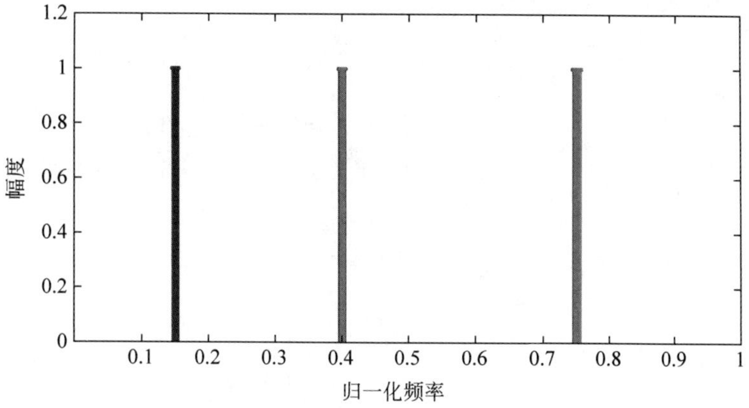


图 A-12 ESPRIT 功率谱估计 100 次独立试验的结果

```
%%%%%%%%%%%%%%%%%% AR 模型、MUSIC、ESPROT 功率谱估计 %%%%%%%%%%%%%%%%%%
clear
fre = [0.15, 0.4, 0.75];                    % 定义归一化频率值
M = length(fre);                            % 获得信号数量
L = M + 3;                                  % 定义自相关矩阵的大小
amp = ones(1,M);                            % 定义幅度
pha = zeros(1,M);                           % 定义相位

N = 100;                                    % 样本数量
MC = 100;                                   % 定义独立试验的次数
Y = zeros(1,N);
for i = 1:M
   Y = Y + amp(i) * exp(j * pha(i)) * exp(j * 2 * pi * fre(i) * (0:N - 1));
                                            % 构造多频频率信号
end
for mc = 1:MC
   for noi = 1:1
      snr = noi * 5;                        % 定义信噪比(dB)
      Z = awgn(Y, snr, 'measured');         % 叠加白噪声

      Rxx = zeros(L);
      for n = 1:N - L + 1;
         vtmp1 = Z(n:n + L - 1);
         Rxx = Rxx + conj(vtmp1' * vtmp1);
      end
      Rxx = Rxx / (N - L + 1);              % 估计自相关矩阵
      [V,D] = eig(Rxx);                     % 特征值分解

      % AR 模型法
      vtmp = inv(Rxx(1:M + 1,1:M + 1)) * [1, zeros(1,M)]';
      aa = vtmp/vtmp(1);
      for i = 1:1000                        % 在整个归一化频带采样 1000 个点展示功率谱
                                            % 估计结果
         f = (i - 1)/1000;
         vtmp = exp( - j * 2 * pi * f * (0:M));
```

```
            psd(mc,i) = 1/abs(vtmp*(aa));
        end

        % MUSIC 算法
        Un = V(:,1:L-M);                        % 提取噪声子空间
        for i = 1:1000                          % 在整个归一化频带采样 1000 个点
            f = (i-1)/1000;
            vtmp = exp(-j*2*pi*f*(0:L-1));
            psd2(mc,i) = 1 / (vtmp * Un*Un' * vtmp');
        end

        % ESPRIT 算法
        Us = V(:,L-M+1:L);                      % 提取信号子空间
        Us_1 = Us(1:L-1,:);
        Us_2 = Us(2:L,:);
        vtmp = eig(inv(Us_1'*Us_1)*Us_1'*Us_2);
        Fre_Est3 = angle(vtmp)/2/pi;
        Fre_Est3(Fre_Est3<0) = Fre_Est3(Fre_Est3<0)+1;
        psd3(mc,:) = Fre_Est3';
    end
end
% 仿真结果可视化
figure;
semilogy((1:1000)/1000,abs(psd));
figure;
semilogy((1:1000)/1000,abs(psd2));
figure;
stem(psd3, ones(MC,M),'.');
```

# 图书资源支持

感谢您一直以来对清华大学出版社图书的支持和爱护。为了配合本书的使用，本书提供配套的资源，有需求的读者请扫描下方的“书圈”微信公众号二维码，在图书专区下载，也可以拨打电话或发送电子邮件咨询。

如果您在使用本书的过程中遇到了什么问题，或者有相关图书出版计划，也请您发邮件告诉我们，以便我们更好地为您服务。